输水管线工程风险管理

张勇　党亥生　著

中国水利水电出版社
www.waterpub.com.cn
·北京·

内 容 提 要

本书从风险管理的角度系统阐述了输水管线工程及其风险管理相关理论、安全风险因素等内容。全书共9章：绪论、输水管线工程风险管理基础、输水管线工程技术风险管理、输水管线工程组织风险管理、输水管线工程自然环境风险管理、输水管线工程其他风险管理、输水管线工程风险因素识别与指标体系构建、输水管线工程风险评估、输水管线工程风险管理信息化建设。本书归纳整理了输水管线工程各方面的安全风险因素，介绍了各类风险的初步识别、分析以及防控措施相关内容，并针对输水管线工程全寿命周期主要阶段进行了风险评估，最后对输水管线工程风险管理信息化建设进行了展望。

本书可为从事输水管线工程风险管理实践的相关人员提供参考与借鉴。

图书在版编目（CIP）数据

输水管线工程风险管理 ／ 张勇，党亥生著. -- 北京：
中国水利水电出版社，2023.10
ISBN 978-7-5226-1862-3

Ⅰ．①输… Ⅱ．①张… ②党… Ⅲ．①输水管道－管道工程－风险管理 Ⅳ．①TV672

中国国家版本馆CIP数据核字(2023)第194054号

策划编辑：周益丹　　　责任编辑：张玉玲　　　封面设计：苏　敏

书　名	输水管线工程风险管理 SHUSHUI GUANXIAN GONGCHENG FENGXIAN GUANLI
作　者	张勇　党亥生　著
出版发行	中国水利水电出版社 （北京市海淀区玉渊潭南路1号D座　100038） 网址：www.waterpub.com.cn E-mail: mchannel@263.net（答疑） 　　　　sales@mwr.gov.cn 电话：（010）68545888（营销中心）、82562819（组稿）
经　售	北京科水图书销售有限公司 电话：（010）68545874、63202643 全国各地新华书店和相关出版物销售网点
排　版	北京万水电子信息有限公司
印　刷	天津画中画印刷有限公司
规　格	170mm×240mm　16开本　16.5印张　240千字
版　次	2023年10月第1版　2023年10月第1次印刷
定　价	68.00元

《输水管线工程风险管理》
撰写（调研）组

组　长：张　勇

副组长：党亥生

成　员：罗　扬　王雅兰　刘　浩　霍江涛　张思梦

　　　　齐国庆　王　博　吕毓敏　林万祥　曹槐玲

　　　　李　萌　钱家志　付山贤　刘　琛　蔡　戈

　　　　牟艳祥　刘宇豪　杨慧慧　颜　瑜　王沛丰

　　　　张　琪　刘少乾　杨　光

前　言

为解决我国水资源分布不均以及有些地区水资源短缺的问题，跨流域的长距离输水工程得到了广泛应用，其在缓解水资源分布集中问题，促进水资源科学调配等方面具有显著效果。输水管线工程指的是运用合理的工程技术、适当的管线器材实现水资源在不同区域之间运输的工程。然而，由于水量及水压大、管线跨越范围广、沿线地质条件多变等特点，以及管线运行不当、外部因素破坏等各种原因，输水管线工程事故时有发生。管线失效故障会影响人们的日常生活和各行各业的生产工作，进而导致人民、国家的财产蒙受重大损失，严重情况下还会导致伤亡事故发生。因此，应加强输水管线工程的风险管理，以提前发现风险隐患并及时采取有效的防范及应对措施，这对提高管线工程效益以及保障供水安全具有重要意义。

本书共9章，其中，前2章对基础理论知识进行了阐述，第3~6章从输水管线工程的安全性出发，对各类风险源进行识别和分析，第7~8章在识别风险因素的基础上构建输水管线工程风险指标体系，并针对工程全寿命周期主要阶段进行案例分析，第9章对输水管线工程风险管理信息化系统进行了介绍与分析。第1章概述了输水管线工程基本内涵和特点，并对输水管线工程现状进行了综合梳理；第2章阐述了国内外风险管理理论研究现状，将风险管理理论应用在输水管线工程中，为后续章节提供理论基础；第3章归纳了输水管道工程的技术风险，包括管线的管材适用性、质量、布局、施工风险，说明技术风险是输水管道工程发生概率和危害性最大的风险，在输水管线工程的各阶段都要加以重视；第4章针对输水管线工程管理方面的风险进行阐述，共分为组织与制度风险、安全监管风险、安全培训风险、应急管理风险四部分，同时针对每种风险提出相应的控制措施，从而确保输水管线工程能够在其运行期发挥最大效用；第5章总结归纳了输水管线工程中的自然环境风险，包括极端天气风险、地质灾害风险、水文与生态环境风险，概括了风险的特征并提出面对相应风险灾害的防治措施；第6章从经济、政治、社会三个方面分析输水管线工程存在的安全隐患并提出相应的防控措施；第7章识别了输水管线工程全寿命周期主要阶段的风险因素，并构建了相应的风险指标体系；第8章针对具体案例进行了风险评估；第9章介绍了输水管线工程风险管理信息化系统的概念、设计原则、构架、相关技术和主要功能系统。

本书由西安建筑科技大学张勇、党亥生著，其中张勇和党亥生负责总体框架和内容审定。各章撰写分工为：第1章由张勇、王雅兰、刘浩、牟艳祥、钱家志撰写；第 2 章由党亥生、罗杨、霍江涛、刘琛、蔡戈撰写；第 3 章由张勇、刘浩、李萌、付山贤撰写；第 4 章由张勇、霍江涛、李萌、刘琛撰写；第 5 章由党亥生、张思梦、钱家志、蔡戈撰写；第 6 章由张勇、林万祥、曹槐玲、牟艳祥、付山贤撰写；第 7 章由党亥生、付山贤、刘少乾、王沛丰、杨慧慧撰写；第 8 章由齐国庆、王博、刘琛、牟艳祥、钱家志、刘宇豪撰写；第 9 章由党亥生、李萌、杨光、张琪、颜瑜撰写。

本书内容涉及的有关研究得到了陕西省自然科学基础研究计划"输水管线工程黄土震陷风险评估及预警机制研究"（2021JLM-52）的支持，同时，西安建筑科技大学、陕西省引汉济渭工程建设有限公司等单位的教师、管理人员和工程技术人员为本书的撰写提供了支持与帮助。在撰写过程中，本书还参考了许多专家和学者的有关研究成果及文献资料，在此表示诚挚的感谢！

由于作者水平有限，书中难免有不足之处，敬请广大读者批评指正，并提出宝贵意见。

作　者
2023 年 3 月于西安

目　　录

第1章 绪 论

近年来，随着经济、科技的快速发展，水资源分布与社会经济发展不协调的问题日趋严重，许多国家都积极建设跨区域的调水工程以解决水资源分布不平衡问题。输水管线可用于灌溉、水力发电、城镇供水、排水、排放泥沙、放空水库、施工导流配合溢洪道宣泄洪水等多类型水利工程中。由于输水管线涉及广泛，本书无法涵盖所有类型的工程，因此本书聚焦于长距离输水管线工程。长距离输水管线工程作为地区间水资源输送的主要手段，是目前较为安全可靠的输水方式，相较于其他工程，有其自身的特点与优势，在世界各地的调水工程中得到广泛的应用。

1.1 输水管线工程概述

1.1.1 输水管线工程的内涵

我国地域广阔，水资源分布不均，加上部分地区对水资源的需求量越来越大，缺水已经成为限制地区经济发展的主要因素之一，为了解决缺水区域的用水问题，跨区域调水、输水工程的规模在不断扩大[1]。在大型输水工程中，长距离输水管线工程往往是很常见的。简单来说，长距离输水管线工程指的是运用合理的工程技术、适当的管线器材将所需要的大量水资源从甲地运输到乙地的输水距离较长的管道工程（图 1.1 和图 1.2）。

图 1.1 通辽客专一标东水西调输水管线改建工程

图 1.2   引汉济渭输水管线工程

当前水资源日益减少，且部分地区（尤其是西北地区）严重缺水，因此，对水资源进行合理调配和输送的工作是必不可少的。输水工程主要包括输水管线工程、渠道工程、隧洞工程等，其中输水管线工程在整个输水工程中的占比很大，甚至占到总投资的一半以上，所以必须在工程项目开始的设计阶段就对管线的路线布局、管材选取进行合理精细的安排，以便于满足工程项目的需要，从而使工程项目在实施过程中能够经济、合理、高效地运行[2]。一般来说，长距离输水管线工程属于大型工程，同时又属于线性工程，此类工程的工程量大、施工周期长，因此在项目实施时应根据其工程特点协调好各方面影响因素，以防在施工过程中发生安全风险问题，从而影响工程实施的整体进度和质量。

1.1.2   输水管线工程的性质与特点

输水管线工程本身属于一个系统工程，有其自身的性质与特点。对于长距离的输水管线工程而言，把握好此类工程的性质与特点，不仅有利于施工前期的规划准备，还有利于后期施工的顺利推进，提高规划管理的有效性，把控好整个过程管理，确保施工的正常进行。

1. 输水管线工程的性质

输水管线工程主要有以下性质：

（1）输水管线工程布局的整体统一性与合理性。输水管线工程的实施是城市水资源调配的重要途径之一，城市间存在着多种多样的管线工程（输气管道、输油管道等），不同种类的管线工程相互配合、互不干扰，它们构成了一个层次化、多门类的有机整体。在这样的一个整体当中，对于各种不同门类的管线工程，要从全局出发去综合分析考虑和统筹安排，如果一个工程布局出现问题，相互之间就会对其他工程产生影响与制约，甚至对整体也会造成干扰，产生工程上的经济损失。因此，输水管线工程在施工之前一定要从整体上统筹考虑相关影响因素，以统一管理与合理的规划布局为前提，分期分阶段进行施工，把控好每个施工环节。

（2）输水管线工程运行的系统性与协调性。不同的管线工程各自都能构成独立的系统，输水管线工程也不例外，这个系统包含了很多构成要素，构成要素是不能单独发挥作用的，只有它们相互结合构成一个系统，才能有效地运行。此外，输水管线工程在施工之前还要考虑与施工场地、周围环境的协调性问题，例如：在正式施工前应该对施工场地现有埋设的设施进行排查，对施工场地周围的地形地面进行全面分析，有效规避正式施工时因工程协调性而产生的部分问题。总的来说，输水管线工程在进行施工之前应该从工程系统性的角度来进行合理的规划与管理，注重工程施工过程中与管理的协调，促进工程顺利进行，使输水管线工程能与其他工程协调发展，形成一个良性循环。

（3）输水管线工程的服务性。工程的实施建设最终都是为了服务人民，输水管线工程就是一个典型的服务大众的工程，此类工程的实施最终是为了解决水资源分布不均、部分地区水资源短缺的问题。因此，在实施与管理输水管线工程时务必做到集中统一，不能分散管理，其最主要的目的是给社会公众提供更好的服务。

2. 输水管线工程的特点

除了上述提及的一些输水管线工程的性质外，在工程施工方面，输水管线工程还具备以下特点：

（1）输水管线工程占用的永久性土地资源少。输水管道的施工建设在地下进行，它所占用的空间和土地资源相对而言较少，这样不仅可以节约更多的可利用空间以及大范围的土地面积，还能为社会的快速发展、城市的建设成长提供更多的可用资源。例如：在长距离的输水管线工程中，气阀井、安全监测用房等占用少量的建设用地，其余剩下的部分都是为了现场施工方便而临时占用的，施工完成以后，这部分土地资源仍然可以再次利用。因此，长距离输水管线工程建设施工所占用的永久性土地资源是很少的，换句话说，这在相当大的程度上节省了大面积的可利用的土地资源。

（2）输水管线工程水资源的浪费量少。输水管线工程是通过输水管道来输送水资源，由于管道长期埋置于地下，没有外露，水资源的蒸发量极小，加上对管材选择的层层把关，后期出现渗漏、破裂等现象也是极其少见的，因此，在输水管线工程中，水资源的浪费情况较少。除此以外，对于长距离输水管线工程来说，由于管道长时间埋置于地下，不会出现人为偷水盗水的情况，并且不需要很多现场的巡查管理工作，这对施工单位也大有好处。总的来说，长距离输水管线工程在输送水资源的过程中，能够做到减少水资源的浪费，节省资源。

（3）输水管线工程的施工工期较短。输水管线工程中最主要的工作就是管道的安装，输水管线工程现场的施工流程主要包括三个阶段，它们分别是图纸设计阶段、管材建造阶段以及施工阶段。在正式施工前应该做好前期的相关准备工作，对于长距离的输水管线工程而言，现场施工节点并不太多，只需要将提前选择并加工好的输水管材用合适的运输工具运往施工现场，经过管道开挖、管道安装和回填土工程工序完成施工。总的来说，输水管线工程现场的施工速度还是比较快的，能够在一定程度上增加土地资源的流转速度，缩短施工工期，节约施工成本。

（4）输水管线工程资金成本投入较大。一般来说，输水管线工程的工程量较大，尤其是对于长距离的输水管线工程而言，距离一旦增加，成本也会随之增加。输水管线工程的各个环节都需要大量资金保证工程的顺利进行，例如：前期的管材选取与采购，中期的管材运输与安装、后期的维护等都是需要资金来维系的，资金也是输水管线工程现场施工正常进行的基本保障。

1.2 输水管线工程的发展与现状

1.2.1 输水管线工程的发展过程

城市与城市之间通过输水管线工程实现水资源调配的过程中，与水资源密切相关的要素是输送水资源的管道。管道选取的合理与否直接决定了该项工程水资源输送是否安全。我国的水利设施自古以来从未停止过发展，随着工程技术的进步，输水管线工程也在不断发展，管道的材质选择也在发生变化。

第一阶段距今已有 4600 多年的历史，我国发现的最早排水设施是位于河南淮阳平粮台遗址的陶制排水管道，就遗址现场情况来看，这些陶制排水管道节节相扣，与沟渠紧密相连。

1094 年，竹制管道的出现是第二阶段的标志。苏东坡被贬到广东惠州之时，全城没有清洁水源，苏东坡巧妙设计了竹制管道，这是我国最早的自来水输水管线工程。但是随着社会的发展和科学技术的进步，人们发明了越来越多的输送工具，竹制管道也被其他更好的输送工具所取代。到目前为止，竹制管道的使用已基本消失。

到了近代，输水管道的发展进入了第三阶段。这个阶段我国开始使用水泥管道。水泥管道拥有较好的抗渗性能，多用于大型的输水排水管线工程中，是城市水利的重要维护和安全保障设施。与此同时，随着技术的不断完善和发展，许多其他材质的管道也应运而生，具体如下所述。

预应力钢筒混凝土管（PCCP 管）最早出现在 1890 年，由法国 Bonna 公司研制，并在 1942 年规范化生产，后在美国发展起来。20 世纪 80 年代末，中国山东电力管道公司从国外引进了制造预应力钢筒混凝土管的相关技术与设备，至此我国开始生产预应力钢筒混凝土管。在此期间，管道的接口形式逐渐从刚性向柔性发展，采用柔性管道接口可以很好地解决刚性接口管道抗震性能不强、地基沉陷性能不好、接口密封性能差等问题。迄今为止，预应力钢筒混凝土管仍在投入使用。

20 世纪 80 年代，TPEP 防腐钢管在国内开始发展，它由钢管、环氧 EP、聚乙烯通过涂装工艺制作而成，因其具有耐腐蚀性好、使用年限长、抗压抗震能力强等优点，目前是国内大型输水管线工程经常使用的一种管材。

20 世纪 40 年代末，由于玻璃纤维和合成树脂的研发使用趋于成熟，世界上部分制造业发达的国家开始使用由玻璃纤维和合成树脂复合物制成的玻璃钢管（FRP 管）；20 世纪 70 年代后，许多国家开发并广泛使用了新型的玻璃钢夹砂管（FRPM 管）；20 世纪 80 年代，我国引进了玻璃钢管的生产技术，开始生产并使用玻璃钢管；20 世纪 90 年代，我国引进了玻璃钢夹砂管的生产技术，至此开始生产并使用玻璃钢夹砂管。

铸铁管的使用最早可以追溯到 1668 年，当时巴黎郊区从塞纳河至凡尔赛全场约 21.14km 的输水主体管道便是铸铁管，300 年后，除部分管道和接头维修更换外，主体铸铁管道仍在使用中；1879 年，我国开始使用铸铁管进行引水供水，标志着我国开始引进西方国家的引水技术；1947 年，英国有关学者通过试验得知，往共晶灰口铸铁中加入一定量的铈（当其含量大于 0.02wt%时），石墨呈球状；1948 年，美国的研究人员通过相关试验发现，往铸铁中加入镁，而后用硅铁孕育，当剩余镁的含量超过一定含量（大于 0.04wt%）时，会得到球状石墨，自此球墨铸铁开始了大规模工业生产。我国球墨铸铁管行业的发展始于 20 世纪 90 年代初，在国家的大力支持下，该行业发展十分迅猛，经过了 30 年的使用检验，其管道可靠性在业内得到了普遍认可。因此，球墨铸铁管有着广阔的应用前景。

镀锌管的发展最早可以追溯到 1742 年，法国化学家发明了一种用于保护铁片的方法，该方法是将铁片放置在熔融的锌中，相当于在铁片周围镀上了锌。1837 年，英国授予了一项热镀锌专利并且很快就应用到了工业化的生产中，在往后的 100 年时间里，热镀锌技术都得到了很好的发展与应用。就国内的发展情况而言，镀锌钢管在 20 世纪占据了家装的主导地位，但由于它本身不耐腐蚀，容易滋生细菌，对人们的健康会造成严重的影响，因此我国从 2000 年起就明文规定不能用镀锌钢管作为输水管道。

我国输水管线工程发展历程详情见表 1.1。

表 1.1 我国输水管线工程发展历程

阶段	管道类型	时间	意义	特性
第一阶段	陶制管道	距今 4000 多年	是我国发现的最早管道，标志着输水设施从原始阶段步入一个进步的、崭新的阶段	下面一条，上面铺列两条，呈倒梯形排布，耐磨性能好、价格低廉，不耐冲击
第二阶段	竹制管道	1094 年	最早的自来水输水管线工程	易堵塞，输水量较少，输水效率低
第三阶段	预应力钢筒混凝土管（PCCP 管） TPEP 防腐钢管 玻璃钢夹砂管（FRPM 管） 球墨铸铁管	近代以来	随着科学技术的发展进步和输水管线工程的兴建，各种新型管材被研制出来，大型输水工程进入快速发展时期	各有利弊，适用工程不同，广泛应用于大型调水、输水工程中

当前，我国使用最广泛的输水管道主要是球墨铸铁管、玻璃钢夹砂管、预应力钢筒混凝土管以及 TPEP 防腐钢管，这四种管材的使用在输水管线工程中所占的比例也是十分大的，是当今居民基本用水的保障[3]。

1.2.2 输水管线工程的现状

目前，输水管线工程广泛应用于城市间的调水、输水工程中，此类工程技术要求很高，不管是前期管道运输，还是中期管道施工以及后期管道维护，都需要大量技术来支撑。另外，输水管线工程的规模较大，它是一个综合性十分强的工业建设项目，需要专业的工程建筑技术以及施工技术来支撑。同时，输水管线工程所面临的环境条件也是十分复杂多变的，管道安装需要经过的地方大多是高山峻岭、大河山川，可能碰到的障碍物包括但不限于公路、河道、湿地、黄土区域、丘陵等，更加需要专业的技术指导。

近年来，国家大力倡导与支持绿色工程建设，采用管道输送水资源是一种较为安全可靠的方式，它可以有效地减少水资源的泄漏，避免与阳光接触，减少水资源的挥发，同时输水管线工程对周边环境的不利影响程度也较小，能够比较好地满足绿色工程建设的要求。

在实际输水管线工程的建设中，单单一条输水管线便可持续不断地完成输送水资源的任务。根据不同管道管径大小的差异，每一年水资源的输送量有所差距，总的来说是十分巨大的，可以达到数百万吨至几千万吨，甚至是过亿吨。对于大型输水管道工程而言，管道的安装路径与数量也是不尽相同的，各部分之间紧密联系，共同完成输送水资源的任务，及时有效地解决部分地区水资源缺乏的问题。

现阶段输水管线工程除了具有一定优势外，其施工技术难点也是值得关注的，其中有以下四个难点需要注意：

（1）防止管道爆裂。许多输水管线工程在施工过程中或施工完成后会发生管道爆裂事故，一旦发生这种情况，对于工人抢修来说将是一个巨大的考验。此外，如果是因为一些不可预见的因素导致管道破裂，可能会花费巨大的经济成本和时间成本。通常来说，引起管道破裂的因素有管材的材质、质量、耐腐蚀性能、地质环境（温度、季节的变化）等。因此，不管是在管材选择阶段还是在施工阶段，都需要格外注重管道爆裂问题。

（2）防止漏水、渗水现象发生。输水管线是由十几米长的输水管道采用柔性接口连接而成的，如果管道接口处处理不当或者管道的耐腐蚀性能不强，都会出现渗水（严重时甚至出现漏水）现象[4]，造成水资源的浪费。倘若管道出现破裂发生漏水现象，不仅会影响调水工程的正常运转，还会因补偿土地占用、人工、机械、材料等的高额资本支出而造成直接和间接的经济损失。引起管道漏水、渗水的原因主要有管道承接口处理不当导致出现漏水现象；阀门的腐蚀、磨损导致阀门无法拧紧从而引起漏水现象；管道破裂从而引起漏水现象等等。因而在施工安装时，一定要严格按照规范、标准执行。

（3）防止输水管道中有多余的气体残留。如果输水管道中的气体无法及时排出，那么输水管道在输送水资源时就会因为管道的过水面积减小，水阻增大，管内压力增加，导致通水困难，从而影响管道正常的输送水。引起此类现象的原因主要有管道内输水量的突然增大、突然减小或者快速开关阀门导致管道部分产生真空或者管道内部气体不能够完全排出等。

（4）防止管道腐蚀。在输水管线工程中，由于输水管道敷设在地底下或者土壤中，如果管道的防腐性能不强或者是管道的防腐措施没有做好，就很容易出现破损现象，从而引发事故。因此，在进行管道的施工安装时，必须对管道进行严格的防腐处理，以此减少管道破损造成的损失。

1.3 本章小结

本章介绍了输水管线工程的基本内涵、特点及发展现状。从实践来看，输水管线工程能有效解决不同地区水资源分配不均的问题，其大力兴建有利于推进缺水型城市的经济进步，实现不同地区的协调发展。本章以输水管线工程的内涵和特点为主要内容，并总结了输水管线工程的施工难点，为后续的输水管线工程各类风险管理奠定基础。

参 考 文 献

[1]   句伟. 苏丹长距离输水管线工程水锤防护与数值模拟应用研究[D]. 哈尔滨：哈尔滨工业大学，2017.

[2]   徐登鸿，谢云波，刘冬林，等. 大口径输水管线工程设计要点探讨[J]. 科技创业月刊，2013，26（9）：199-200.

[3]   康彩彩. 输配水管道材料的发展现状及趋势[J]. 城市建筑，2019，16（23）：120-121.

[4]   李宽. 长距离输水管线施工难点及应对措施[J]. 中华民居，2012（10）：108-109.

第 2 章　输水管线工程风险管理基础

风险这一词实际上出自近代，它来源于法语，于 17 世纪中叶才出现在英语中。关于对"风险"的研究，回顾历史可以发现，其发源于古希腊的"共同海损制度"和古老的"船货押贷借款制度"。随着经济、技术与社会的发展，人们对风险的研究不断深入，探索并提出了多种风险管理方法和风险应对措施[1]。

20 世纪 80 年代，专家将风险管理理论引入中国，距今已发展 40 多年，但风险管理在我国仍处于初级发展阶段。风险管理的方法有许多，如预防、抑制、自留、转移和避免，这些方法在许多行业都得到了广泛应用。风险管理指的是搜集各类相关资料，去了解、判别和评定风险，并通过各种方法比对各类风险，有针对性地选择最合理的方式来应对风险，风险管理的目的主要是降低项目管理或项目实施过程中潜在的风险或负面影响[2]。

2.1　风险管理理论研究

18 世纪的产业革命时期，法国学者亨利·法约尔（Henri Fayol）出版的《一般管理和工业管理》，首次提出将风险管理视为企业管理的重要任务的观点，自此，风险管理思想被正式引入企业经营范畴[3]；1929 年，世界发生经济危机，企业界为了保证企业的正常经营发展，降低风险事件发生概率，发起了风险管理运动；1963 年，梅尔（Mehr）和赫奇斯（Hedges）出版了《企业的风险管理》这一在风险管理领域影响深远的著作，促使欧美各国关注风险管理问题，使得风险管理理逐渐成为一门独立的学科[4]。

总体来说，从历史演进的角度来看，风险管理研究从多领域分散研究逐步向企业风险管理整合框架迈进，具体分为传统风险管理理论、内部控制理论和全面风险管理理论三个发展阶段。

2.1.1　传统风险管理理论

传统风险管理的主要特点是：首要关注"安全"与"保险"这两个方面，即管理的对象主要为不利风险（纯粹风险），体现为重点分析"可能的损失"。

这一阶段的风险管理最早出现在 100 多年前，当时西方国家大多采取对外开放政策，航海业快速发展。但由于天气、洋流、航海技术等主客观因素的威胁，航海业面临着各种各样不确定的风险。在这种情况下，企业可采取风险回避和风险转移的策略来应对可能发生的风险，即：航运公司可以把风险转移给保险公司，此时最主要的风险管理工具便是保险。

在此阶段，定义和辨别风险管理目标是研究人员的首要任务，然后通过识别并解决可能对企业造成较坏影响的风险来进行风险管理。20 世纪 30 年代，风险管理的概念被首次提出，其主要关注保险在风险管理中的应用。德恩柏格（Denenberg, 1968）等认为风险管理实际上就是从保险行为中延伸出来的管理手段，通过购买保险来转移那些影响企业的纯粹风险[5]。高欣（Gahin, 1971）在实践中发现，纯粹风险对于企业的可持续经营具备极大影响，尤其是那些没有预测到的纯粹风险，并且纯粹风险往往与企业的机会成本有联系，企业需要综合权衡以作出较好的风险管理决策[6]。

这一时期，市政领域也逐渐成为了风险管理研究和应用的领域之一。该时期美国九个州的市政管理行为表明相当多的从政人员意识不到风险管理的重要性，而从政人员的重要职能之一是合理给出相关建议，便于加强该领域的风险管理。

2.1.2 内部控制理论

工业革命以来，随着企业的快速发展，各研究学者和企业普遍开始关注"控制纯粹风险"的理论，认为在业务管理和业务流程上，尤其是在财务管理方面，应当注重内部控制。

内部控制的权威定义由美国会计师协会于 1949 年首次正式提出。1977 年，美国出台《反海外贿赂法案》，针对企业管理层加强内部会计控制的问题提出了强制性要求。

20 世纪 80—90 年代，内部控制结构理论出现，该理论认为应当把会计控制和管理控制看作一个整体，不仅仅局限于会计控制操作，而应该将各种控制程序整合使用。之后在此基础上，1992 年，美国 COSO 委员会（全美反舞弊性财务报告委员会）发布了《企业内部控制整体框架》，该内容的发布标志着内部控制理论研究迎来了新的转折点，该内容定义了企业内部控制系统的五大要素：控制环境、控制活动、风险评估、信息与沟通、监督[7]8。随后，1995 年，加拿大 COCO 委员会发布了《控制指南》，将"内部控制"扩展为"管理控制"，包括目标、承诺、能力、学历这四个要素。同年，澳大利亚与新西兰出版了《企业风险管理标准》，将风险控制同企业发展目标紧密结合起来。1996 年，我国财政部发布《独立审计具体准则第 9 号——内部控制与审计风险》，文件中提出了内部控制的三要素，其标志着我国开始重视并加强推动企业内部控制的建设工作[7]8。

2.1.3 全面风险管理理论

1995 年巴林银行因管理漏洞而倒闭、2001 年美国安然公司因造假申请破产等事件说明，企业内部控制并不是企业风险管理的终极目标，企业的全局发展也很重要，因而全面风险管理应运而生。

全面风险管理阶段开始的标志：2004 年，美国 COSO 委员会与巴塞尔银行委员会分别发布《企业风险管理整合框架》（ERM 框架）与《巴塞尔新资本协议》[7]8。《企业风险管理整合框架》首次介绍了一些关于风险的新概念，如风险偏好、风险容忍度，该框架包含企业目标、全面风险管理要素、企业的各个层级三个维度的内容[7]8。企业目标包括战略、经营、报告和合规，作为第一维度内容，它为实施全面风险管理设定了目标方向；第二维度和第三维度的内容具体如图 2.1 所示。

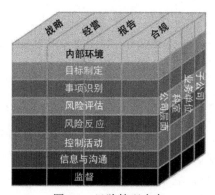

图 2.1　风险管理内容

从 ERM 的三维框架，可以看出企业的各个管理层级都应按照风险管理的八个要素为四个企业目标服务，各种类型的企业或机构都可以借助该框架进行风险管理。

这个阶段涌现出了众多的理论研究成果：科尔奎特（Colquitt，1999）等以实证研究的方法分析了风险经理在 ERM 过程中的角色及作用[8]。缪柏洛克（Meulbroek，2002）在传统风险管理流程的基础上，提出了构建公司价值模型以提高企业风险管理能力的方法[9]。拉姆（Lam，2008）重点分析了 ERM 流程中企业环境因素的影响，强调环境分析的基础性意义，并提出了 ERM 流程诸多步骤（包括环境分析、风险整合、风险优化和利用、风险控制与评估等）的循环[10]。费尔南德斯-拉维亚达（Fernández-Laviada，2007）探究了内部审计在风险管理中的作用[11]；弗雷泽（Fraser，2008）研究了企业全面风险管理中常见的十大误解，提炼了实施全面风险管理应当注意的问题等[12]。

2006年，我国国务院国有资产监督管理委员会（简称"国资委"）颁布了《中央企业全面风险管理指引》。《中央企业全面风险管理指引》的出台，表明我国的风险管理理论发展迈进了一个崭新的阶段，此后，我国的全面风险管理理论快速发展[7,9]。

随着风险分析研究的深入，风险定量分析已逐渐成为我国风险管理理论的重点研究方向，而且获得了较为丰硕的成果。例如，邱菀华（2002）在《管理决策与应用熵学》中首次提出将热力学中"熵"的概念引入到风险评价和决策中，这为进行目标的不确定性评价提供了一种全新的验证方法[13]。姜青舫（2000）等在《风险度量原理》中结合效用理论，对风险的定义进行了新的数学描述，用数学的计算方法提出了一种风险度量的理论方法[14]。侯福均（2001）等在《模糊事故树分析及其应用研究》中应用模糊集合理论，讨论了基于三角模糊数算术运算的事故树分析方法[15]。

2.2　输水管线工程风险管理概述

2.2.1　工程项目风险的基本概念

（1）工程项目风险的定义。工程项目风险表示难以预测项目收益以及无法预知项目需付出的成本或代价。从风险分析的角度来讲，工程风险指项目在实施过程中发生损失的不确定性，它不仅意味着坏兆头的存在，而且还暗含有发生这个坏兆头的渠道、可能性以及所产生的不良后果[16]。一般来说，工程项目具有一次性、项目施工周期长、投入资金大等特点，一旦在项目进行中发生风险，造成的损失是非常大的，因此，必须对工程项目风险加以识别、强化管理，并做到提早预防。

（2）工程项目风险的本质。工程项目风险的本质包含三个方面：风险因素、风险事故和损失。

1）风险因素。风险因素指造成损失的内在或间接原因，正是潜在的风险因素导致了各类事故的出现，同时，风险因素也指促使损失发生、加大损失发生概率以及扩大损失幅度的各种条件。

2）风险事故。风险事故即风险事件，其会造成某种程度上的生命或财产损害，具有一定的偶然性。风险事故是风险因素作用下产生的后果,也是造成损失的外在或直接原因,它是风险因素和风险损失之间的中间环节。

3)损失。损失的含义可从两个角度来解释。一个角度,从经济性来说,损失往往指经济损失,即一般能以货币衡量,当然,也有部分损失无法用货币来衡量。另一个角度,从预期性来说,损失是非故意和非计划的。另外,从导致的效应来讲,损失也有直接与间接之分。直接损失体现为直接的、实质性的损失,是风险事故导致的初次效应,强调风险事故对作用目标本身所造成的损坏;间接损失体现为由于直接损失间接引发的破坏,是风险事故的后续效应,包括责任损失、收入损失以及额外费用损失等。

(3)工程项目风险的特点。

1)客观性与普遍性。工程项目风险是客观存在的,不会因为人的主观意识而转移,在整个项目寿命周期内,项目风险时时刻刻都存在着,应提高警惕。

2)偶然性与必然性。工程项目个别风险的发生是不确定的,具备偶然性,但是通过对以往发生的大部分风险进行系统的分析与总结,可以在项目实施过程中有效规避绝大多数风险,这是有迹可循的,也是必然的。

3)可变性。在工程项目建设、运行的全寿命周期中,风险是随时变化的。伴随项目的逐步开展,部分风险可以提前预知并且避免,或是得到控制并且消除,但是有些风险在分析或处理过程中会发生变化,且工程项目不同阶段的风险是不同的,风险随时都有可能出现变化。

2.2.2 输水管线工程风险管理的内涵

(1)输水管线工程风险管理的定义。输水管线在运行中经常会遭遇很多不确定性因素的影响,从总体上看,风险是客观存在的、不可避免的,并且在一定的条件下还存在某种规律性。输水管线工程的风险管理是指通过对输水管线工程项目已经发生或者未来将可能发生的风险事故进行分析,识别出整个输水管线工程建造中会对管线造成破坏的风险因素,针对这些因素进行风险分析,然后采取科学合理的方法降低或消除风险事件发生的概率,做到防患于未然,保障输水管线能够安全运行[17]19。因此,在输水管线的整个全寿命周期中,需要主动识别风险,积极进行风险管理,从而更有效地控制风险。

风险管理的目标有两个含义:一是风险事故发生前的管理目标,它是指提前采取一些有效的防范措施,以尽量避免风险事故的发生,或是尽量降低风险事故发生的概率;二是事故发生后的管理目标,它是指在事故发生后,通过采取一定的补救措施使风险事故带来的损失尽量降到最低，最好能使其恢复到事故前的水平，从而使得项目可以更快地继续投入运营。二者之间是相辅相成的关系，在共同作用下形成了风险管理的目标。

（2）输水管线工程风险管理的主要特征。组织通过风险分析、风险识别、风险评估、风险控制等方式，来控制风险的发生并合理降低损失，从而有效实现风险管理的目标。风险管理有以下六个的主要特征[17]20：

1）目标性。风险管理的作用对象取决于风险管理的"目标性"，目标是针对输水管线工程的安全运行来说的，有目标即有风险，因此应对风险管理区域进行合理划分，识别风险管理过程，明确风险管理主体，制定风险管理目标，这对实现风险管理的目标具有重要意义。

2）未来性。正是项目发展过程中的不确定性对项目目标的影响，导致了风险产生。由于不确定性具有未来特性，因此风险管理一方面是对风险的不确定性进行管理，另一方面也是对影响项目目标实现的未知风险因素进行管理。

3）主动性。对于风险管理，传统认为在安全事故发生时人们一直是处于被动的状态，而新的风险管理理念则有不同见解，除了可以把风险的发生当作一种损失或者危害，还可以把它看作主动查找问题、避免风险二次发生的机会，只有化被动处理为主动出击，才能真正达到项目风险管理的目标。

4）增值性。通常来说，风险的存在与危险的出现紧密相连，虽然风险具有危害性，但其存在也意味着机会与收益。高风险带来与之相应的高收益，这里的高收益不仅指的是经济上的获得，也指为实现某个特定目标，采取另一种方式而节俭出来的部分，因此我们要提升风险的机会一面的增值性，从而避免其危害一面的增值性。

5）信息性。如今，信息化技术高速发展，因此各行各业都非常重视信息安全管理。对项目来说，风险管理成功的关键是所获得信息的可靠性和有效性。在项目全寿命过程中，人工查视、机器监测等都会收集到大量信息，正是依靠这些信息，才使得风险管理具有依据。信息集中化、网络化等发展趋势日渐增强，在这种状况下，信息充分与否往往决定着项目的风险管理是否会出现问题，因此，风险管理的信息性不容忽视。

6）嵌入性。风险不能脱离项目活动而存在，没有项目活动就没有风险，因此风险管理也不能脱离项目活动来有效实现项目风险管理目标。

（3）输水管线工程风险管理的原则。每个项目都具有不同的特点，因此各自的风险因素也不尽相同，进行风险管理的侧重点也不相同，但一般都遵循适时性、谨慎性、经济性原则[17]21。

1）适时性原则。风险管理是一个长期的过程，随着项目的不断推进，会产生各种各样的新风险，为此需要准确、恰当地识别出输水管线项目各个阶段的风险，并且合理、及时地调整风险管理方案，这样才能有效地采取风险应对措施。

2）谨慎性原则。在一个工程中，不同位置的人员所担负的责任也不相同，绝大多数人员本身的工作是完成项目的主体建设，而项目的风险管理则是由企业的管理层人员完成的。若在实施项目风险管理的过程中，因为管理人员的某些决策影响到项目其他参与者，如施工人员、采购人员等，干扰其正常的工作节奏，则此项风险管理的决策是不合适的，需要进行调整。因此，在进行风险管理的过程中，企业管理者需要谨慎地进行决策，避免对项目其他参与者造成不必要的影响。

3）经济性原则。实施风险管理方案必然会增加企业管理成本，而成本的多少与项目参与各方都息息相关，因此，在实施项目风险管理方案时，必须综合考虑项目的投入与产出，选择相对最经济的风险管理方案。

（4）输水管线工程风险管理的作用。进行合理有效的风险管理能够保障输水管线项目的经济安全、主体结构的安全以及管理人员的安全，恰当的风险管理方法能够有效降低风险事件发生的概率[17]22。对于输水管线工程，进行风险管理的作用主要表现在以下四个方面：

1）预防风险事故的发生。正确地分析输水管线工程项目的风险因素，制定切合实际的风险应对策略，减少输水管线工程全寿命周期过程中潜在的风险隐患，进而起到预防风险事故发生的作用。

2）降低风险事故带来的损失。有效合理的风险管理能够使输水管线工程中所有的参与者认识到输水管线工程潜在的风险事故及其所造成损害的严重程度，制定好风险控制措施，可以将风险事故的发生和各方的风险损失最大限度地减少。

3）营造安全的社会环境。采取合理的风险管控措施，能够有效预防输水管线工程在建设或运维中产生较大事故，不仅有利于营造安全稳定的生产、工作环境，更有利于周边用水的正常供应。

4）转嫁风险事故造成的损失。在进行风险管理时，经济主体有计划、有目的地将重大风险事故所造成的损失转移给其他经济主体，从而实现合理规避风险，控制损失。

（5）输水管线工程风险管理的框架。输水管线工程风险管理的过程具有动态发展的特点，随着项目不断推进，输水管线所面临的风险也在随时变化，并且各方面的风险控制措施可能会影响其他方面的风险因素，使得风险因素产生新的变化，某一风险的危害程度也因此处于随时变化的状态，这增加了管理人员对管线工程风险进行有效控制的难度。建立完善的输水管线工程的风险管理框架，科学合理、全面有效地分析和评判各类潜在风险，评估输水管线工程所处的安全状态，以便提前采取一些风险控制措施，提高管线系统抵御潜在灾害的综合能力，如图 2.2 所示。输水管线工程风险管理框架可以分为风险分析、风险识别、风险评估、风险控制等几个方面[18]23。

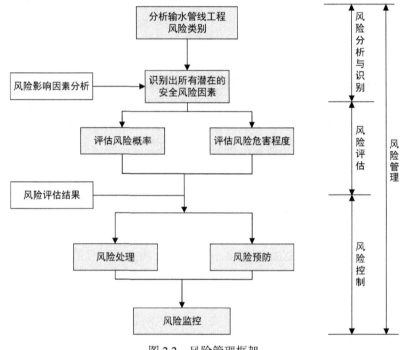

图 2.2　风险管理框架

　　1）风险分析。风险分析是整个风险管理过程的基石，它为输水管线工程风险管理的各个环节提供依据。风险分析的作用在于辨别输水管线工程中是否存在潜在的风险，为之后工程风险因素识别、风险处理等风险管理工作的进行提供基础。传统的风险分析方法主要包括定量分析、定性分析、定性与定量分析结合三种。

　　2）风险识别。

　　①风险识别的定义。输水管线工程的风险识别，是指对管线所处环境中的危险源进行仔细辨别，并分析其潜在风险事故，梳理风险事故发生的脉络，归类总结出影响输水管线安全的风险因素。

　　②风险识别的目的。风险识别的主要目的是：A.识别可能阻碍工程目标实现的风险因素类型和产生条件，并以此分析判断其风险程度，为风险评估提供依据；

B.了解并记录某具体风险的特点，判别风险发生可能造成哪些影响和后果，并初步制定风险管理措施；C.建立风险因素识别清单，为风险管理的进一步工作打下基础[18]28。

③风险识别的流程。

第一步，搜集整理相关资料：阅读有关工程风险、地下工程风险、输水管线工程等相关文献，初步识别出输水管线工程可能面临的风险。一般认为风险产生的根源是数据或信息不足，但可风险事件并非独立存在，往往存在许多与风险事件间接相关的信息或与本工程项目类似的可借鉴信息，我们可以将这部分信息搜集并加以利用。

第二步，建立初步风险清单：通过整理分析资料，对工程中的不确定性因素进行多角度分析，建立风险认知，列出初步风险清单。该风险清单列举出输水管线工程中可能发生的风险，这也反映了识别者对风险存在的直观了解。

第三步，风险清单修正，风险归类：根据初步风险清单，从风险表述是否清晰，风险内容是否重复，风险分类是否模糊不清等方面，分析所识别的风险并进一步完善风险清单。

第四步，编制正式风险清单：归纳整理初步风险清单中的风险因素，对其进行合理划分与完善，编制正式风险清单，其中主要包括已识别风险及潜在风险。已识别风险是指已发生或有迹可循的风险，潜在风险是指尚无迹可寻但是将来确实有可能发生的风险。

④风险识别的方法。风险识别的方法丰富多样，其中常用的方法包括德尔菲法、情景分析法、检查表法以及头脑风暴法等。这些方法各具特点，其使用应视具体情况而定。

因此，为了取得理想的效果，需要根据需求和具体情况选择并组合恰当的方法，工程中常用的风险识别方法比较见表2.1。

表2.1 工程中常用的风险识别方法比较

识别方法	特点	优点	缺点
德尔菲法	专家之间无法彼此直接交流观点，只能通过主持人来相互传递	识别结果科学性强、信息保密性强、专家独立思考性强	耗费时间长、消耗精力大
情景分析法	借助数字、图表等来描述项目处于不确定时段的状态，分析项目的风险形势，适用于各种目标相互排斥的项目	可用于不确定性较大的项目	风险识别准确度受人员对项目了解程度的影响

识别方法	特点	优点	缺点
检查表法	依赖于过去类似项目的风险管理经验：在一张表内将类似项目的风险因素全部列出，供风险识别人员进行核对	简单、便于操作	受类似项目数量及研究资料限制
结构工作分解法（WBS）	将项目目标进行细分，识别出各工作存在的潜在风险因素	简单易行	不能动态识别项目风险
工作-风险结构法（WBS-RBS）	将工作和风险分别分解，并进行耦合	全面系统、层次性较强	大项目的矩阵较为复杂
头脑风暴法	表明个人见解，再进行群体讨论，以便全面识别项目开展所涉及的潜在风险	耗时较短、易于发现新的风险因素	风险识别结果可能存在不准确性，对于会议组织者要求较高
事件树法	按照事故发生顺序，从事件的起因推导可能出现的结果	可进行动态风险识别，可定量计算各阶段概率	数据获取难度大
故障树法	需要明确事件间的相互联系，由结果向原因反向推导	定性与定量相结合、逻辑性强	工作量较大
因果分析图法	逐条分析问题产生的原因，并针对其重要性进行排序，分析问题的主要原因	直观、条理分明	复杂问题不易于作图
敏感性分析法	根据指标对危险的敏感度不同，确定敏感度最大的因素，以判断项目承担风险的能力	全面科学、定量分析	模型对识别结果影响较大
文献分析法	借鉴已有研究成果，对潜在风险因素进行总结、筛选，选取项目开展过程中涉及的风险因素	科学、合理、全面	工作量较大

3）风险评估。风险评估是风险管理的核心部分，它以风险识别阶段得到的风险因素作为判断基础，可分析出不同阶段或情况下项目危险性的关键点，得出针对项目风险的综合性评估结论，对风险的发生进行测量和评价，为进行后续的风险控制工作提供支持。风险评估主要包括风险发生概率评估以及风险损失分析这两个方面。

依据涉及的主观、客观因素的程度不同，评价的方法有三种：定性分析、定量分析与综合分析法。风险情境不同，适用的安全评价方法的选取也不尽相同。

目前，主要的风险评估方法包括：专家调查法、故障树分析法、风险矩阵法、层次分析法、模糊综合评价法、灰色理论分析法、人工神经网络法、物元可拓法等，风险评估方法对比见表 2.2。

表 2.2   风险评估方法对比

评估方法	适用范围	方法特点	应用条件	优缺点
专家调查法	各类研究资料少、未知因素多、主要靠主观判断和粗略估计的问题	在风险识别的基础上，专家们独立地对各个风险因素的发生概率及影响程度进行评估，再综合考虑整体风险水平进行评价	熟悉项目，所选专家要有较强专业性、较丰富的相关知识和经验	过程简单，可以与采用德尔菲法进行风险识别时同时进行，节约时间与成本，但主观性强，评估效果依赖专家水平
故障树分析法	各种工艺流程、生产性设备、运行装置的事故分析	以初始事件为出发点分析系统事故原因，依据系统各初始事件概率对系统整体的事故概率进行计算	了解系统与元素之间的因果性，有各事件发生的总体概率	简便、较易操作。受评价人员主观因素影响较大
风险矩阵法	主要适用于项目管理或者工业企业危险性与后果分析	按照风险事件发生的可能性与发生的影响严重性进行划分，形成风险评价矩阵	熟知整体危险事件发生的概率与事件的可能后果	简便、较易操作，风险评估指数准确性受主观影响较大
层次分析法	企业生产系统中方案优选	可将繁杂的系统转化为有序的逻辑层次结构，通过人们的认知和计算对方案排序	熟悉系统，有专家的评定分值数据	实用、简洁，系统性、主观性较强
模糊综合评价法	企业生产单位等整体系统	利用模糊数学相关原理，对被评判对象的隶属度进行综合评价	熟悉系统，有专家的评定分值数据	结果准确，但计算量大，因素的权重设置受主观因素影响较强
灰色理论分析法	适用于多个领域，范围比较广泛	利用各子系统与目标间关联度来对评价对象进行分析	熟悉系统，有生产和管理方面的安全知识，且有关于系统的相关数据	计算过程简单，数据不必归一化，指标体系可根据情况数目增减
人工神经网络法	企业生产单位等整体系统	可根据目标期望的结果不断对指标权值进行学习修正，直至误差满足要求	熟悉系统，有专家的评定分值数据	结果准确，计算推理工作量大且数据需求量较大

续表

评估方法	适用范围	方法特点	应用条件	优缺点
物元可拓法	适用于多个领域，范围较广	可最大限度地将不相容矛盾转化为相容关系，实现最佳决策目标	熟悉系统，有专家的评定分值数据	可以建立多指标性能参数的决策模型，但在权重的确定方面还有待改进与提升

4）风险控制。输水管线风险控制主要是通过对工程可能存在的风险及管线安全管理现状的分析，制定风险控制办法，对输水管线系统的运行状态进行不间断监测，发现问题，及时根据相应规范、原则、方法进行纠偏调整，提高风险管理的效率和针对性，确保输水管线工程的安全运行。输水管线工程较其他工程有其特殊性，所以在开展风险控制工作时，需要考虑风险的实际特点，同时做好因某一风险事故发生引起新风险事故发生的准备。

2.2.3 输水管线工程风险管理的内容

地下输水管线对缺水地区的经济发展有至关重要的作用，输水管线工程是地下水资源传输的基础，随着输水项目的不断兴建，其自身存在的风险不容小视。输水管线工程风险管理是其安全运行的保障和前提，关系到民生、生态、经济等方面。

长距离输水管线工程风险管理内容包括技术风险管理、组织风险管理、自然环境风险管理、其他风险管理。可从以上四个方面对输水管线工程潜在风险进行分析与防控，如图 2.3 所示。

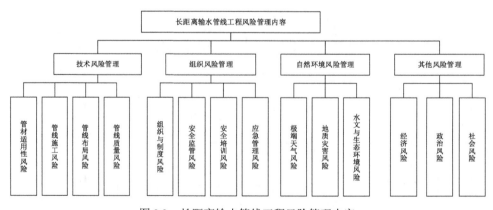

图 2.3 长距离输水管线工程风险管理内容

应根据相关规范、原则、方法，对长距离输水管线风险进行提前预防和处理，来减少或避免部分风险发生，降低风险对管线工程的破坏程度，保障输水工程的安全运行。

2.3　风险评估方法概述

2.3.1　故障树分析法

1. 简介

美国是最早开始使用故障树分析法（Fault Tree Analysis，FTA）的国家。20 世纪 70 年代末，我国开始对该方法进行研究。通过对大量实例的分析可知，故障树分析法是风险评估的有效方法。该方法的最大特点是通过图形演绎来表示系统内各事件间的相互联系，此方法不仅可以分析单个事件对整体的影响，还可以对导致事故的特殊原因进行逆推分析。

2. 特点

（1）优点。

1）识别导致事故发生的主要原因以及这些原因之间的不同组合情况。根据识别出的主要原因，管理者可以采取相应的措施对风险事件进行事前控制，从而减少整个系统中不安全事件发生的概率。

2）能够便捷地找出系统中存在的潜在风险因素，并以图形的形式简洁地展现出各种风险因素之间的因果、逻辑关系。

3）便于进行数学逻辑计算，为后续的定性、定量分析提供依据。

（2）缺点。

1）当应用故障树分析法对大型复杂事件进行风险分析时，步骤十分烦琐，花费时间较多。

2）前期需要搜集大量的相关资料，相关指标的判定多依赖于主观判断，基本事件中人的失误量化处理较为困难。

3. 步骤

（1）定义要探讨的不想要事件。对于一些不想要的事件，对它进行定义往往比较困难，但很多不想要事件可以很简单地去了解和分析。一个能够进行系统分析的专业工程师或者是曾经从事过工程相关工作的系统分析师很容易就能定义以及列出不想要的事件。故障树分析法可以对不想要的事件进行分析，故障树分析和不想要的事件是一一对应关系，并不是一对多的关系。

（2）获得系统的相关资讯。选定完不想要的事件之后，要探讨及研究所有那些导致不想要事件发生的具体原因及其发生的概率。然而想要获取准确的发生概率几乎是不可能的，因为这必须耗费较多的人力、财力以及时间。因此可以用相关的电脑软件来计算不想要事件发生的概率，该方法花费的成本相较于前者较低。此外，掌握系统的相关知识十分重要，一个系统设计者对系统的相关知识必须相当了解，这样才能找出所有导致不想要事件发生的原因。最终列举出所有事件以及事件发生的概率，为下一步绘制故障树提供基础。

（3）绘制故障树。获得系统相关资讯后，下一个步骤就是对不想要的事件进行故障树绘制。或门以及与门构成并定义了故障树的主要特性。

（4）评估故障树。绘制完故障树后，需要列举出所有可以改善系统的方法，换句话说，就是对相关风险进行管理，并且对系统进行优化。而后进行风险控制，在此过程中，会找出相关的方法来降低不想要的事件发生的概率。

（5）控制所识别的风险。此步骤对于不同的系统产生的效应也不同，其重点在于了解所有风险因素后，确保能够采取相关的方法来降低不想要事件发生的概率。

4. 适用范围

故障树分析法主要应用于有关领域的风险评估，例如：化工制程、制药、基建行业等。当涉及侦错时，故障树分析法主要应用在软件工程领域，该方法可以通过逆向推导分析，找出造成错误的原因，有助于管理人员及时更正。

2.3.2 风险矩阵法

1. 简介

风险矩阵法最早是由美国军方于 20 世纪 90 年代中后期提出的，且在其军方武器系统的风险管理方面取得了较好的效果，随后风险矩阵法在美国各大领域的项目风险管理中都得到了广泛的认可与使用。风险矩阵法是一种风险管理方法，它的核心思想是，根据风险发生的概率以及发生风险以后所带来结果的严重性来表示风险等级及其重要性程度。

2. 特点

（1）优点。

1）该方法可以使风险管理者更直观地确定各项风险的重要性等级。

2）该方法具有多种应用方式，如定性、半定量以及定量的应用。

3）该方法可以快速判断风险的重要性水平。

（2）缺点。

1）具有一定的主观性，具体体现在判别风险等级、风险发生概率、风险后果严重程度等的主观因素较强。

2）风险管理中，每一种具体情况所针对的风险矩阵各不相同，没有一个普适情况下的风险矩阵通用指标体系。

3）很难清晰地界定等级，尤其是在定性描述中。

3. 步骤

（1）识别经营目标。本步骤中考虑的是该单元或程序的经营目标，而不是控制目标。通过让管理层讨论他们对被审活动的目标便可以获得。如果没有，内部审计小组应当和管理层一起确认一个合适的目标。

（2）识别经营目标的相关风险。需要控制或者降低的风险可以应用下面的一种方式鉴别。

1）向管理层询问什么事件和环境是他们达成目标的障碍。

2）根据整体层面确定的组织风险逐一向管理层进行提问，看其中是否有一个可以影响到经营目标的实现。

（3）按照可能性和重要性度量每一个风险。根据风险发生的可能性和其后果的重要性，风险通常被分为高、中、低三等。这些分类综合考虑了可能性和重要性。

（4）识别控制活动。识别控制是真正的风险管理方法，常见的方法如下：

1）避免：按照某一方式重置流程来消灭某一特定风险或者如果风险不能够降低到可接受的水平则放弃这个活动。

2）分担：通过像保险、外包或者套期保值这样的安排来转移部分风险到其他的组织当中，或者是通过分散投资或进程来转移风险。

3）接受：如果风险不是灾难性的，或者降低这些风险不符合经济性原则，那么就接受这些风险。

4）降低：降低有害事件的可能性或重要性，或者增强正面事件的可能性或重要性。

5）增加：撤销限制以增加一些机会，虽然这样会增加风险，但仍然在可接受的范围内。

（5）评价控制是否充分。使用分析技巧和职业判断来确定答案。

（6）测试内部控制的有效性。对那些被认为是充分有效和设计良好的控制进行测试，看实际的运转是否同预期一样。

（7）对控制的充分性和有效性作出最终的意见。最终的意见通常同时按照这两种标准进行阐述。

1）一项控制由于同程序的一致性不足虽然充分但并不有效。

2）过分强调了非重要风险的控制使得控制设计有瑕疵而最终得到了"不充分"的意见。

4. 适用范围

风险矩阵适用于表示企业各类风险重要性等级，也适用于各类风险的分析评价和沟通报告。

2.3.3　层次分析法

1. 简介

层次分析法（Analytic Hierarchy Process，AHP）是美国运筹学家萨蒂（Saaty）教授在 20 世纪 70 年代初期提出的对定性问题进行定量分析的一种简便、灵活而又实用的多准则决策方法[19]。将定性分析与定量分析相结合，按照一定的规律对决策过程进行数量化和层次化，可快速有效地解决复杂的决策问题，并且其决策结果具有很强的实用性。

2. 特点

（1）优点。

1）系统性的分析方法。层次分析法是将研究目标当成整体的系统，并将该系统按照不同等级层次进行划分，以构建多层次的递进层级结构，按照目标的不同，实现功能的差异，综合多方面因素进行分析，是除统计分析方法以外的又一重要方法。系统的重点是充分考虑每个因素会造成的影响，而层次分析法把复杂问题中的各种因素划分为相互联系的有序层次，并且各层级的权重的确定最终对结果会产生或轻或重的影响。

2）方法简单实用，计算过程简单易懂。层次分析法综合考虑了定性与定量分析两个方面，将系统的结构层次进行剖析，使分析问题的过程条理化、层次化，从而使人们更易理解，并能将难以完全量化的多目标、多准则决策问题转化为多层次的单目标问题。通过两两比较确定了同一水平元素相对于前一水平元素的定量关系后，最后进行简单的数学运算。计算简便，并且所得结果简单明了，便于决策者理解和运用。

3）所需定量数据信息较少。层次分析法的重点在于评估者对评估对象在本质和各相关因素上的认识，要求对评估对象有更为准确的性质上的理解和判别。层次分析法是一种模拟人们决策过程的思维方式的方法，计算方法主要是将人们对各要素相对重要性的主观判断转化为简单的权重。这使得许多无法通过传统优化技术手段解决的问题有了解决的方法[20]2。

（2）缺点。

1）定量数据较少，定性成分多，缺乏说服力。科学的评价方法往往具备严谨的数学论证以及充分的定量分析。而 AHP 的定量分析数据较少，不能得到明确的结论。如今现实世界中人们思考问题的方式并不能完全靠简单的数字来表示。层次分析法受人们已有的经验和认识影响，无可避免地呈现出较多的主观色彩。

2）指标过多时，数据统计量大，且权重难以确定。为了全面分析问题，想要解决的问题越常见，我们所选择的指标数量便会越多。指标数量的扩大便需要构建层次更深、数量更多、规模更大的判断矩阵，从而需要进行更多的两两指标之间重要程度的比较判断。一般来说，用数字 1～9 来说明 AHP 在两两比较中的相对重要性，如果指标越来越多，可能很难判断每两个指标的重要性，甚至会影响层次单项排名和总排名的一致性，使一致性检验无法通过。在指标数量多的时候调整则会变得很困难[20]5。

3．步骤

（1）建立层次分析结构模型。运用层次分析法之前先要确定决策的目标，然后分析系统中各相关因素间的关系，建立层次结构模型，模型主要包含目标层、准则层和方案层。目标层为顶层，包含系统的评价目标这一元素。准则层也称中间层，由若干个元素组成，指按照一定决策的准则对总目标进行分类。方案层也称最底层，包含若干个实现决策目标的备选方案[20]6。层次分析结构模型如图 2.4 所示。

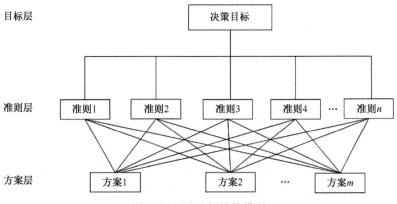

图 2.4　层次分析结构模型

（2）构造判断矩阵。将准则层的元素两两进行比较，并按元素的重要性程度评定等级。a_{ij} 为要素 i 与要素 j 重要性比较结果，表 2.3 列出 9 个重要性等级及其赋值。按两两比较结果构成的矩阵称作判断矩阵，如下：

$$A = \begin{bmatrix} a_{11} & a_{12} & \cdots & a_{1n} \\ a_{21} & a_{22} & \cdots & a_{2n} \\ \vdots & \vdots & \ddots & \vdots \\ a_{m1} & a_{m2} & \cdots & a_{mn} \end{bmatrix} \qquad (2.1)$$

式中：$a_{ij} > 0$，$a_{ij} = 1/a_{ji}$，$a_{ii} = 1$。

表 2.3　元素标度表

因素 i 比因素 j	量化值
同等重要	1
前者比后者稍微重要	3
前者比后者较强重要	5
前者比后者强烈重要	7
前者比后者极端重要	9
两相邻判断的中间值	2，4，6，8

（3）层次单排序及其一致性检验。层次单排序指计算同一层次因素对上一层次某因素重要程度的权值大小的过程。得到判断矩阵后，需要求解其最大特征值和特征向量，一般可通过方根法、和积法以及几何平均值法等求得。最大特征值表示为 $\lambda_{\max}$。得到最大特征值后可根据公式计算出一致性指标：

$$CI = \frac{\lambda_{\max} - n}{n - 1} \qquad (2.2)$$

式中：CI 为一致性指标；n 为判断矩阵的阶数。

再计算出一致性比率，计算公式如下：

$$CR = \frac{CI}{RI} \qquad (2.3)$$

式中：CR 为一致性比率；RI 为比例系数，也称为一致性指标，其具体数值由判断矩阵的阶数决定，选取标准参照表 2.4。

表 2.4　平均随机一致性指标 RI 标准值

n	1	2	3	4	5	6	7	8	9	10
RI	0	0	0.58	0.90	1.12	1.24	1.32	1.41	145	1.49

如果 $CR < 0.1$，则判断矩阵通过了一致性检验，否则表示判断矩阵没有通过检验，需要对判断矩阵进行适当的调整修正。

（4）层次总排序及其一致性检验。层次总排序是指计算某一层次中所有因素对最高层重要程度的权值大小。这一过程是从最高层次到最低层次依次进行的。

4. 适用范围

层次分析法为复杂问题提供了简便的分析方法。它在安全生产和环境保护等方面被广泛使用，在安全生产科学技术方面的主要应用包括煤矿安全评价、城市灾害应急能力研究、交通安全评价以及地下工程施工风险评价研究等；在环境保护研究方面的主要应用包括水安全评价、水质指标和环境保护措施研究、生态环境质量评价指标体系研究以及水生野生动物保护区污染源确定等[21]。

2.3.4 模糊综合评价法

1. 简介

美国著名专家扎德（Zadeh）提出了一种用来表示事物不确定性的方法——模糊综合评价法，该方法是一种解决多因素决策的有效方法[22]。当评价的目标对象受到一种或多种因素影响时，可以用该方法对目标对象进行全面、系统的评价，评价的结果往往是比较可靠的。在对实际项目进行风险评估时，常常会遇到一些模糊性的语言，比如"可能""偶尔""绝大多数情况""非常严重""年轻""高""矮"等，此时，需要将这些模糊性的语言定量处理，以便后期进行风险分析。

2. 特点

（1）优点。

1）如果评价对象模糊程度较高，可以采用模糊综合评价法对其进行数值化处理，便于后期进行风险评价分析，且模糊综合评价模型相对简单易懂、容易掌握。

2）模糊综合评价法可以将一些不完整、不确定的信息转换为模糊概念，并通过量化处理定性问题，提高评估结果的可靠性。

3）模糊综合评价的结果可以是一个具体数值，也可以是一组包含信息更全面的向量。

（2）缺点。

1）模糊综合评价法具有一定的主观性，具体体现在模糊关系矩阵、权重等的打分计算上。

2）模糊评判中，有关隶属度函数的确定目前为止还没有一个准确且全面的方法。

3）当同一层指标级的评价指标个数过多时，会导致最终指标的加权系数较小，出现超模糊的现象，导致评价结果不准确。

3. 步骤

模糊综合评价流程图如图 2.5 所示。

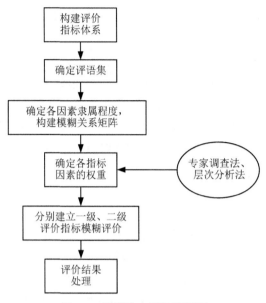

图 2.5 模糊综合评价流程图

（1）确定评价对象的因素域值，即构建评价指标体系。

假设：$X = \{X_1, X_2, \cdots, X_m\}$，其中 $X_1, X_2, \cdots, X_m$ 称为待评价的 m 个指标，集合 X 为一级评价指标集。用同样的方法，设定二级评价指标集：$X_i = \{X_{i1}, X_{i2}, \cdots, X_{it}\}$，其中 $i = 1, 2, \cdots, m$。根据具体情况，如有需要，再设定下属的三级、四级指标集。

（2）确定评语集。假设 $Y = \{Y_1, Y_2, \cdots, Y_n\}$，为 n 种评语或等级。例如：当 $n=5$ 时，表示评价等级为 5，Y 代表评语集，Y_1 代表灾难性的，Y_2 代表严重的，Y_3 代表中等，Y_4 代表不太严重的，Y_5 代表可忽略的，不同程度的评价代表了不同的风险等级。

为了顺利进行模糊综合评价，首先需要确定的就是评语等级，这是模糊综合评价不可或缺的要素。评语集是用于对各评判对象作出不同评判结果的一个集合，评语等级是用于对各指标因素进行评价的模糊概念，评语集的确定能够使模糊综合评价得到一个模糊评价向量，最终体现在评语等级的隶属度上。根据模糊评价向量再进行下一步的评判。

（3）确定各因素隶属程度，建立模糊关系矩阵。隶属程度指的是某一个评价指标对某一个评语等级的从属程度。当评语集和评价等级确定好以后，紧接着就要判断 X 中的每一个指标因素相对于评价等级的隶属程度。由此来进一步得到模糊关系矩阵：

$$R = \begin{pmatrix} r_{11} & r_{12} & \cdots & r_{1n} \\ r_{21} & r_{22} & \cdots & r_{2n} \\ \vdots & \vdots & \vdots & \vdots \\ r_{m1} & r_{m2} & \cdots & r_{mn} \end{pmatrix} \tag{2.4}$$

式中：m 为指标数；n 为评价等级；r_{ij} 为因素 X_i 对模糊子集 Y_j 的隶属度，一般将其归一化处理，使得矩阵行和为 1，即 $\sum\limits_{j}^{i} r_{ij} = 1$。一个被评价的事物在某个因素 X_i 方面的表现，通过模糊向量 $(R \mid xi) = (r_{i1}, r_{i2}, \cdots, r_{in})$ 来刻画。

一般最常使用的构造模糊评判矩阵的方法有两种。第一种是使用等级比重法，该方法主要是构造主观或者定性指标的模糊评判矩阵；第二种是使用频率法，该方法主要是构造客观或者定量指标的模糊评判矩阵。

（4）确定各指标因素的权重。在进行模糊综合评价之前，需要提前计算好各个因素的权向量：$W = (w_1, w_2, \cdots, w_m)$，权向量 W 中的元素 w_i 为因素 X_i 对模糊子集的隶属度。

在模糊综合评价法中，权重通常情况下是通过专家的知识与经验进行打分确定的，即专家打分法，但是该方法存在一定的缺陷性——主观性较强。通常情况下，采用层次分析法来确定各指标因素的权重系数，这是一种更加客观、合理的方法，各评价指标因素权重也便于定量表示，能够提高评判结果的准确性。

（5）建立一级评价指标模糊评价。一级模糊评价需要利用模糊合成算子来进行计算，具体计算过程如下：

$$W \circ R = (w_1, w_2, \cdots, w_m) \circ \begin{bmatrix} r_{11} & r_{12} & \cdots & r_{1n} \\ r_{21} & r_{22} & \cdots & r_{2n} \\ \vdots & \vdots & \vdots & \vdots \\ r_{m1} & r_{m2} & \cdots & r_{m3} \end{bmatrix} = (b_1, b_2, \cdots, b_n) = B \tag{2.5}$$

式中：$\circ$ 为模糊合成算子；$B = (b_1, b_2, \cdots, b_n)$ 为模糊评价结果向量，一般需要归一化处理，满足 $\sum\limits_{j} b_j = 1$。一般来说，模糊合成算子有四种，分别是：① $M(\wedge, \vee)$ 代表先取小，再取大；② $M(\bullet, \vee)$ 代表先乘，再取大；③ $M(\bullet, \oplus)$ 代表先乘，再求和；④ $M(\wedge, \oplus)$ 代表先取小，再求和。在实际运用中最常用到的是 $M(\wedge, \vee)$ 和 $M(\bullet, \oplus)$。

（6）建立二级评价指标模糊评价。二级评价指标因素的模糊综合评价过程与一级评价指标相同，需要注意的是二级评价指标模糊综合评价的关系矩阵为一级评价指标模糊综合评价的结果。

（7）模糊评价结果处理。参数加权平均法是对模糊综合评价法结果进行处理计算的常用方法，该方法的具体计算公式如下：

$$C = \frac{\sum_{j=1}^{n} b_j^t c_k}{\sum_{j=1}^{n} b_j^t} \tag{2.6}$$

式中：t 为待定系数，t 的取值视具体情况而定，一般可以取 t=1,2。最后根据 C 的取值以及相应的评价定量分级标准进行评价即可。

4. 适用范围

模糊综合评价法主要适用于无法用具体数值表示、模糊的、不确定问题的解决，多涉及多指标决策问题。当前模糊综合评价法的应用范围比较广泛，可用于产品质量评定、环境质量评估、农业布局、天气预测、风险评估等方面。

2.3.5 物元可拓法

1. 简介

所谓物元指的是用数学的方法对事物进行基本的描述。需要注意的是，我们可以将被描述的事物围绕"事物""特征"以及"量值"这三大点进行描述，由此而形成的有序三元组就是物元。

所谓可拓学指的是对一种或几种事物进行分析，研究其发展的可能性，判断其创新的基本规律，并将研究结果用于解决相互矛盾的问题的一门涉及众多领域的交叉型学科。可拓学的基础是可拓论，其特有的研究方法是可拓方法。

物元可拓模型是结合物元分析和可拓学，依据分析的实际问题产生的不可共存的矛盾的需要，采用突破常规、拓展方向和思维的方式并采用有创造性的决策方式，抓住关键部分，从而对实际问题从全局出发进行综合的决策。物元可拓理论的核心在于建立基于物元网络关系的数学模型，以更贴合实际的定量结果解决问题。

2. 特点

（1）可转化性。相容问题是所给问题条件能满足问题解决方案，不相容问题则是所给问题条件难以满足问题解决方案。而物元可拓模型正具备将不相容问题转化为相容问题的能力，从而有利于实际问题从大局角度来进行解决。

（2）可量化性。物元可拓模型是一个数学模型，该模型的基础是物元网络。利用该模型来确定评价等级，会涉及几个重要的元素，分别是物元经典域、节域以及物元关联度。利用该模型进行风险评估的量化性较强，是定量分析的模型。

3. 步骤

20 世纪 80 年代，物元可拓法由我国学者首次提出，利用此方法可以通过多指标性能参数建立评价对象物元决策模型，能够直观地反映出事物的综合水平，在人工智能、管理决策、系统工程等领域应用广泛[23]。利用物元可拓法，可以建立基于物元可拓的风险评估模型，建立的步骤如图 2.6 所示。

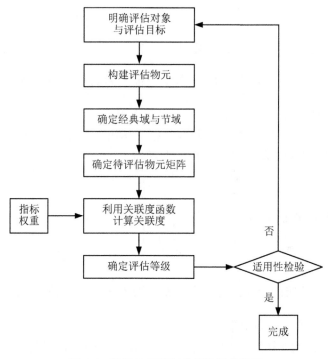

图 2.6　基于物元可拓的风险评估模型

（1）物元定义。物元 $\boldsymbol{R}$ 由事物的名称 N、事物的特征指标 c 以及特征指标的量值 v 构成，即 N、c、v 为物元 $\boldsymbol{R}$ 的三要素，其矩阵可以表示为 $\boldsymbol{R}=(N,c,v)$，为一维物元。通常情况下，事物 N 需要多个特征指标来描述，则将影响事物 N 的特征指标记为 n 个，记作 $c_1,c_2,\cdots,c_n$，则与其相对应的量值记为 $v_1,v_2,\cdots,v_n$，物元记为

$$\boldsymbol{R} = \begin{bmatrix} N & c_1 & v_1 \\ & c_2 & v_2 \\ & \vdots & \vdots \\ & c_n & v_n \end{bmatrix} = \begin{bmatrix} R_1 \\ R_2 \\ R_3 \\ R_4 \end{bmatrix} \tag{2.7}$$

（2）经典域、节域及物元矩阵。

1）确定经典域。经典域是被描述的事物 N 的每一个特征指标的变化区间。

设事物共有 n 个待评价指标，分别为 $c_1, c_2, \cdots, c_n$，每个待评价特征指标有 m 个等级，则物元可拓模型经典域表示为

$$R = (N_j, C_i, V_{ji}) = \begin{bmatrix} N_j & c_1 & v_{j1} \\ & c_2 & v_{j2} \\ & \vdots & \vdots \\ & c_n & v_{jn} \end{bmatrix} = \begin{bmatrix} N_j & c_1 & \langle a_{j1}, b_{j1} \rangle \\ & c_2 & \langle a_{j2}, b_{j2} \rangle \\ & \vdots & \vdots \\ & c_n & \langle a_{jn}, b_{jn} \rangle \end{bmatrix} \tag{2.8}$$

式中：N_j 为所划分的 j 个等级，其中 $j = 1, 2, \cdots, m$；c_i 为 N_j 的特征指标，其中 $i = 1, 2, \cdots, n$；$v_{ji} = \langle a_{ji}, b_{ji} \rangle$ 为事物 N_j 关于特征指标 c_i 的量值范围；a_{jn} 与 b_{jn} 分别为在等级 N_j 下的第 n 个特征值的等级下限与上限。

2）确定节域。节域是事物 N 每个特征指标值 v 的值域，节域矩阵是指全部评估等级区间组成的矩阵。其节域模型表示为

$$\boldsymbol{R}_p = (P, C_i, V_{pi}) = \begin{bmatrix} P & c_1 & v_{p1} \\ & c_2 & v_{p2} \\ & \vdots & \vdots \\ & c_n & v_{pn} \end{bmatrix} = \begin{bmatrix} P & c_1 & \langle a_{p1}, b_{p1} \rangle \\ & c_2 & \langle a_{p2}, b_{p2} \rangle \\ & \vdots & \vdots \\ & c_n & \langle a_{pn}, b_{pn} \rangle \end{bmatrix} \tag{2.9}$$

式中：P 为评估等级的全体；$v_{pi} = \langle a_{pi}, b_{pi} \rangle$ 为 P 关于 c_i 的值域范围；a_{pn} 与 b_{pn} 分别为特征指标 c_n 的下限与上限。

3）确定待评物元矩阵。对即将被评价的事物，我们可以将它的特征指标排列组合成待评价物元矩阵 $\boldsymbol{R}_0$，表示为

$$\boldsymbol{R}_0 = (P_0, C_i, V_i) = \begin{bmatrix} P_0 & c_1 & v_1 \\ & c_2 & v_2 \\ & \vdots & \vdots \\ & c_n & v_n \end{bmatrix} \tag{2.10}$$

式中：P_0 为被评价事物的待评区域；v_i 为待评区域关于特征指标的量值。

（3）关联度计算。

1）关联度函数。关联度函数是用于计算评判绩效水平等级的关联度值的函数，在关联度函数中引入"距"来表示绩效指标相对于上一级绩效指标的变化范围。在绩效评价中关联度函数定义为

$$K_j(v_i) = \begin{cases} \dfrac{\rho(v_i, v_{ji})}{\rho(v_i, v_{pi}) - \rho(v_i, v_{ji})}, & v_i \notin v_{ji} \\[3mm] -\dfrac{\rho(v_i, v_{ji})}{|v_{ji}|}, & v_i \in v_{ji} \end{cases} \tag{2.11}$$

式中： $\rho(v_i, v_{ji})$ 与 $\rho(v_i, v_{pi})$ 分别为待评特征指标数值 v_i 与对应特征向量有限区间 v_{ji} 和 v_{pi} 的距离，计算公式如下所示：

$$\rho(v_i, v_{ji}) = \left| v_i - \frac{a_{ji} + b_{ji}}{2} \right| - \frac{1}{2}(b_{ji} - a_{ji}) \tag{2.12}$$

$$\rho(v_i, v_{pi}) = \left| v_i - \frac{a_{pi} + b_{pi}}{2} \right| - \frac{1}{2}(b_{pi} - a_{pi}) \tag{2.13}$$

2）关联度。 $K_j(P_0)$ 为被评价事物的待评估区域关于评价等级的关联度，关联度计算方法如下所示：

$$K_j(P_0) = \sum_{i=1}^{n} w_i K_j(v_i) \tag{2.14}$$

式中： w_i 为特征指标对应的综合权重。

（4）评估等级确定。若 $K_{j0} = \max\limits_{j=1,2,\cdots,m} K_j(P_0)$ ，则评定 P_0 属于等级 j_0。

$$\bar{K}_j(P_0) = \frac{K_j(P_0) - \min\limits_j K_j(P_0)}{\max\limits_j K_j(P_0) - \min\limits_j K_j(P_0)} \tag{2.15}$$

$$j^* = \frac{\sum\limits_{j=1}^{m} j \bar{K}_j(P_0)}{\sum\limits_{j=1}^{m} \bar{K}_j(P_0)} \tag{2.16}$$

式中： j^* 为 P_0 的级别变量特征值，表明评估结果偏向相邻级别的程度。

4. 适用范围

物元可拓模型是在数据融合技术的基础上演化的数学模型，主要用于高科技研发。此外，它还在建筑工程和安全工程领域得到广泛推广。

2.4　本章小结

　　本章介绍了风险管理理论的相关研究，同时对风险管理的起源及各发展阶段进行了系统的梳理，便于风险理论的初步认识。同时从风险的概念、本质对风险进行具体描述，从风险管理的定义、特征、原则、作用、框架等方面对风险管理的内涵进行阐述，并对输水管线风险进行具体的分类，概括总结了风险管理内容。本章为后文对输水管线各种风险的分析奠定了基础。

参 考 文 献

[1] 宋明哲. 风险管理[M]. 台北：中华企业管理发展中心出版社，1984.

[2] 李宏远. 城市地下综合管廊运维安全风险管理研究[D]. 北京：北京建筑大学，2019.

[3] MAIR R J, TAYLOR R N, BRACEGIRDLE A. Subsurface settlement profiles above tunnels in clays[J]. Géotechnique, 1993, 43(2): 315-320.

[4] PECK R B. Deep excavation and tunnelling in soft ground[C]//Proceedings of the 7th International Conference on Soil Mechanics and Foundation Engineering. Mexico: State-of-the-Art Report, 1969: 225-290.

[5] DENENBERG H S, FERRARI J R. New perspectives on risk management: authors' reply[J]. Journal of Risk and Insurance, 1968, 35(4): 623-627.

[6] GAHIN F. Review of the literature on risk management[J]. The Journal of Risk and Insurance, 1971, 38(2): 309-313.

[7] 刘欣. 基于全面风险管理理论角度优化 Z 集团投资风险管控体系[D]. 石家庄：河北经贸大学，2016.

[8] COLQUITT L L, HOYT R E, LEE R B. Integrated risk management and the role of the risk manager[J]. Risk Management and Insurance Review, 1999, 2(3): 43-61.

[9] MEULBROEK L K. Integrated risk management for the firm: a senior manager's guide[J]. Journal of Applied Corporate Finance, 2002, 14(4): 56-70.

[10] LAM J. Overview of enterprise risk management[J]. Handbook of Finance, 2008, 3:81-86.

[11] FERNÁNDEZ-LAVIADA A. Internal audit function role in operational risk

management[J]. Journal of Financial Regulation and Compliance, 2007, 15(2): 143-155.

[12] FRASER J. Ten common misconceptions about enterprise risk management[J]. Strategic Direction, 2008, 24(7): 75-81.

[13] 邱菀华. 管理决策与应用熵学[M]. 北京：机械工业出版社，2002.

[14] 姜青舫，陈方正. 风险度量原理[M]. 上海：同济大学出版社，2000.

[15] 侯福均，肖贵平，杨世平. 模糊事故树分析及其应用研究[J]. 河北师范大学学报（自然科学版），2001，25（4）：4.

[16] 姚宣德. 浅埋暗挖法城市隧道及地下工程施工风险分析与评估[D]. 北京：北京交通大学，2009.

[17] 张勇，李慧民，魏道江. 城市地下综合管廊工程建设风险管理[M]. 北京：冶金工业出版社，2020.

[18] 谢非. 风险管理原理与方法[M]. 重庆：重庆大学出版社，2013.

[19] 冉伟刚. 层次分析法的 MATLAB 设计与实现[J]. 电脑知识与技术，2015，11（13）：234-235.

[20] 许树柏. 实用决策方法：层次分析法原理[M]. 天津：天津大学出版社，1988.

[21] 郭金玉，张忠彬，孙庆云. 层次分析法的研究与应用[J]. 中国安全科学学报，2008，18（5）：148-153.

[22] 张爱琳，张秀英，许有俊，等. 基于改进 AHP-熵值法的城市综合管廊施工进度风险模糊综合评价研究[J]. 建筑技术，2017，48（9）：922-926.

[23] 白先春. 统计综合评价方法与应用[M]. 北京：中国统计出版社，2013.

第 3 章　输水管线工程技术风险管理

长距离输水管线工程的建设在现代社会越来越重要，技术问题也越发复杂。由此在建设中，合理地选择管道材料是输水管道安全运行的关键，应根据不同的环境条件进行管道的选材；不同的施工工艺影响着输水的效果，应根据施工场地的地形、周围的环境以及现场的具体情况选择合适的施工方法；输水管线的布局是输水工程中的重要环节，管道的埋深、选线、敷设等选择直接影响输水管道的安全和后期的运行，应本着安全第一的原则，结合项目规划合理选择；管道自身的质量问题也同样重要，应该对水锤危害和管道腐蚀失效风险采取预防措施。

3.1　管材适用性风险

3.1.1　管材选取风险

长距离输水管线工程的管道材料选择至关重要，既影响输水管线工程的质量，也影响大型引调水项目工程总造价。

（1）安全运行风险。影响输水管线安全运行的因素有输送压力、交通负荷、土壤负荷、温差变化以及地震等突发情况。输水管线工程由于距离长，可能会穿越不同地质土层，沿途也可能穿越河流、沟壑、山脉、耕种土地、交通以及建筑物等，受种种条件的限制，不能随意选择管材，要对管材性能进行检验，确保管材具有较好的抗内压以及抗外压的能力。因此，应根据地质条件和管材性能进行选择，合理选择管材是保障工程安全可靠运行的关键。

（2）工程投资风险。制造材料多种多样，不同材质的管道价格相差也较大。以金属材料为主的预应力混凝土管和预应力钢筒混凝土管相对来说造价低，比较经济；其次是钢管和球墨铸铁管；而以树脂材料为主的玻璃钢管和玻璃钢夹砂管造价相对较高。且各种管道口径越大，材料差价越明显。以北方某地为例，DN2200mm 的预应力钢筒混凝土管管材造价为 3000～3500 元/m，而同口径的玻璃钢或玻璃钢夹砂管管材造价高达 5500～6500 元/m，两种管材造价相差 1.8～2.0倍。除了管道材料造价之外，不同管材在施工、安装、运输和正常运行时的维护费用等方面也存在差异，尤其是针对输水管线工程的这种大口径管道，综合造价差距显著。因此，为控制造价，应在综合考虑管材性能、工程地质条件、地面荷载情况等多方面因素的基础上，选择合适的管材。

3.1.2 管材的种类

近些年随着我国科技水平提高，管线材料技术也得到了极大发展，输水管材种类相较以前也越加丰富。不同管材由于制作工艺的不同，在耐久性、安全性、力学特性以及施工运输难易程度等方面都不相同[1]，各有其优缺点，没有任何一种管道是完美无瑕的，更不存在最优管道的说法。输水管线工程前期勘察设计阶段，需要对水源、输水路线、泵站等进行考量，同时还要根据建厂条件、管材的运输和储存等因素对管道在经济和技术方面进行比较，择优选择合适的管道类型[2]。现如今，我国长距离输水管线工程中使用最多的是球墨铸铁管、玻璃钢夹砂管、预应力钢筒混凝土管和 TPEP 防腐钢管[3]。

（1）球墨铸铁管。球墨铸铁管在工程中又被称为离心球墨铸铁管，由球墨铸铁铸造而成。它的直径一般比较大，采用承插口的连接，为了保证牢固性，管口中间采用法兰连接，管壁比较厚，管道内部防腐采用水泥砂浆，外部防腐采用的是煤焦油沥青清漆，该管材的质地比较脆，它主要用于过河、过路、穿路、穿越建筑的管线施工、市政和工矿企业给水、输油、输气等工程中，一般情况下它的正常使用年限为 20~25 年。

球墨铸铁管具有以下优点：能够承受高压供水、能够抵抗外部荷载和能够适应不同的环境变化。其抗拉强度高，与钢的抗拉强度相当，并且具有韧性好、抗震性能强等特点。对于承受静荷载的零部件而言，使用球墨铸铁相比于使用铸钢而言，更加节省原材料，而且重量也更轻，球墨铸铁也具有较好的疲劳强度。在大型输水管线工程中，能更好地体现球墨铸铁管便于安装的特点。另外，球墨铸铁管的密封性较好，不易发生渗漏现象，这不仅降低了管道的漏失率，还减少了管道的维护成本。最后，由于球墨铸铁管采用的是柔性接口，其安装过程更加便捷，这不仅有效提高了施工效率，而且降低了工程造价。

该管材的缺点在于球墨铸铁的安装过程受人为因素的影响较大，甚至超过了操作因素的影响。另外，球墨铸铁钢管一般不使用在高压管网，它的耐腐蚀性能较差，价格比较高，因此一般情况下除了小口径的管道及特殊工程（比如顶管工程）以外，不建议使用球墨铸铁管。此外，球墨铸铁管的管体比较笨重，安装时需使用机械安装，人工安装的可操作难度较大。

球墨铸铁管连接管和球墨铸铁管如图 3.1 和图 3.2 所示。

图 3.1　球墨铸铁管连接管

图 3.2　球墨铸铁管

（2）玻璃钢夹砂管。玻璃钢夹砂管（图 3.3）主要材料是合成树脂，添加玻璃纤维或者碳纤维以提高管材强度，其中最广为人知的夹砂层是在纤维之间均匀铺设石英砂。近年来，随着生产技术水平的提高，我国玻璃钢夹砂管生产速度和规模越来越大，应用范围也逐渐扩展，如在石油、排水、化工等行业均得到广泛使用。

图 3.3　玻璃钢夹砂管

玻璃钢夹砂管的优点在于耐寒、耐高温、接口少、安装方便、使用寿命长，由于该管材以树脂作为基体材料，因此具有较强的耐腐蚀性能，其设计使用寿命长达 50 年（国内外明确标注），这是普通钢管无法比拟的。另外，玻璃钢夹砂管的防渗性能好，具有高度防渗的可靠性；它的摩擦阻力小，运输能力高，抗变形能力强。该管材的设计灵活性主要体现在两个方面：一是结构设计上的灵活性，二是内衬层防腐材料选择的灵活性。这种设计上的灵活性是普通水泥管、钢管无法比拟的。此外，玻璃钢夹砂管的耐磨性也很好，热应力小，电绝缘性和保温性也很好。通常情况下，为防止玻璃钢夹砂管在使用过程中被污水中的微生物蛀附污染，或者结垢生锈，在投入使用前会对其进行固化处理。

该管道的缺点：若在露天的环境下工作，长期受到紫外线的照射，管材表面会变得粗糙、褪色，甚至出现表皮脱落现象，从而对其抗渗性能造成一定的影响。另外，如果夹砂不均匀，就容易产生分层现象，并且与同等厚度的纯玻璃钢管相比较，它的耐压强度低（用途和用量有限）、抗冲击性能差。当玻璃钢夹砂层变形时，就会导致管壁受到弯曲力的作用，在这种情况下，也很容易出现分层现象，进而影响管材的防渗效果。此外，由于隔离层比较薄，如果气体无法及时排出，产生"冒汗"现象，同样会影响管材的防渗性能。

（3）预应力钢筒混凝土管。预应力钢筒混凝土管（PCCP，图 3.4）是由混凝土和钢筒组成的复合材料管材。简单来说，就是混凝土管芯（带钢筒）上缠上预应力钢丝，再喷上水泥砂浆而制成的一种输水管[4]。该类管材最大的特点就是适用于 1.5m 以上的大口径输水，且口径越大，优势越明显。预应力钢筒混凝土管由埋置式预应力钢筒混凝土管（PCCPE）和内衬式预应力钢筒混凝土管（PCCPL）组成。PCCP 管最初是由法国工程师邦纳（Bonner）发明的，1983 年，我国才开始对此类管材进行研究，1986 年，成功试制出首批 PCCP 管。随着 PCCP 管制造技术的不断完善，其凭借可靠的性能以及较高的性价比广泛地应用于长距离输水管线工程、城市供水系统，还应用于压力排污干管道和电厂循环水工程下水管道等工程中。在水利项目中，PCCP 管已经应用在南水北调工程、长春引松工程以及东莞、深圳东部引水工程等项目；在电力工程中，PCCP 管材被应用于电厂的补给水、循环水领域。今后大型引调水工程中管材的选用，PCCP 管材将会作为首选。

图 3.4　预应力钢筒混凝土管

预应力钢筒混凝土管材作为复合管材，自身存在独特的优点，还有钢管和混凝土管的优点，具有极高的强度，能够承受很高的内压以及外压；PCCP 管材具有很高的抗渗性能，水头损失小，并具有很好的密封性能以及抗压性能；PCCP

管材的耐腐蚀性能也很好，该管材在一般的土壤中管体表面是不需要刷防腐蚀涂料的，其寿命周期也较长，一般情况下，PCCP 管材的寿命周期在 60 年以上；另外，PCCP 管材安装方便，抗外力损坏的能力（包括抗震能力）也很强，同时维护费用也比较低。此外，PCCP 管材的经济性能高，主要体现在两个方面：一是该管材的工程造价低，二是该管材的综合成本较低（包含了运输成本在内）。与其他管材相比，PCCP 管材的成本优势是十分明显的。

PCCP 管材也并非完美无瑕，建设工程的工期不确定性较大；PCCP 产业业务模式要求公司具备雄厚的资金实力，如"南水北调"这一类大工程，对公司的经济实力有着很高的要求；PCCP 管材的管体较为笨重，人工搬运难度较大，需要借助机械进行搬运。

（4）TPEP 防腐钢管。外缠绕聚乙烯（3PE）内熔结环氧防腐钢管（图 3.5）简称 TPEP 防腐钢管，其防腐层一般由内到外分别由环氧树脂、胶黏剂以及聚乙烯所构成。内壁为钢塑复合层，采用的防腐方式是热喷涂环氧粉末。该管材由于施工操作的便捷性，适合用于埋地敷设。另外，由于该管材具有良好的抗腐蚀性，较多应用于地面以下水文条件丰富的管道输送工程。相比于 PCCP 管、球墨铸铁管而言，它的性价比最高，也是首选之一，该管材已经广泛应用于国家重点水利工程、国家南水北调工程等建设中，经过多年的发展与应用，该管材得到了外界的一致好评。

图 3.5　外缠绕聚乙烯（3PE）内熔结环氧防腐钢管

TPEP 防腐钢管的优点在于钢管本身具有极好的延展性，其作为钢管和塑料管优良性能的结合体，不仅拥有钢管的优点——高硬度与刚度，同时它还具备塑料耐化学腐蚀、无污染、不积垢等优点，可以有效防止二次水污染，该类管材用于输水管线工程中的优势可以说是非常显著的。钢管可以承受较大的内外压力，能够依靠自身的抗拉强度抵消轴向力，抗水锤能力好，同时因为其可焊性好，方便制造多种配件，能很好地适用复杂的地形地貌[5]。该类管材中使用到的聚乙烯和环氧树脂都具有良好的防腐蚀性能，但是二者又有着各自的优缺点，聚乙烯的柔性好、耐磕碰，但是由于它属于非极性分子，它与钢管附着力的持久性差；环氧树脂由于分子链中含有活泼的环氧基团，在适宜温度作用下易与钢管发生反应，有较强黏附力，但作为一种热固性树脂，固化方便，不易磕碰。另外，TPEP 防腐钢管节能（可以有效地减少钢材的消耗），安全（承压能力强、抗压能力强、抗外力破坏能力强），免维护，使用寿命长（一般情况下，TPEP 管材的使用寿命在 80年以上）；除此以外，TPEP 管材还具备造价低、施工灵活度高、水头的损失小等优点。

TPEP 防腐钢管也存在缺点，此类钢管施工工序复杂，因此施工速度比较慢，同时其在进行焊接时对工艺要求较高，焊接完成需要对焊缝进行无损检测。同样，作为大口径管材，管体比较笨重，人工搬运难度较大，需要借助于机械进行搬运，造价相对较高。

3.1.3　管材选取原则

在长距离输水管线工程中，管材的选择十分重要，管材的合理与否直接决定着工程的成功与否。管材的选择随着工程的特点和环境不断变化，在选择管材时，综合每种管材的安全性、规范性、经济性、适用性等多方面的因素来考虑才能选择出最佳管材，有效地避免因管材问题所造成的各种损失，具体的选择原则可以从以下四个方面来参考：

（1）安全性原则。安全与健康是当代人们最关注的两大话题，任何与这两个主题有关的决策，人们都会十分重视。因此在长距离输水管线工程中，管材的安全性能至关重要，所以在选择管材时就要综合对比：管材是否耐腐蚀、是否耐用，安全性能是否达标。比如在长距离输水工程中，不宜使用金属管材。金属管材容易发生腐蚀、生锈、结垢、渗漏等现象，这是它的不足之处。一旦管材出现生锈等现象，就十分容易滋生各种微生物，从而污染管道里的水资源，给人们的健康带来极大的威胁。在任何时候，安全应该永远都放在第一位，所以在进行管材选用时，安全性能不容忽视。

（2）规范性原则。输水管线工程中管材的选用要符合相关规范、标准。管材选择的标准是所选管材在规定的使用压力和温度下是否具有足够的强度、是否对管内的流体具有很好的耐腐蚀性、管材自身是否具有很好的耐使用性。倘若选择的管材不符合相关规范、标准，管材极容易出现质量问题，不管是在施工过程中还是在使用过程中都容易出现事故，如出现渗水、漏水现象，处理起来十分困难，往往会带来较大的经济损失。因此，在大型引调水工程选择管材时要更加注重考虑管材的规范性要求。

（3）经济性原则。在进行管材选择时，价格往往也是我们着重考虑的因素之一，在充分考虑了其他因素的情况下，应该本着经济实惠的原则进行选材。在同等的价格或者价格相差不大的情况下，应该选择耐腐蚀性能强、安全性能强、安装便捷的管材；同理，在性能相当或者相差不大的情况下，应该选择价格相对便宜的管材。最合理的选择就是价格适中、性能高、安装便捷的管材。

（4）适用性原则。任何一种管材都有其自身的优势与弊端，就目前管材的发展状况来看，管材的选择没有最完美，只有最优选。在选择管材时应该遵循适用性原则，充分考虑施工现场的情况，结合施工的特点。不同的管材适应不同的工程，在进行管材的选择前，充分了解各类管材的性质特点。做到心中有数，方可选出相对最佳的管材。除此之外，有时还需要考虑施工周围的环境情况、输送的介质、管材的防腐性能、管材的设计寿命周期等因素。

输水管线工程中，管材的选择应在工程的重要性、规模大小、地质状况、耐腐蚀性、管道封闭性、抗震性能、建设资金等方面进行技术经济比较后确定[6]。综上所述，只有把握好管材的选取原则，才能有效地选择出合理的管材，为进一步的施工做好相应的准备。

3.2　输水管线施工风险

由于输水管线工程的施工区域跨度大，施工条件也千差万别，施工方应根据工程的具体情况进行综合考虑，选择合适的施工方法，并从施工方法及施工过程中提取出可能影响管线施工的风险因素（如气候、管材供应和质量等的影响），针对这些因素考虑管线施工的防护措施，以避免在施工过程中出现对管线造成破坏的情况而导致工期和成本损失等风险。

3.2.1　管线施工方法

一直以来，输水管线工程所面临的环境条件都十分复杂，管道的选择是否合理、管道在施工安装过程中的每一个环节是否规范，都直接影响着最终水资源的输送效果。不同施工方法在施工工艺上存在差别，施工方应该根据施工场地的地形、周围的环境以及现场的具体情况选择合适的施工方法，工程施工中有关管道安装的施工方法主要有以下五种[7]：

（1）打桩直槽法。打桩直槽法道沟截面为矩形状，该方法施工时占用的土地资源很少，土方量也少，它适用于在市区的道路上施工。该方法具有降低破路、修路的成本，减少土方总量，在施工过程中能够保护道路上其他设施的优点。当然，它也有不足之处，最大的缺点就是打桩会增加成本费用的投入。一般来讲采用该方法施工时，它的基本工艺流程如图 3.6 所示，这种方法与其他方法相比，道沟截面每延长 1m 可以减少土方量 $8\sim12m^3$，但是在进行打桩、拔桩时，每打（拔）一根桩需要额外增加施工费 100 元。

图 3.6　打桩直槽法基本工艺流程

现场施工人员如果采用这种方法施工，应该注意以下五个问题：

1）首先确定管线的位置，其次对管线所在位置的具体地下设施情况进行实地勘测，并且做好相关标记，然后再进行打桩操作。应该提前处理好可能影响打桩操作的路面设施，如电线、路灯、树木等。除此以外，打桩之前，相关技术人员必须给负责打桩的施工人员进行技术交底，避免在施工过程中发生事故或者损坏其他设施。

2）沟槽挖好以后应该及时设置横向支撑，横向支撑采用长度可以调节的支撑杆。由于吊车、运土车以及其他车辆在施工过程中会频繁往返于沟槽两侧，这样一来沟槽两侧的活荷载就会增加，如果不设置横向支撑极易导致道路开裂和塌方。在个别极端情况下，还会对道路上的其他设施造成损坏。

3）管道安装完成以后，应该及时对沟槽进行回填。及时对沟槽进行回填的好处不仅在于它可以使钢桩得到及时回收与再利用，还能有效防止道路产生裂缝。由于沟槽回填工程是由市政部门负责的，因此这一工程的开展应该与市政部门紧密配合。

4）沟槽的排水工作务必保证落实到位，能够及时进行排水操作。在个别必要的情况下，可以设置大口井进行排水，需要特别注意的是，在施工过程中应该避免因为短时间大量抽水而导致的塌方事故。

5）为了预防塌方事故的发生，在土壤质量较差的区域，可以适当减小桩与桩之间的距离，也可以通过在钢桩之间增加木板或竹跳筏来预防塌方事故。

（2）放坡明槽法。放坡明槽法道沟截面为梯形状，该方法施工时占用的土地资源多，土方量也大，它适用于地域比较开阔、地面建筑物较少、道路交通量比较小的地方。该施工方法是管道安装工程中经济花费最少的，同时也是最基本的施工方法。现场施工人员如果采用这种方法施工，应该注意以下三个问题：

1）为了防止塌方事故的发生，应该增大坡比，加大护坡尺寸，同时采用管顶压土的方法以及管道安放到沟槽后，在沟槽两侧重新回填土的方法。如果施工地点的土壤情况不理想或较差，在施工的过程中就有可能出现塌方等一系列安全事故。当意外发生时，周边施工环境就会威胁到施工人员的人身安全。除此之外，已经完成安装的管道也有可能随之出现移位，造成经济损失。因此在施工过程中，施工人员应该采取相关方法来预防此事故的发生。

2）需要特别注意的是，当土壤中的含水率过高时，短时间的大量抽水也会导致塌方事故的发生。因此，在进行施工之前可以采用沉井或者大口井来提前降水，避免塌方事故的发生，造成工程上的损失。

3）在施工过程中，通常采用开设临时人行通孔的方式来让施工人员进入管道内部进行相关作业（如内口的焊接）操作，但是应该注意以下事项：

①注意人行通孔不能为方形通孔，最适宜的是开设直径大约为500mm的圆形通孔。不能开设方形通孔的原因在于管道内部通水以后会产生压力，方形孔顶角处产生的集中应力会造成焊接口拉裂、出现裂纹等严重后果，因此临时开设的人行通孔不能为方形孔。

②开孔时需要注意的是避免与纵向焊缝、管道的环向相冲突，净距离要求不小于200mm。

③为了确保管道的质量，人行通孔恢复好以后，最好对管道加装防护罩。防护罩的直径一般比人行通孔直径大100mm，目的是防止焊接时过于集中从而产生应力。

（3）开挖施工法。该方法是输水管道施工时常常采用的方法之一，开挖施工法相比于其他方法而言，最直接的优势是该方法施工便捷、经济性好。当然，该方法也存在不足之处，如采用该方法施工时，施工过程中所产生的废气、灰尘等不利因素会污染环境，严重时甚至会影响交通。该方法主要适用于宽阔的地貌、线状管线或者构筑物比较少的情况。它的施工流程如图3.7所示。

图3.7 开挖施工法基本工艺流程

测量放线：在进行施工之前，需要确定好管道轴线控制桩以及水准点，并做好记号，在相应位置标识出来，方便后期施工。管线开挖的水准点位置以每 200m 设置一个为宜。

开挖沟槽：在开挖管道的沟槽时，需要特别注意采取降水和排水的措施，并且务必确保施工方法的可行性，保证边坡的稳定以及地下管线和周围建筑物的安全，一般可以采用人工降低地下水位的方式来进行排水。此外，应该根据相关的设计要求，确定好开挖沟槽的截面尺寸以及开挖方法。

管道敷设：有关管材的堆放，需要根据施工现场的情况来合理安排，尽可能避免二次搬运。管道的安装可以采用人工或机械法来进行。通常对于小口径的管材而言，采用人工法进行安装，对于大口径的管材而言，采用起重机进行安装。无论是在管道的敷设过程中还是运输过程中，都要避免管道磕碰问题，以免造成经济损失。

沟槽回填：在管道敷设完成之后应及时回填沟槽。需要注意的是：在回填过程中，施工人员必须在回填的同时进行排水工作，还要避免开挖中产生的大块土石在回填时撞击管道。

路面恢复：道路结构层按道路设计要求或路面结构现状回填。

输水管线开挖施工现场如图 3.8 所示。

图 3.8　输水管线开挖施工现场

（4）顶管施工法。顶管施工法是一种非开挖的施工方法，该方法的特点是能尽可能减少开挖的管道埋设。顶管施工法具体来说就是借助相关设备产生的顶力将管道按照预先设置好的深度顶入土壤中，最后将多余的土方运走。在实际施工时，可以根据顶管涂层的稳定情况，分别采取开放式顶管和土压平衡密闭式顶管。一般来说，最常采用的顶管方式为开放式顶管，它适用于土质情况较为稳定的土壤层，该土壤层人工能够直接进行挖土，在进行相关作业时，不会出现塌方的情况。土压平衡密闭式顶管则适用于地质条件比较恶劣的土壤层，并采用机械挖土。对于开放式顶管法而言，它的具体操作流程如下：

1）开挖工作井，做好基础层，准备好顶进设备。工作井可分为两类，即顶进井与接收井。

2）准备好需要顶进的管道，利用顶进设备产生的顶力将管道顶进土层中。顶进设备的相关规格需要根据管材、管径以及预先设计的顶入深度来确定。

3）一次顶进完成后，人工清理管内泥土后再进行下一次的管道顶进，如此往复循环，直到整个工程完成为止。

顶管施工过程如图 3.9 所示。

图 3.9 顶管施工过程

现场施工人员如果采用这种方法施工，应该注意以下三个问题：

第一，正式施工前的工作必须确保准备充分。顶进设备开始工作前必须要有详细的工程地质调查数据，并且对管线附近的障碍情况进行充分的排查。如果前期工作未准备充分，在管道顶进过程中如果遇到较差的土质层或者其他障碍物，这将会给施工带来极大影响。

第二，顶力的计算与顶管承载力的校核。在进行顶管施工时，顶力的计算与顶管承载力的校核是整个施工过程中十分重要的两个问题。顶进力度的精准程度直接关系到顶管工作坑的形式，顶管承载力的校核要尽可能精确，避免在施工过程中管道破裂，从而增加施工成本。由于顶力的计算过程比较烦琐，在实际施工过程中影响顶力的因素也有很多，因此顶力的计算通常与实际情况有一定差距，关于如何减小这个差距使结果更接近实际情况还有待进一步研究。

第三，检查管道是否有偏差。管道在施工过程中，需要用经纬仪检测管道是否存在偏离情况，如果存在偏离情况需要及时进行纠正。大量实践证明，采用开放式顶管施工时，管道纠偏工作只能以人工纠偏的方式进行。但人工纠偏存在一个很大的问题，即该纠偏方式效果比较差并且不好控制。采用土压平衡密闭式顶管施工时，管道纠偏工作使用机械进行纠正，该方式相比于人工纠偏而言，效果较好，并且在纠偏时便于定量控制。

相比于土压平衡密闭式顶管而言，开放式顶管所需的施工成本较低，但是该方式对于土质条件以及人工的工作强度具有很高的要求。虽然土压平衡密闭式顶管技术所需要的经济成本会略高一点，但是该技术对于土质条件要求并不高、适应性强，并且该技术采用的是机械挖土，相比于人工而言，效率高。因此，对比来看，土压平衡密闭式顶管技术是今后顶管技术发展的一个方向。

（5）窄槽顶管法。该方法指的是一种半开槽半顶管的施工方法，它主要适用于工作面狭窄且管线两侧有较多建（构）筑物，不宜开深槽的施工地段。采用该方法施工时，沟槽开挖得比较浅，充分保护到了沟槽两侧的建（构）筑物，同时在一定程度上减小了顶管的阻力，顶管内的土方量也大大减少，降低了人工运土的强度，加快了施工进度。同样，现场施工人员如果采用这种方法施工，应该注意以下四个问题：

1）采用该方法施工时，沟槽的开挖深度与宽度应该根据相关标准以及施工现场的实际情况来综合考虑确定。

2）完成顶管施工后应该及时对沟槽进行回填，避免回填不及时对管线周围的建（构）筑物以及其他设备设施造成损害，从而引发安全事故。

3）根据施工现场的实际情况，综合考虑是否需要采取相关措施对管线周围的建（构）筑物以及其他设备设施进行保护。

4）已经安装完成的管道作后备时务必经过仔细的计算与校核，保证管道与土壤的摩擦力大于顶力后方可进行。

以上介绍了五种管线施工方法，应该综合考虑施工现场的具体情况、成本分析、技术对比等多方面因素来确定所采用的方法。针对不同的工程情况，采取合适的施工方法，对于节约施工成本、缩短施工周期、保障工程质量与施工安全都具有十分重要的意义。

3.2.2 管线施工风险因素

长距离输水管道作为引调水工程中的重要组成部分，其能否顺利投入使用直接影响到引水工程效益的长效发挥。在一般管线施工工程中，存在着众多影响因素，具体如下：

（1）冬雨季施工的影响。在多雨季节，管线安装完毕后一定要及时进行回填、夯实，否则一旦碰上大雨或者暴雨天气，雨水过多灌入沟槽就会将管道漂起，极易造成返工以及经济上的损失，严重时甚至还会影响工期。另外，冬季时，气温对施工的影响很大，特别是在北方地区。该地区冬季气温较低，在安装部分转换件（尤其是水泥接口）时要求必须做好防冻保温措施，否则温度过低会导致水泥接口处的水泥皲裂，发生渗漏现象。

此外，面临可能出现的特殊气候条件，应建立相关预警机制，加强对施工进度的监督，必要时可以提前开工，避免出现影响和拖延工期的情况。

（2）地下设施的影响。地下设施（比如地下埋设管线、电缆、底下的埋藏物等）在管线施工过程中会影响施工进度，导致施工工期延长，增加经济成本。在管线工程开始施工之前，务必及时将其排查清楚，包括摸查清楚这些设施的填埋深度、地理位置等，以提前做好相关准备工作。

（3）管材供应的影响。由于输水管线工程比较分散，所需管材比较多并且管材的供应又不能集中，因此管材的供应困难会给施工造成一定影响，延缓工程的施工进度。除此以外，管材的运输成本、现场堆放状况以及施工的速度等问题也会对管线的供应造成影响。

（4）管材质量的影响。输水管线工程的工作量比较大、工期比较长，一般情况下，施工过程中需要用到的管材是由多个供应商提供的，这就涉及管材的合理匹配问题。不符合施工要求的管材会对后期施工的开展以及监理单位的审查造成麻烦。在购置管材之前，应仔细检查各种管材的尺寸，核对清楚各类管材的匹配情况。

（5）管线防护不当的影响。在输水管线工程施工过程中，管线的防护方式尤为重要。在管道安装过程中，安装方式、周围土体和物体的荷载、土体沉降等问题都会对输水工程的稳定性产生一定的影响，应采取适当的防护措施来保障输水管线的顺利施工。

3.2.3　管线施工防护措施

对于必须进行保护的管线，为了最大限度地保障输水管道的安全性及可靠性，施工人员在其敷设施工过程通常采取以下四项防护措施：

（1）隔离法。隔离法指的是在进行地下输水管线施工时，根据管线位置、埋深、走向以及管径等已知条件，充分利用钢板桩或深层搅拌桩产生的作用力，组建一个相对独立的空间，从而有效地隔离地下的输水管线[8]，并且确保管线周围的土体能够固定好管线，后期不会产生土体振荡或者移动的现象，不会存在土体挤压管线的情况。

在施工实际进行时，若管线埋置比较深而且与基坑的位置相距比较近，就适用于隔离法。若管线埋置较浅，施工人员可以在保证安全的前提之下于埋置管线的位置进行挖槽工作，将地下管线架空。但是需要特别关注一点，在进行挖槽隔离时，务必确保隔离槽的位置位于地下管线底部，这样才能有效地保护好地下管线。

（2）悬吊法。地下管线在安装时，一部分管线会暴露在基坑之中，为了使地下管线不受到破坏和移动，需要对其进行有效的保护：将地下管线挖出，而后采取悬吊的方式将其固定。需要注意的是，在使用悬吊法对地下管线进行悬吊时，务必充分考虑吊索的变形限度以及影响管线固定位置点的各种因素。此外，使用悬吊法时，需要明确的是它具有明显的位移特性，应当按照施工实际情况调整或修正管线的位置。图 3.10 所示为施工人员采用悬吊保护输水管线。

图 3.10 施工人员采用悬吊保护输水管线

（3）支撑法。在进行挖槽工作时，土壤会发生沉降位移等现象，这可能会对处于悬空状态下的管线产生一定的压力，从而对管线造成破坏，在这种情况下，需要对管线进行支撑处理，并根据具体情况选择管线支撑工作的时效。在施工过程中若使用暂时性支撑方式，那么后期的卸载工作将会变得更轻松；永久性的支撑方式主要适用于永久性的建筑工程之中。

需要注意的是，如果在山区埋置地下输水管线，可能会发生山体滑坡的现象，从而使管线产生位移，在这种情况下，主要采取注浆的方式对土体进行加固，防止上层土壤的静荷载对地下管线造成破坏。在对土体加固的整个过程中，主要的施工方式包括旋喷法和深层搅拌法，此外，在一些市政工程项目的建设过程中，可能会遇到砂性土壤，在这种情况下，就需要将管线埋置在地下土质较好的环境中。

（4）卸载保护法。地下输水管线工程在进行施工时，管线周围可能会出现一定的物体，它们会对管线周围的土壤产生一定的作用力，增大地下管线的负荷。所以，为了有效地保护地下管线，施工人员在施工时需要及时清理管线周围的障碍物，消除管线周围的负荷，减少物体以及周边土壤对地下管线的压力。

以上所提及的方法是目前管线防护中最常见的几种方法，在实际施工过程中，会受到多种因素的共同影响（如：施工管线的结构、施工时管线的内压力、地下管线的埋置深度情况、管线的埋置位置是否合适、管线长度、施工现场的地理环境及周围环境等），应选择合适的防护方法，做好管线的保护工作[9]。

在管线工程开始施工之前，项目负责人务必组织相关人员严格检查施工所需要的各种材料的合格证书（包括管材的质量合格证明书以及管材的出厂合格证明书），并严格保证与管线工程相关的建筑工程完成、检查合格之后，才办理管线工程施工工序的具体交接手续。

为了保证项目的顺利实施，必须确保施工过程中所需用到的相关设备与管材符合项目施工的相关质检要求。管线工程在进行施工之前务必先对三方图纸进行审核，并且应该由相关设计单位来做好施工现场的技术交底工作与交桩工作[10]。在进行技术交底工作和交桩工作时都要有专人进行记录，并保证记录的准确和清晰，为日后进行核查和检验做好准备。不仅如此，我们还需要对施工地点周围和施工沿途出现的障碍物进行清理和运输来保证施工进度和施工的流畅性。

长距离输水管线的安装路径较长，不可避免地要穿越河流、水网和峡谷等特殊地形，同时还会穿越铁路、公路以及地下管网等，施工单位在进行施工时必须按照相关标准与规定有序施工从而保证施工进度及安全。

3.3　输水管线布局风险

在设计管线布局时，需根据施工条件、管材规格等因素，从纵向及横向两个空间维度分别考虑输水管线埋设深度和平面布置，并从这两个方面识别出管线布局风险（即管线埋深风险和管线平面布置风险），在进行综合评估及分析后，根据施工现场的具体情况采取对应的风险应对措施。

3.3.1　管线布局概述

（1）管线埋深概述。管线埋设深度是指从管道底（内壁）到地面的距离，即地面标高减去管底标高。根据《城镇供水长距离输水管（渠）道工程技术规程》（CECS 193—2005）中的相关规定，输水管道的埋设深度需要结合当地的地质环境情况、外部荷载情况、选用管材类型以及水平（垂直）向与其他既有地下管线之间的交叉情况等多种因素来综合确定，尤其是对于大口径管道以及长距离输水管道，在进行管槽开挖之前要充分考虑各种因素可能对管道产生的影响，以确定其埋设深度。

例如，针对不同的土壤类型条件，埋深也存在差异。若输水管道准备敷设在土体承载力比较高，且地下水位较低的区域，则施工技术人员可以考虑将管道直接埋设于管沟中的天然地基上；反之，若在流沙、沼泽、黄土等土体松软且含水量较高的区域，需尽量避开在此类土体易发生形变的区域布置管线，如若实在无法避让，则需要先对敷设管道的沟槽采取相应的基础处理措施，当选用混凝土基础时，规定混凝土的强度等级不能低于 C15。

一般情况下，输水管线应当埋设于冰冻线以下，以减少温度对管体的影响，若决定采用浅埋，要先通过抗外部荷载计算，再通过抗冰冻热力计算，最终确定具体埋设深度后才能开始施工。

（2）管线平面布置概述。管线的平面布置包括管径设计、路径选择、管道敷设、附属设施布置、管道回填以及打压试验等。

1）管径设计。设计输水管道管径前首先需要计算并确定输水管道的输水能力，输水能力按照净水厂最高日平均时供水量、输水管道的漏损量以及净水厂自用水量之和进行设计，同时，也要根据该输水管道的功能和用途，确定是否涉及区域消防补水量或消防量。

一般情况下，在不允许使用间断供水时，通常要求布置两条及以上输水管道，允许间断供水或者可使用多水源供水时，允许只布设一条管道。两条以上的输水管道应设有连通管，并在合适的位置进行连通。连通管直径可选与输水管直径相同的规格，或比输水管管径小 20%～30%，输送管道的流速一般控制在 0.6～3.0m/s 之间。此外，发生事故时，城镇供水的管道流量应大于设计水量的 30%。

2）路径选择。选择输水管道路径时须遵守以下原则：

①输水管道线路布设方案选择应尽量顺直，减少管道的转弯次数，力求管线长度短、降低水头损失。

②选择合理的地形和地质条件，充分利用地形优先采用重力输水，保证工程运行的稳定性。

③尽可能减少穿越铁路、重要交通公路、河流坑塘、沼泽等区域的次数，以降低造价，减少施工难度。

④要充分考虑拆迁、用地指标等，尽量沿着现有道路布置，降低对农业生产和生态环境的影响，这样不仅便于施工和后期的运行与维护，也可以减少施工交通、临时征地等工程费用。

总之,在管道线路选择时,应根据实地勘探情况,对可行的线路方案进行类比和优化,从而选择出运行安全有保障、运维简单方便、经济节省的管道输水线路。

3)管道敷设。当管道穿越河流或湖泊时,要充分考虑其底高程,以避免水利施工过程会对输水管道造成损坏,影响输水管道的正常运行,增加输水管道的维护难度和维修成本。输水管道与邻近建筑物、厂房、轨道等的横向距离,应根据建筑物的基础结构设施、道路类型、卫生状况、管道埋置深度、工作条件和工作压力等因素来进行确定。当输水管道与污水管道出现交叉时,输水管道在上,污水管道在下,并且在输水管道外加上密封性能好的套管,套管的两端采用防水材料封闭,以避免受到污染。

4)附属设施布置。输水管道附属设施布置一般需要设置排气阀、泄水阀。排气阀是输水管道的排气装置,当管道内排水放空时,排气口打开,大气通过排气口进入管道,避免管道内部因负压而产生破坏;当管道灌水时,它大量排气,使管道快速充水再关闭排水口。输水管线工程在输水过程中,水中释放的气体应就近排放,因而排气阀应是复式的排气阀,其需要具备快排、快吸的功能。按照规范要求,在管线的最低点需要安装泄水阀,排除沉淀物以及检修时放空管内存水。另外,输水管道的各种阀门都应安装在阀门井内,以留有充足的空间方便在后期运维阶段进行操作检修等工作。

5)管道回填以及打压试验。在水压试验前、管道安装检查合格后,位于管道双边及管道上部的回填高度距离至少保留 0.5m;为了方便检查渗漏,应在管道顶部回填土处预留接口空间;水压试验通过后,对沟槽的其余部分必须及时回填。

打压试验要求输水管道的试验加压不得小于管道运行压力的 1.5 倍。管道试压前整个管道系统应充水浸泡不低于 24h,充水工作结束后,检查未回填的外露连接点,以及管道与管道附件的连接位置,及时消除渗漏。分段试压结果通过标准要求后,对整个管道进行清洁杀菌,清洁水的流速须大于 1.0m/s,冲洗直至管道排水口出水与清洁水浑浊一致。首次冲洗完毕后,对管道进行二次清洁,将管道浸泡在含氯的水中进行杀菌,起到消毒作用的氯浓度不得低于 20mg/L,浸泡 24h 后,对管道进行冲洗,直至管理部门提取样本检测合格方能停止。

3.3.2 管线布局风险分类

(1)管线埋深风险。管线埋深会对管道的腐蚀程度、维修难度以及工程造价等产生影响。

1)管道腐蚀。腐蚀是管材与其所处环境相互作用而产生的失效反应,腐蚀可分为内腐蚀和外腐蚀,其中外腐蚀主要与土壤和地下水有关。

土壤腐蚀性主要受到土壤电阻、氧化还原电位、盐分、含水量、含气量、酸度（pH 值）、气候条件以及土壤的温度、微生物和有机质等方面的影响。

同时，由于地下水盐度高、腐蚀性强，因此会对地下管道造成腐蚀，这种腐蚀称为水线腐蚀。当管道的轴线位于地下水位置时，也即富氧区与贫氧区的交汇部位，会导致管道在此处面临严重的腐蚀问题。管道敷设区域的地下水位位置越高，相应的湿度就越高，含氧量越低，氧浓度差别越大，也就越容易形成腐蚀。因此，除了合理选择管材以及做好防腐蚀措施之外，合理设置管道埋设深度也至关重要。

2）管道维修。当输水管道处于运维阶段时，专业技术维护人员需要定期核查管道、管水阀门等的老化及磨损情况，同时要及时关注地下管道是否存在透水、渗水，以及地下积水现象等特殊情况从而及时进行维护，防止影响进一步扩大。若埋深设置不合理，会给维修人员的工作带来不便，当发生破裂、漏水、腐蚀等现象时，不能及时进行维修。

3）工程造价。投资方在长距离输水管线工程中，对于管道沟槽开挖的工程量和投入比较看重，特别是管道埋设深度，其和工程造价有直接关系。因此在保证供水安全性的前提下，合理设置埋设深度，对于减小土方开挖和控制施工成本尤为重要。尤其是当工程位于我国北方山区时，该问题更应引起重视。

（2）管线平面布置风险。在进行管线布置时，特别是长距离、跨流域的输水管线，其敷设路径较长，它们不可避免地会产生管线之间的冲突，管线交叉以及管道转弯等问题。交叉口处管线设计的科学与否直接影响输水管线能否正常运行。管道转弯会导致输送过程中管道压力及能量方面的损失，同时也会增加施工难度、施工成本、管道运营成本等。

3.3.3　管线布局措施

（1）为避免埋深设置不合理对输水管线工程的造价、管道腐蚀以及维修等方面带来不利影响，在设计施工过程中要采取科学、有效的措施，在设计管线埋深的过程中，以相关工程标准规范为依据进行合理计算确定，并参考以往的输水管道项目施工案例进行合理的修正。

（2）位于非冰冻地区的输水管线工程，管线的埋深主要由外部荷载、管材强度以及与其他相邻管线的间距等因素综合确定，一般来说，不能小于 0.7m。在冰冻地区的输水管线工程，管线的埋深既要满足以上条件，还需要考虑当地土壤的冰冻深度条件。通过进行管道热力计算来确定其所需的合适埋置深度，通常情况下均位于冻结深度以下 0.2m。

（3）如若使用的为非金属材质的管道，管顶覆土的深度应稍稍加大，因为非金属相较于金属材质强度较低，受冲击荷载的影响较大。通常情况下，管顶覆土深度至少应该为 1.0～1.2m。

（4）管线平面布置前要进行充分、合理的规划与安排，确保每条管道横向排列有序，纵向交叉合理，避免管道之间相互干扰和冲突。在优化设计过程中，充分考虑各类管线的属性、用途及其他可能的影响；在路径的选择设置时，尽可能使各类管线顺直、简短、集中；在确定管线路径时，可采用非线性规划模型进行计算，用定性与定量相结合的分析方法，这样可以有效消除人为因素对管线位置确定时的不利干扰，从而保证设计过程及结果的科学性和最优化。

（5）在进行管线交叉口处的设计时，需要结合交叉口位置规划和各条管道的设计规划，既要保证各个管线之间的间距符合设计及安全运行的要求，又要能够节省空间、减小土方开挖量、降低工程成本。

（6）在进行管道设计时，尽量减少除地形制约因素之外不必要的弯曲设置。

3.4　输水管线质量风险

3.4.1　管线水锤风险

水锤是由于管道水流速极度不稳定从而引起压力大幅上下变动造成压力冲击的现象，实际工程中因水锤现象出现而导致管道断裂失效的原因大致分为以下五种：

（1）由于电力供应的瞬间消失导致泵站脱离持续工作状态引起的水锤压力大幅上下变化，以及水泵的最大反转速。

（2）管道第一次进行充水工作、泵站停开瞬间以及停工维修检测或正常停水后再进入工作状态时产生的气爆型水锤。

（3）各站主干管和配水支管在关闭阀门（图3.11）时产生的瞬时水锤。

（4）流量调节过程导致管道压力波动产生水柱中断及气囊聚积，气囊运动及水柱中断对支管压力波动的影响。

（5）在爆炸和重力压力流段的情况下，管内的静压涨高，泵闭流止引起的水锤损坏最大[11]。

水锤危害很大，其是引发长输管道安全事故的重要因素，应认真分析研究长输管道系统水力过渡过程，采取经济可靠的防护技术，复杂重要的工程应采取多级综合防护措施，以保证管道安全运行。由于水锤的即时升降压力幅度较大，根据国内检测数据显示，其产生的变压是正常运行状态时压力的2～4倍，国外的数据监测显示更为严重，所以迫切需要采取措施以降低水锤带来的损害。

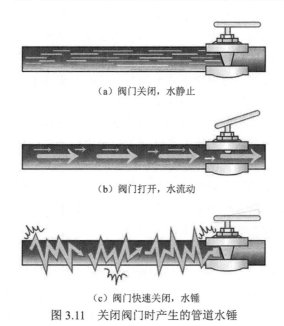

（a）阀门关闭，水静止

（b）阀门打开，水流动

（c）阀门快速关闭，水锤

图 3.11　关闭阀门时产生的管道水锤

3.4.2　管线腐蚀失效风险

输水管道埋设在土壤中，由于周围土壤环境的影响，通常会发生腐蚀，并由于土壤中可能存在的微生物及周围的轻轨、直流电机等泄流造成的杂散电流，这些因素都将加速管道的腐蚀失效，进而影响输水管线工程的安全性。管道腐蚀（图 3.12）呈现的特征为局部腐蚀，即水线腐蚀，管道腐蚀严重，表面凹凸不平，有大量的腐蚀坑存在[12]。

图 3.12　埋地管道腐蚀

管道埋设在土壤中，氧含量低，这种环境有利于厌氧菌的生长繁殖，当管道周围存在这种微生物时，可能会促进管道腐蚀现象的发生。管道腐蚀失效是由富氧的粉煤灰层和贫氧的含砂黏土/水层构成的氧浓差电池效应导致的。具体解释如下：管道腐蚀失效处的土壤为沙土，透气性好，加上降雨的作用，从而导致该处管道上方的氧含量较高；而管道下方若为黏土和砂石组成的不透气层，且地下水水位较高，则会导致管道一半浸没在水中，氧含量较低，湿度高。氧含量的高低导致了氧浓差电池的产生，氧含量高，湿度低的管道区域的电极电位为正，成为电池的阴极区；氧含量低，湿度高的区域的电极电位为负，作阳极，发生金属的溶解，导致管道的腐蚀失效。

埋地管道未发生腐蚀失效处的土壤一般为黏土实土，透气性差，且所处位置地下水位较低，管道所处环境的湿度相对较低，氧浓度差别小，故不会发生严重的腐蚀失效。管道腐蚀的形式很多，归结可分为埋地混凝土管道腐蚀和埋地金属管道腐蚀[13]两大类。

（1）埋地混凝土管道腐蚀。埋地混凝土管道腐蚀主要指钢筋腐蚀。钢筋作为混凝土管道承受拉力的主要部件，其发生腐蚀将对整个管道的稳定运行产生影响。一般情况下，混凝土管道较为耐用，其限用年限长，耐腐蚀性能也比其他材质更好。然而，混凝土管道作为大流量输水管道时，在潮湿环境以及土壤中介质的影响下，极易发生腐蚀。其表现形式主要为：土壤中的部分物质首先将埋地混凝土管道的液相改变，使得钢筋出现锈蚀，随着时间的推移，腐蚀体积逐渐变大，当其电镀大于混凝土的自身强度时，管道将发生破坏。同时水分含量大的土壤将直接腐蚀钢筋。

混凝土管道的 pH 值一般稳定保持在 12.5 左右。土壤中有机物腐烂时，将分解出 CO_2，CO_2 将与水泥中的 $Ca(OH)_2$ 发生化学反应生成 $CaCO_3$。使得混凝土管道的 pH 值不断减小，当减小到某一值时，混凝土管道中的钢筋钝化膜在酸性的作用下将产生破坏。

（2）埋地金属管道腐蚀。埋地金属管道腐蚀属于电化学腐蚀。将金属管敷设在土壤里，金属管会与土壤中的离子发生作用形成应力或腐蚀原电池。土壤性质的不同，导致金属管道形成了多种电池形式：有的电池阳极面积大，有的阴极面积大，电位较高的可达到几百毫安，电位低的可以为几毫安。因此，从腐蚀特点上来说，其具有腐蚀部位分布不均匀的特点。根据统计情况来看，大流量输水管道更容易发生电池腐蚀，多表现为管道的局部腐蚀。当管道被腐蚀时，金属中的铁离子会从管壁游离出去，并与土壤中一些较为活泼的负离子自由结合，产生化学作用。随着反应的不断增多，管道阳极区的部位逐渐变为阴极区。并且随着管道的长期运行，管道中的阳极区由于损失了大量的金属，将可能导致管道出现漏水现象。

在各种因素的综合影响下，大流量输水管道上总有一段距离管节的附属穿孔率较高。因此，在这段距离中管道容易发生泄漏，在运行一段时间后，管道就可能会穿孔进而发生泄漏事故。并且，随着运行时间的增长，管道的其他部位也将出现蚀坑，且发生的持续时间与频次将越来越高。

3.4.3 管线爆管风险

管线爆管是输水管线工程安全的一大隐患，溢出的水流浸泡管道基础、建筑物地基或地下工程设施会形成事故隐患，影响工程安全运行，此外还会造成严重的水资源损失。造成爆管的主要原因如下：

（1）管线结构性损坏。输水管线工程输水距离长、输水流量大，而且还需要穿越各种河流湖泊、公路铁路等，地质条件复杂，高差大，管径大，因此冲击压力也较大，则容易发生管线结构性损坏。此外，有时管材在制造或者运输过程中的损伤在施工时未被及时发现而投入使用，也会造成管线结构性损坏。

（2）温度变化的影响。在北方地区，不同季节温差变化大，昼夜温差大，地下管道同时受到土壤环境温度和管道水温变化的影响，会产生膨胀和收缩现象，影响管道接口的密闭性，因此当温度发生变化时，易产生爆管现象。在低温严寒时期，管道因未及时做保温工作或保温措施不严密而经常发生爆管事故。

（3）管线老化。有些输水管线敷设时间已久，管龄较长，其抗应力能力、抗冲击性、抗腐蚀性和抗震性等性能都较差，这主要是由于管龄越长的管线水密性越差。当长距离输水管线出现漏点时，在地下渗流，引起土质松动，长时间渗流会造成管线压力的变化，从而引发管线爆裂。

（4）管道连接口受挤拉。输水管线工程连接处一般采用柔性接口相接，若长距离管线连成一体，当回填土未压实或受到侧向推力时，管道伸缩接口受挤拉等作用，往往会造成管身折断或插口断裂，从而导致爆管漏水。在施工中，施工人员往往往往为了追求施工进度而忽略工程建设质量，以及野蛮施工，都会造成管爆的发生。

3.4.4 管线质量风险防护措施

1. 水锤防护措施

（1）防护设施。

1）双向调压塔（井）。双向调压塔（井）具有在干管出现负压时向管道注水，干管压力超出设定值时泄水降压的作用。同时可以促使水锤波延伸范围缩小，使其在短时间内从较大压力波转化为反射波和干涉波，从而缓释即时破坏压力，降低损害。

2）单向调压塔（池）。单向调压塔（池）可在输水管道系统出现负压时向管道注水消除负压，同时也消减断流弥合水锤撞击产生的过高压力。单向调压塔（池）设有单向止回阀，只允许塔中水注入管道，安装位置不受管路高程控制，因此这方面优于双向调压塔。

（2）防护设备。

1）调流阀。调流阀有活塞式、多喷孔调节式、固定锥形式等。通过调节阀的开度，控制管道流速，限制瞬时压力值；同时可设定开启和关闭阀的时间，使管路系统尽快形成水锤反射波的干涉，消减水锤压力值。

2）两阶段关闭液压可控阀。当水泵启动时，两阶段关闭液压可控阀可以先慢后快地自动开启，当因紧急情况导致停泵时，其又能自动地快速调节至某一预设的角度，余下的角度则以十分缓慢的速度关闭，因此，无论是在正常启闭水泵还是在突然断电后的水力过渡的过程中，一是能消除水锤对管线的危害，二是能防止因水大量倒流使得机泵长时间反转的现象出现。

3）空气罐。空气罐是内部充有一定压缩气体的金属罐。新型空气罐内设有橡胶囊，囊内装气体，气体与水隔离。空气罐一般安装在泵站出口管路上，当管道发生水锤管路压力升高现象时，气囊内气体继续被压缩，起到气垫缓冲作用；当管道内发生压力骤降现象，甚至水柱分离现象时，囊内压缩空气快速膨胀向管路注水，有效消除水锤危害。

4）水锤泄放阀、水锤预防阀。水锤泄放阀是水力式自动控制阀，当管道水锤压力超过预先设定值时，它将迅速开启泄压，当管道压力降到低于设定值后，它又以可调速度缓慢关闭，不会产生二次水锤危害。水锤泄放阀设置在管路易发生水锤的位置。水锤预防阀是用现代电子技术和压力传感器代替了水力式低压导阀，它感应第一个水锤低压波，在高压波来临之前阀门即开启，提前预防高压波对管道和设备的破坏。水锤预防阀比水锤泄放阀具有更高的防护等级和更灵活的控制方式，适用于对水锤防护要求非常严格的工程。

5）空气阀。低压进排气阀、高压微量排气阀、真空破坏阀是空气阀的三种基本形式，对其改造和组合可形成更多的种类。消减长输管道断流弥合水锤危害可采用三级排气防水锤空气阀和进气微排空气阀。三级排气防水锤空气阀是对低压进排气阀部分的改进，在低压进排气阀内增设限流盘，将低压排气过程分成低压差时全速排气，较高压差时限流盘启动后减小排气面积，限制排气速度，消减水柱弥合冲击量。进气微排空气阀是利用真空破坏阀自动吸气原理，管道出现负压时可自动高速吸气破坏真空，随后大孔口在水柱弥合时会自动关闭，限制高速排气，减少了水柱断流后弥合而产生的撞击，以此消减水锤压力，残留在管道内的少量空气通过旁通管上微量排气孔排出。消减管道水锤的防护设备很多，还有安全泄压多功能阀、水锤消除器、缓闭止回阀等。

2. 腐蚀控制措施

对于长距离输水管道工程而言，采取合理的腐蚀控制措施十分重要，在设计和施工阶段，需注重管道的防腐性能，从而最大限度地延缓腐蚀速度，降低腐蚀危害[14]93。

（1）埋地金属管道腐蚀处理方法。

1）金属表面保护涂层。当出现微电池腐蚀现象时，可以在金属表面上涂刷防腐涂层以进行有效地防腐蚀处理。其中防腐涂料需具有耐化学性良好、防水性良好、抗阴极剥离性能良好、抗老化性较好、耐磨性能优良、机械强度强和电绝缘性能高等特点。其中防腐蚀处理的方法有：①添加有机防腐层，如沥青基涂料、煤焦油防腐带、聚烯烃基防腐材料等；②添加无机非金属防腐层，如水泥砂浆层、陶瓷防腐层、混凝土防腐层等；③添加金属防腐层，如锌铝合金热喷涂防腐层。

2）埋地金属管道阴极保护。通过牺牲阳极（通常是铝、锌、镁）或外加直流电这两种方式，使得埋地金属成为阴极，可以减轻金属管道的腐蚀。牺牲阳极保护法是在土壤介质中，将待保护的金属管道表面上连接另外一种电位更负的金属或合金，将该金属或合金作为阳极，从而使管道金属变为阴极，进而使得管道得到有效的保护；外加电流阴极保护法是在外加直流电源的基础上，再连接辅助阳极和电源的正极，从而达到金属管道防腐的目的。

3）加强直流干扰腐蚀的防护。产生直流干扰腐蚀是由电气设备的电流泄漏导致的，因此，应尽量避开和减少干扰源对管道的影响。主要的防护措施为：①科学合理规划管道走线；②确保非保护与被保护管道之间的距离足够；③在易受杂散电流腐蚀的管段上设置表面防腐层，并按时替换和修补防腐层；④电气化铁道与管道交叉点处采用垂直交叉的方式布置，做好交叉点前后管道的绝缘工作。

4）加强交流干扰腐蚀的防护。在实际防护中，在金属管道和强电接地体之间进行均压网的设置，均压线路阀门采用镁带或锌带，并加大金属管道和强电接地体之间的距离；对于绝缘法兰及防腐覆盖层，应使用保护器或接地电池进行有效的保护；对于高压线下管道的施工，可采取临时接地极防护方式；可采用分段隔离、排流等方式，以减轻管道与高压输电线或者电气化铁路平行时产生的电流干扰。

（2）埋地混凝土管道腐蚀处理方法。

1）管材表面处理。在管道表面涂抹具有降低碳酸盐、硫化物等气体以及水分子渗透力的涂料，来达到防腐蚀的目的。在强腐蚀地段，应采用表面涂层进行防护；小型构件可采用浸渍型涂层防护措施；盐类性质的环境可使用聚合物改性水泥砂浆。

2）加强钢筋涂层的保护。通过去掉钢筋表面的腐蚀层，可减少管道中钢筋的电化学腐蚀，一般采用环氧树脂粉末涂层这种非金属涂层法，能够有效防止水、氯气等物质与钢筋接触，但该方法需要更为完整的钢筋表面涂层，如果涂层存在孔洞或龟裂，那么局部腐蚀会更加严重。

3）采用钢筋缓蚀剂。防护钢筋腐蚀最有效的措施是采用钢筋缓蚀剂，通过化学反应形成氧化物的钝化膜，该钝化膜处在混凝土与钢筋界面之间，可有效防止钢筋表面的电化学腐蚀。例如，亚硝酸钙缓蚀剂是目前应用最为广泛的钢筋缓蚀剂，具备价格低廉、缓蚀效率较高、对混凝土无劣化作用等特点，在具体使用过程中应防止孔蚀等现象，以免带来更大的风险。

4）实施混凝土管道阴极保护。从化学的角度，可以采用牺牲阳极或外加电流的阴极保护法，将钢筋的电位降到阳极开路电压之下，因此，钢筋的正负极为阴极，其中采用的阳极一般有石墨、钢铁、高硅铸铁等。同时，在电场的作用下，带负电的氯离子离开钢筋表面流向阳极，有效防止了氯离子使钢筋产生腐蚀的现象。

5）抑制管道内壁微生物附着。当管道内管壁粗糙和出现管壁毛细孔隙时，管道内壁便会滋生大量微生物，依据微生物及霉菌腐蚀管道设备的原理，可选择有机硅系列低表面能涂料、环氧涂料等新型无毒防污涂料，以此来有效防止微生物和霉菌造成的腐蚀现象[14]94。

3. 爆管防护措施

（1）合理布置施工设计方案。新建输水管线定位时，尽量选择最佳的地形和地质条件，即使在平坦地区，埋设管线时也应人为地做成上升和下降的坡度，以便于在管坡顶点设置排气阀，管坡低处设置泄水阀，既有利于降低爆管风险，又方便发生爆管时进行维修，为恢复供水争取宝贵的时间。

（2）合理选择管材。管材方面，根据管道的压力等级、流量、流速、地理环境等选取强度高、性能好、质量符合国家规范的管材，并且做好管材的内外防腐措施。管件方面，选取质量合格、货源充足、易于操作的排气与泄水阀门，保证工程质量。

（3）加强施工管理。施工必须严格按照规范进行，尤其需要严格把关管底基础、管道接装、覆土质量、试压验收等一系列工序。管线埋深应按具体地质环境条件确定，在严寒地区敷设管线应注意加强防冻措施。

（4）利用技术支持。例如，利用 GIS 技术将输水管线工程的图形库、属性数据库和外部数据库进行集成，这样获取或处理管线工程的信息能够更加高效准确且易于动态更新。不仅可以提高对地下管线工程爆管事故进行处理的效率，而且可以为地下输水工程的规划和建设提供更高层次的决策支持，全面提升管理的现代化水平。

3.5 本 章 小 结

本章主要从技术角度出发，从管材实用性、管线施工、管线布局、管道质量这四个方面，全面地论述输水管线工程的技术风险，并提出相应的防护措施，为预防及解决输水管线工程中各类技术问题提供依据。

参 考 文 献

[1] 关志诚，陈雷. 引调水工程建设与应用技术[J]. 中国水利，2010，662（20）：32-35.

[2] 李江，杨辉琴，金波，等. 新疆长距离输水管道工程管材选择与安全防护技术进展[J]. 水利水电科技进展，2019，39（5）：56-65.

[3] 任亮，李国金，周英杰. 丘陵地区大口径输水管线工程若干问题探讨[J]. 供水技术，2009，3（5）：37-39.

[4] 张岩. 输水管线工程 PCCP 管砂砾料回填指标研究与实践[J]. 河南水利与南水北调，2021，50（1）：82-83.

[5] 何伟，耿祥，张明胜，等. 长距离输水管道工程管材综合比选[J]. 价值工程，2020，39（3）：171-174.

[6] 桑亮. 输水管道管材及管径选择浅析[J]. 陕西水利，2019（9）：190-192.

[7] 李万才. 大口径输水管道工程施工方法应用与分析[J]. 管道技术与设备，2000（1）：22-24.

[8] 李文兴. 市政工程项目中地下管线施工技术及保护策略分析[J]. 建筑技术开发，2020，47（16）：33-34.

[9] 张世斌，贾成年. 市政施工中地下管线施工技术的研究[J]. 安徽建筑，2019，26（6）：69-70.

[10] 齐振杰，杨海峰，段晶. 长输水管线施工技术分析[J]. 科技视界，2015（11）：220-276.

[11] 陈湧城. 长距离管道输水工程的安全性及水锤危害防护技术[J]. 给水排水，2014，40（3）：1-3.

[12] 朱敏，杜翠薇，刘智勇，等. 输水管道腐蚀失效分析[J]. 腐蚀科学与防护技术，2013，25（5）：415-419.

[13] 焦文娟. 水利工程中大流量输水管道的防腐措施研究[J]. 地下水，2021，43（3）：265-266.

[14] 南海蛟. 长距离大流量输水管道防腐研究[J]. 水利规划与设计，2017（4）：92-94.

第4章　输水管线工程组织风险管理

输水管线一般为线性工程，施工工期长，影响工程施工的因素除了管材类型、质量以及管道施工、布局等技术方面的因素外还有很多，诸如组织管理风险以及外部的自然环境风险等。其中，良好的组织管理是输水管线工程引水效益得以发挥的重要保障，目前我国水资源现状以及绿色可持续发展理念等都对输水管线工程的管理工作提出了新的要求，输水管线工程组织管理制度必须进行相应的革新，以便于最大限度地控制工程风险，实现输水管线工程的价值。

4.1　组织与制度风险

4.1.1　组织与制度风险概述

改革开放以来，为缓解某些城市和地区面临的水资源短缺问题，以及保障人民生活，我国已经开展并完成了许多跨区域输水管线工程，并取得了较大成就，随着人类社会的持续发展和城市供水模式的演变，长距离、大口径，甚至跨流域的输水管线在水资源调配过程中起着至关重要的作用，已经成为了当今城市供水系统中必不可少的一部分。因此在输水管线的建设管理中必须要保证其能够持续、稳定、安全地进行工作，根据过往的工程实践与经验，我国的输水管线工程大多具有区域跨度大、工程建设复杂性强、工程管理难度高、统筹协调难等特点，并且以往发生的输水工程事故除了涉及技术风险、自然风险等，组织机构与制度不完备的风险也会导致输水管线工程出现问题。因此，科学的管理组织机构及完备的管理制度对输水管线工程来说，显得至关重要，这主要体现在以下四个方面：

（1）输水管线工程的投资建设与经营分离。输水管线工程一般由国家或政府投资建设，但建成后投产的运营工作则一般由地方的水利机构或地方企、事业单位承担。如果出现了投资与经营发生分离的情况，那么就有可能出现建设与经营单位两方对投资回收都不承担责任的情况，并且会使经营主体缺少激励、约束及竞争机制，从而导致输水工程运行效率低下达不到预期目标，另外，还可能导致企业过于依赖政府、政府过度干预企业致使企业缺乏自主权等情况产生。针对这类问题可通过成立政府主导的决策监管机构，制定宏观调控制度等方法来有效解决[1]。

（2）各地区政府部门与企业间的多方协调难度较大。输水管线工程运行管理往往涉及相邻区域的输水干线调度以及相近河流的统一调度，需要综合考虑洪水、供水、供电、河运以及生态环境等多方面因素。既要满足国家已经修建的各调水工程和下游居民的用水需要，又要服从上级水利部门的水资源及防洪统一调度，工程及行政协调难度较大、运行调度任务艰巨。并且在工程的建设与管理方面，其涉及水利、生态环保以及国有资产管理等许多行政主管部门及领域，主要包括防洪调配、相关管线与河道管理、各区域水资源配置、工程沿线水环境与水资源的生态保护与治理以及国有资产管理等诸多方面。另外，还有省市之间、市地之间、地方与该地方部门之间、建设方与当地民众（移民）之间等多个层次的统筹协调。既要确保建立运转流畅、产权清晰的管线工程管理体制，也要兼顾各方的已有利益。在这其中，任何因素或环节的不当处理，都有可能影响到输水管线工程的建设和运行管理，对此，可设置多方参与、共同商议的协调机构或建立协商制度，共同商议。

（3）水源地的经济与生态补偿。输水管线工程的实施无法避免地会对调水区的水资源、经济发展和水土环境造成不同程度的影响，尤其是对于长期承担水源供给、涵养责任的调水区，如何在保持其库区稳定的基础上实现可持续发展，如何给予政策帮扶、适当的工程措施以及生态补偿，这些都是有挑战性的工作。竭泽而渔并不是明智之举，此类问题一旦处理不好会影响到输水管线工程引水效益的长效发挥。建立水源地保护区并设置相应的生态保护机构是行之有效的应对措施。

（4）企业内部组织机构与制度。相关企业的档案管理工作机构、生产安全责任制度、员工考核制度、奖惩制度、质量验收制度等，这些方面均与输水管线工程的建设及管理工作密切相关，且共同决定着输水管线工程的总体质量。

4.1.2　完善组织机构

输水管线工程涉及主体较多、利益关系复杂、技术难度大、企业内部管理工作复杂，输水管线工程建设与管理过程中应当构建完善的组织机构。

（1）政府决策监管机构。政府决策监管机构主要起到监管、宏观决策及调控的作用。输水管线工程在调水过程中，往往会因水资源的公益性而无法通过市场的自动调节来达到有效配置，同时消费者对公共水资源有着过度需求，因此需要政府的介入和调节。只有通过行政或计划的方法实现公共水资源的配置和生产，才能实现最大化的社会效益[2]。

政府监督机构可根据项目规模由各级政府相关部门的主要领导任组长，工程沿线各市、县及受水区政府有关负责同志任小组成员，由此组成的最高协调及领导小组将作为输水管线工程建设最高层次的决策监管机构，该机构可以决定工程建设的主要方针、政策、措施及其他重大问题，并对工程建设进行日常的监督管理。

工程沿线的各市县应成立工程建设领导小组，并下设备办事机构，以便贯彻落实最高协调及领导小组的决策、决定和措施等；另外，还应负责征地搬迁、移民安置，施工环境保障及协调县区内与工程建设相关联的其他相关单位部门等工作[3]。由此，输水管线工程由政府牵头组织建设。

政府通过运用行政、法律、经济等手段，促使市场主体承担其应有责任，并实施宏观上的调控、决策与监管，便于兼顾协调国家、区域和地方部门的利益，这样既能避免仅仅依靠少数单位或由地方组织建设带来的鼠目寸光、破坏环境等短视行为，又有利于优化资源配置和提升用水效益，同时对国民经济的可持续发展也有着很大的促进作用。

（2）多方协商组织机构。对于输水管线工程，其利益关系具有层次多、范围大的特点，包括省市、市地、地方、地方与部门、建设方与该地方群众（移民）的关系以及主水与客水、经济用水与生态用水之间的关系等[3]，相关利益群体众多，输水管线工程的规模越大，其囊括的利益关系也越多，如何进行合理分配和利益协调是必须面对和解决的问题，因此成立多方协商机构对输水管线工程相关各方的利益公平协调很有必要，多方协商组织机构应当承担以下五个方面的职责[4]：

1）加强与国家相关部委的联系，一方面积极汇报本地情况，另一方面积极争取资金援助并将后续水源保障工作纳入相关工作规划。

2）加强与省级相关行政主管部门的协调及沟通，与省级有关部门共建协商及协调机制，使其积极配合、支持与指导输水工程的建设。其中，应将该工程建设纳入相关部门的重要任务日程，密切协作，努力解决好资金筹集、环境保护、生态保护、土地占用、移民安置等问题，并使省级相关行政主管部门的决策在工程的实际建设管理过程中得到贯彻落实。

3）与工程项目沿线的各市、县区政府建立合理的协商及联络机制，首先是防止工程建设过程中出现重大问题，从根源上减少保障工作的工作量，如果出现了问题，首先应当及时通报并且解决好出现的问题，做到公开透明；其次就是要处理好工程建设与当地居民正常生活、当地经济发展以及工程沿线生态环境保护之间的关系，建立切实有效的指导和考核制度，有力促进市县做好保障工程建设、安置水库移民和重建周边基础设施等工作。

4）协调好设计、施工、监理、设备、运输等各个参建单位的工作交接、协同关系，及时协调解决好工程建设中出现的各种问题。

5）协调、统筹社会力量，沟通、采纳群众意愿，汲取社会各界的广泛支持。

（3）水资源调度管理机构。截至目前，我国在建及完成的大型输水管线工程大多为出于同一省级行政区域的工程，对此类工程来说，其应由省政府成立专门的调度管理机构，负责统一调度管理区域内水资源，尽量减少水量配置过程中的冗余环节，并使工程依据市场规律运行，以及使各方面的利益得到综合保障，最后实现对水资源的优化配置。对于跨省、跨流域的输水管线工程，由水利部组织制订水资源调度计划并指导相关工作实施。

水资源调度的核心工作在于规划好水资源的开发布局及供水网络，在勘探明确之后合理地利用当地的水源等各类水资源，逐渐实行资源统协、城乡统配，这是充分发挥好输水管线工程的经济、社会及生态效益的关键，另外，补充缺失法律，完善调配机制，科学规划，有效监督，建立水源可靠、丰枯相宜的水资源保障体系也是十分必要的。

（4）专业委员会及技术咨询机构。众所周知，我国的地形地势情况复杂、变化多样，在敷设输水管道的过程中可能会遇到各类情况，如丘陵、河流、耕地等，输水干线也可能与大量的公路、铁路、河、沟、渠相交，这使得输水管线工程在施工保护、安全管理、节点施工及水事纠纷等方面存在许多技术难题，如具有不同地质情况的施工区域需要不同专业领域的技术专家。一旦没有考虑到任何一方面的技术合理性，都可能使输水管线工程面临施工及管理风险。因此在输水管线建设和管理的过程中，应当成立咨询、技术专家和专业委员会或技术咨询机构，对工程中遇到的各区域、各领域的重大技术问题、资金筹措方案、管线维修方案、人力资源管理、管线信息化等各专业领域问题进行决策咨询及技术审查，并同时负责监督指导工程进展情况等工作。

（5）管线档案管理机构。在现阶段，我国输水管线工程的档案管理工作有以下四个问题需要解决：

1）缺乏约束机制，使档案工作难以开展。输水管线工程的档案一般主要来源于施工、监理单位，但在工程建设的过程中普遍存在着以下问题：重工程进度，轻资料收集；重工程质量，轻资料整理；重工程验收，轻档案验收[5]。由于缺乏约束机制，档案工作便难以开展。

2）文件资料收集整理有缺失。这种现象在各个施工和监理单位中普遍存在。根本原因在于领导不够重视，施工单位的资料整编人员流动性过大，甚至一些施工单位，并没有专门的资料整编人员，技术资料被分类堆放至不同部门，等到准备进行资料移交时，再从别的部门临时抽派几名工作人员进行集中整编，致使资料大量遗失。

3）档案整理规范性差，缺乏统一标准。输水管线工程建设内容复杂，往往还涉及水坝、泵站、隧道、公路、桥梁和发电站等各类项目，由于水利、道路及电力部门针对档案资料的归档范围和组卷方法并不完全相同，因此使得各个施工监理单位移送的档案资料杂乱无章。

4）档案管理人员专业素养和综合素质不高。输水管线工程从业主到施工单位，再到监理单位，普遍存在着档案管理人员的专业素养和综合素质不高的现象。既懂得水利专业知识又具备档案管理专业知识的人才短缺，使得档案管理人力资源不足。

以上问题都将对输水管线工程施工、管理、运维等方面产生影响，因此有必要建立科学、完善的档案管理机构，其要点如下：

第一，建立强效有力的约束机制，使档案管理工作从"被动变主动"。首先，业主单位必须带头建立一套科学、有效的档案工作管理体制，把档案工作纳入工程建设的整体工作之中。其次，各施工和监理单位要明确档案主管负责人及专职人员的岗位职责，在制定工程档案的管理办法及实施细则时要将业主要求考虑在内，并对材料的归档提出要求，对档案的质量、保管、利用等作出详细规定，努力做到档案工作各个环节都有据可依。最后，要把这些内容纳入管理目标责任，并实行严格的考核制度。

第二，保证档案资料的完整程度。基础在领导重视，保障在制度规范。从项目立项起，各单位就要制定出项目档案的整理规范，加强档案的组织及领导工作，配备专门人员负责对文件资料进行收集、整理和归档；在项目建设的过程中，档案管理人员应全面且及时地了解工程建设的进度和规模等实际情况，并且同工程资料员保持紧密的联系，通过这两种方式来加强跟踪收集资料的完整性和准确性；在工程建设后期，业主方会高度重视档案资料的验收工作，因此更要确保资料的完整性和准确性。

第三，统一标准，规范工程档案资料的组卷格式。按照水利部有关规定，如《水利工程建设项目档案验收管理办法》和《水利工程建设项目档案管理规定》等文件，制定出符合输水管线工程建设实际情况的项目档案整理验收规定和组卷方法，并统一到各个施工监理单位。

第四，加强对档案管理人员的教育培训工作。加大培训力度，定期组织档案专业培训课程，丰富、完善档案人员的业务理论知识，并积极组织各专（兼）职档案人员到其他先进单位进行观摩学习。

第五，实行管线信息的动态管理，其作为长期以来输水管线工程管理的重大难点，过去一直缺乏更为科学有效的对管线信息的收集手段和保障措施，管线信息的动态管理形势紧张。并且管线信息动态管理无法一劳永逸，管线平台数据必须同管线建设情况同步更新，早期管线信息动态管理存在许多薄弱环节，例如：不同段的管线工程资料进行编制时通常要基于不同的专业技术规范，缺乏统一数据标准，这些数据很难在统一的管理平台下进行汇集整理。但现有的输水工程许多已经应用了 BIM 智能管理系统、无人机探测、人脸识别、人员定位系统、紧急通信系统等技术系统，管线的信息动态管理技术不断完善也是必然趋势，因此，应努力建立起专门机构来保证管线信息动态更新的实现。可通过增加事业编制，面向社会，公开招聘 BIM、GIS 等各类技术及专业的计算机研究人员，并配备专业设施，来成立地下管线动态化管理机构，帮助地下管线动态管理工作做到常态化、有效化[6]。

4.1.3 健全规章制度

对于长距离输水管线工程，需要完善的规章制度，具体如下：

（1）加强安全管理小组制度。安全管理小组是企业在施工及运维阶段组建而成的，目的在于确保施工及运营过程的安全性，保证整体工程的质量安全、管理安全、运维安全等。安全管理小组应当由各方面专家、各行业精英以及项目的负责人组成，其必须贯彻国家相关法规，落实企业监管制度，保障整个输水管线工程施工的顺利进行。要健全整个安全管理小组，必须确定好各个小组成员的管理职能，安全环保科由项目总负责人领导，并以整个项目的各项制度作为核心，加强安全施工、生态保护、设备维修等专项管理工作，形成上到高层项目领导小组的安全管理推进委员会，下至各部门、各班组负责人承担安全工作的管理网络。

（2）建立目标管理制度。根据输水管线工程的施工进度，应当定期召开施工专题会议，总结各阶段性工作取得的成绩和所面临的风险，分析、指出现有问题，以此确定下一阶段的工作重点、施工技术及管理目标。每次会议，各部门在对施工工作和制订的目标计划进行总结的同时，也需要突出安全管理方面的内容，营造"上下抓安全，处处重安全"的良好共识。

（3）落实生产责任制。对于每个工程节点，除签订经济承包合同外，各级负责人还应签订安全生产责任状，使各级责任人在项目建设中的任务和责任更加明确、具体化，将项目总体任务和目标层层分解，这样就可以做到把责任落实到每个人。

（4）健全项目经理管理制度。必须明确项目经理（负责人）自身的责与权，防止不良现象的产生。要加强对专业项目经理候选人员的培养工作，使他们在项目管理中能够起到一定的辅助作用，并为可能的下一阶段的施工做好经验及人才储备。应不断提高项目经理及相关候选人员的思想政治水平，以及职业水准及素养，使之向专业化人才发展。

（5）坚持安全隐患排查制度。坚持隐患排查与整改相结合，除了日常必要的风险排查以外，还需要根据上级领导的部署需要，成立以项目总负责人为组长、相关部门负责人为成员的安全隐患排查领导小组。同时，应当制定详细、科学的《安全隐患工作条例》，定期对整个输水管线工程施工过程中的安全隐患展开大排查，对排查出的各类问题、风险及时召开分析会议，并及时向相关部门进行反馈、咨询，最后还要负责整改效果评估的工作。

（6）制定激励和约束制度。若想要保证施工企业在项目施工经营及管理方面取得良好的运作及发展，项目管理层方面的调控和服务工作必须做好，这需要建立有效的奖励和激励制度，并适时做好约束和调控工作，这同时也是为了更好地实现管线工程安全施工管理中的风险管理目标。此外，一个合理的激励和约束体系不仅可以调整员工对工作的认真程度，还可使员工积极纠正工作态度。

（7）推行项目考核制度。根据项目经营承包合同书中的有关要求和条款，应对工程建设中的每个阶段特别是关键节点的工作进行终结考核。对于项目中超额支出或超额亏损的应该严格考核，这样才能够确保项目资金的正确合理使用，对于那些发生了重大安全事故以及越权行为的必须做好责任追踪考核，必要时还可以做经济、行政方面的惩罚。只有形成了强有力的监督和考核制度，才能够使项目施工更加完善，为施工项目的高水平、高质量和高效益发展提供保障。

（8）实行审计监督制度。在管理办法中一定要制定有效的、健全的相关管理制度，要重点抓好建设、竣工还有项目财务方面的审计工作，对于输水管线工程这种规模大、工期长的项目来说，更应该建立起月度、年度和终身审计计划，要重点把控好项目的经营效果与运维成本，尤其是财经、纪律等方面的审计工作[7]。

4.2 安全监管风险

4.2.1 安全监管风险概述

长距离输水管线多应用于跨区域的调水工程、城市水源工程、工业输水工程及农田灌溉等领域，具有距离长、口径大、运行压力高、输水量大等特点。有些超长供水线路长度超过 100km，并且常常伴着其他重要基础设施，线路监管巡视比较困难,一旦发生事故,不仅造成水量损失,还会危及其他设施的正常运行和安全。在实际应用中,受不同管材、管道埋设环境恶劣、安装方式差异、运行管理水平参差不齐等多种因素影响,长输管线安全运行存在如下风险:

(1)水锤问题:带压长输管线在输水过程中,水流急剧变化会引起管道压力随之发生急剧变化,形成超出正常管道运行压力几倍甚至几十倍的水击,这种现象会破坏管道、阀门及其他附属物,长此以往还会增大管线发生故障的风险。

(2)水量流失:长输管线口径大、压力高,且大多数安装在位置偏远、人烟稀少的地区,一旦管道位移、腐蚀或现场安装不当,则容易出现突发性的爆管或在管道接头处发生不易察觉的小泄漏,导致大量的水资源流失。

(3)排气阀异常运行:长距离封闭输水管线上安装排气阀是最常见的消除水锤方法之一,但目前由于缺少对排气阀是否选型正确或布置合适、验证排气阀是否为正常有效工作状态的判断,弥合水锤造成的管道安全运行隐患仍未减轻。

(4)PCCP(预应力钢筒混凝土管)断丝:PCCP 管因口径大、承压高的独特性广泛应用于很多调水工程中。PCCP 的强度取决于缠绕在管芯上的高强钢丝,有多种原因会导致钢丝损伤或腐蚀,达到一定程度后就会断裂,进而发生爆管事故。

近些年来,输水管道在运行过程中如何进行有效的安全检测越来越受到关注,目前在线监测所有管网的操作在执行的过程中依旧有在技术等方面难以达成的困难,一般情况下,间断性监测是结合水锤防护设备、高压段、强腐蚀性地层等进行的,很难收集到完整的监测数据,因此,对管道进行事前安全预警则更为困难。较为传统和常用的输水管线安全监测方法是在管道中嵌入各种监测仪器,其通过监测每个测点的渗压、钢管锈蚀和变形等情况来进行预警,然而,这种最常见的方法在监测时由于一些原因会有着大量的盲区,不利于对管线的真实情况进行判断,影响了检测的准确性和实时性,无法在空间和时间上对整个管段进行连续监测,预警功能较差[8]。

因此,管道监测和智能化管理是长距离输水管道发展的趋势。长输管道监测设施往往利用管道附属建筑物进行设备安装和数据采集,但是同步设计及施工过程中专业间往往沟通联系不够和保护不当,造成设备、线缆漏埋或损坏而影响了数据的准确性。

4.2.2　安全监测要点

输水管道的重要指标是供水系统的安全运行。为了提高其安全可靠性,降低管道的事故率,在依靠合理的设计和优良的施工以外,还有一个关键因素就是良好的运行后监测和维护。监测要点主要包括以下三个方面：

（1）监测与工程匹配性。目前长输管道的监测分为两种。一种是管道基础数据的监测采集，如管道的流量、压力、温度和变形，实现的方式是通过各种传感器采集和人工测量，通过 GRS 无线网络上传至数据处理平台，根据数据处理计算反馈至应用管理系统进行判别并发出指令。另一种是对管道渗漏检测及定位、变形监测、腐蚀监测的运行数据采集，实现方式为声发信号、负压波、分布式光纤传感等，将信号上传至监视分析与管理专用系统（多采用 SCADA 系统或仿真模型）中进行判别。第一种基础压力监测系统具有技术成熟、可靠性高、系统建设成本低等特点，而第二种监测系统涉及的监测项目具有范围大、技术新、成本高等特点。所以监测设施的设立要与工程的规模和重要性相匹配，中小型或一般性工程对基础数据分析并配合人工巡查是可以保证工程的运行安全，而且投入相对较低，但重要的大型工程运行要求相对较高，可采用第二种系统提高管理能力及水平。

（2）监测设施供电保证。部分区域的长输管道工程会穿越无人区，需充分考虑设施的用电问题，由于监测系统的用电量不大，设专门供电线路投资较大，可根据当地情况考虑利用太阳能和风能发电以解决用电问题并考虑利用风光互补系统来提高系统供电的连续性和稳定性，例如：新疆罗布泊钾盐供水工程就采用太阳能来提供电源。

（3）监测设施同步施工及保护。监测设施施工一般是由专业公司实施，因此在布设过程中需要监理人员积极协调专业间存在的问题，在土建、管道及附属设备安装施工过程中不要遗漏监测设施的预埋和焊接，施工过程中监督施工单位对已预埋和安装的设备进行保护，避免不必要的返工及影响今后监测设备的准确性。

4.2.3 具体监测措施

（1）采用新型监测手段。在对管道的渗漏和病害方面，已经有了新的方法，如被动检测法、听音检测法、分布式光纤法、相关分析检测法、示踪剂检测法、探地雷达检测法等[9]。然而，在由于管道深埋地下，所处的环境比较特殊复杂，而且其存在渗漏或断裂等问题时，这些新型的监测手段依旧无法高效快速地对问题进行判断。因此针对长距离输水管线的渗漏问题需要使用更为先进快速的方式进行监测。目前电磁探测和声发射监测技术的成熟，使得对已建和在建 PCCP 管道的检测和监测在技术上相对已经成熟，例如：断丝爆管预警技术的成熟对保障管道安全运行意义重大。在利比亚大人造河工程和我国的南水北调工程中，均针对 PCCP 管道在新技术的加持下进行了大量的实地监测，收获了宝贵的应用经验。

（2）对重要节点以及周围敏感点的监测。首先，完善的监测预测和维护系统是各类措施中必须具备的重要基础，在此基础之上，对于重要节点及其周边敏感点的监测才是有效的。在监测过程中，应该针对不同管道的具体情况有区别地重点监测开裂以及不均匀沉降等问题，从根本上最大限度地解决管道运行的安全问题。在布设光纤监测系统的基础上，一方面要对整个管道进行动态监测，另一方面要注意不要遗落下管道的重要交通节点，在此基础之上，将监测信息汇总到信息中心。采用这种先进的监测技术，可以在第一时间找出异常管道位置，及时进行抢修和维护，最大限度地降低损失。

为了保证管道的正常运行，我们也需要关注管线本身的运行情况，也需要注意周围环境以及其他建筑物与管线的相互作用。因此，为了使输水管线在工作的过程中能够保证安全，还需要对管道本身和其沿线的敏感构筑物特别是大型居民区进行监控，并采取数值模拟手段来模拟运行期间管道与周边建筑物之间相互作用的大小和范围，从而采取措施避免安全事故的发生，真正做到防患于未然。如此，才能在本质上保障整个管道系统及其沿线的安全。

（3）对管道重要阀门的监测维护。长距离输水管线工程中不可避免会有很多阀门，在管线使用的过程中，一个阀门的故障也有可能影响管线的正常使用，甚至是会导致重大的安全事故。因此对阀门特别是重要节点的阀门进行及时的监测维护是很重要的工作。输水管道上的阀门经常启闭的仅仅占总数的很少一部分。所以当阀门在某一时间突然启闭就很容易由于长时间没有工作而产生故障，影响管线的使用，甚至造成较大的安全隐患。因此，阀门的维护保养对于管道的正常运行至关重要。在运行过程中，必须对输水管道工程中的排气阀、排泥阀、蝶阀、闸阀等阀门展开重点的检查和监测工作，并指派专人进行专项和定期的检查和维护，以规避安全隐患的发生。

4.3 安全培训风险

4.3.1 安全培训风险概述

对于输水管线工程的风险管理而言，重视人员安全培训工作是应对各类风险的有效对策之一。因为从以往输水管线工程出现的风险事故来看，突发性事件其实较少，人为因素占的比重非常大。

安全教育培训是对输水管道行业内的有关人员进行有关安全知识、安全理念等方面的教育，从而最大限度地提高输水管线从业人员的安全技术知识水平、法律意识和安全意识，使其对相关安全管理制度进行了解，了解所从事的职业及工作场所的安全隐患，让从业者学会从安全的角度敏锐地察觉生产经营活动中有可能存在的危险，学会从安全的角度认识并且解决遇到的安全问题。安全培训教育不但是一种思想层面的培养，也是一种行为安全规范性的培养，这是预防事故发生的最佳途径。

安全教育培训不足，将导致施工人员、管理人员缺乏安全意识，往往是事故深层次的隐患源头，甚至很多情况下会直接导致事故发生。因此，需要大力开展安全生产教育，切实重视和落实安全教育培训，尽最大可能提高全体员工的安全意识，强化管线工程从业人员自我保护的自觉性，规范其施工与行为安全，尽最大可能控制和减少安全生产事故造成的损失，保障国家、集体利益以及人民群众的生命、财产安全，特别是对于输水管线工程而言，更会涉及广大人民群众的切实利益，所以安全教育培训则更为重要。

4.3.2 安全培训要点

输水管线工程要想顺利进行，其风险管理必定需要全方位的控制。为了很好地控制输水管线工程施工过程中的风险以及降低施工中的资源浪费与财产损失，就必须按照各管理层次对工程相关人员进行安全培训。安全培训的要点主要如下：

（1）注重安全意识培养。如今，输水管线工程仍会发生许多事故，而导致这些事故发生的大部分因素仍是人为的，如施工人员不了解施工当地的具体管理条例等，造成了许多损失。因此，加强安全管理的首要任务就是加强安全教育工作宣传力度、培养安全意识，使安全意识深深扎根在每一位施工人员的脑海中，从而提高企业员工的安全生产素养。

（2）项目新进人员培训。新来的施工人员在进入施工现场之前，需要将个人的基本信息提交至项目经理方，随后在安全教育部门的统一安排下进行施工安全教育，合格后才将各个项目新员工分配至各个项目的负责人所在处。在施工现场，配备相关人员实施对新进员工的工作跟踪评价，并对施工现场所存在的安全隐患进行监察，一旦察觉安全隐患，就及时地进行预防、控制和解决。此外，相关负责人员还需要每天对工人进行安全培训，防止事故的发生。

（3）注意安全知识更新培训。输水管线工程涉及的技术面广，技术发展快，如 BIM+GIS 综合管线系统、管线信息动态管理系统等技术不断发展与完善，安全知识培训也要与时俱进，并且其必定是一个持续的过程，所以，要每隔一段时间就对新老技术人员进行安全知识的更新和教学。如政府发布新的安全政策，法律规定、行业规范，以及行业内出现新的技术革新等情况，都应及时让项目相关人员学习，这样输水管线工程项目施工才能顺利进行，才能保证项目的安全与质量。

（4）加大安全警醒力度。输水管线工程负责方要在项目开展前进行安全宣传，尤其是邻接群众聚集区、道路集中区的施工区域，工程风险较大，可采取多种多样的宣传手段，例如，开展安全动员宣传大会、贴横幅警示、发放安全手册、设置路牌标语提示等。这样可以大大增加输水管线工程施工相关工作技术人员的安全防护意识，减少无关人员（第三方）活动的风险，有效地降低因人为因素而导致的安全事故的发生可能性。

（5）明确安全培训内容。

一是项目安全管理人员的训练和教育，其培训内容包括：

- 国家安全政策和方针。
- 安全管理与技术及职业卫生等方面的知识。
- 应急管理、应急反应计划准备和应急反应的内容及要求。
- 典型意外事件和紧急救援案例解剖。
- 伤亡统计、调查报告和职业伤害的处理。
- 国内与国外超前的安全管理经验。
- 其他内容的教育。

二是施工班组层面的安全培训，其培训内容包括：

- 遵章守纪的重要性和必要性。
- 本岗位安全责任、安全操作规范。
- 本岗位所存在的安全隐患及预防措施。
- 个人防护装备的正确操作方式。
- 各个岗位进行合作及安全事项。
- 对典型事故案例进行安全分析。

三是日常工作中的定期安全培训，其培训内容包括：

- 班前会布置工作时明确安全注意事项，班后进行安全工作讲评。
- 召开全体员工传达有关安全生产文件、通知、通报的精神。
- 举办各类安全教育课程和专题讨论会。
- 组织各类安全常识比赛。
- 发布公司和项目部的两级的安全海报、安全标语、标志。

四是在工程中使用新兴技术或是采用新型材料时，需要对进行工作的相关作业人员从多个方面进行有关安全操作培训。

五是特殊工种应当根据国家有关法律法规，接受特殊的安全培训，通过考试并且获得资格证书后才能进入相关岗位工作。

六是协作单位入场操作前，应进行入场安全教育和训练。其培训内容包括：

- 安全生产应了解的基本常识。
- 与安全生产相关的法律、法规。
- 安全生产的标准。
- 员工的权利和义务。
- 安全设施和个人劳动保护。
- 安全隐患和事故管理。
- 典型事故案例分析。
- 事故疏散和紧急治疗等。

七是项目部层面的安全培训，其培训内容包括：

- 本项目部的安全生产规定。
- 建筑工地存在的安全隐患及其预防措施。
- 相关岗位的安全责任、操作技巧及强制性规范。
- 相关岗位可能遭遇的职业伤害和人员伤亡。
- 个人保护用具、安全保护设备的使用和保养。
- 急救、疏散和处置现场突发事件。
- 典型的案例分析。

八是企业层面的安全培训，其培训内容包括：

- 国家有关法律、法规及其他要求的职业健康和安全知识。
- 企业的基本安全生产状况。
- 企业的安全生产规定。
- 事故应急、紧急救援计划演习和预防措施。
- 典型事故案例分析。

4.3.3 安全培训措施

（1）合理安排培训内容。在进行安全培训的过程中，需要掌握工人的年龄、文化教育水平，将安全培训工作分为不同类别、工种开展；明确培训的内容，向工人介绍详细的国家安全法规，以及有关方针政策，介绍施工企业的安全生产管理制度，并作为核心内容进行重点培训；进行不同工种操作技能的安全培训，使其不仅掌握个人负责的工种的危险源，同时也要了解各施工阶段中存在的危险源，共同为整个施工工期内的安全提供保障。在落实安全培训内容的基础上，要考察工人在作业中对某项技能的掌握情况，不定期地抽查并检验，对工人掌握不足的地方要进行详细、耐心的指导，若工人对某项技能的掌握非常全面，也可让其教导其他工人，为工人的工作提供更多的安全保证。

（2）规划安全培训模式。工人的数量较多，其差异也非常明显，安全培训的差异不仅仅体现在文化教育水平和年龄阶段上，同时也体现在施工内容的不同上。因此，在对工人开展安全培训时要因地制宜地选择合适的安全培训模式。这就需要企业制订日常培训方案，对所有工人都能够保证定期的培训，使其掌握各个施工阶段中存在的安全问题；针对新来的施工工人，要对其及时开展安全培训，并针对重点岗位制定重点培训内容，向工人强调重点施工的安全内容，以实现对安全生产培训的全面落实。

（3）落实岗前培训，保证持证上岗。施工工人在进入岗位之前应当进行培训，施工企业的相关管理者应进行监督，保证培训到位。在岗前的安全培训要严格依照上级安全检查部门的要求进行。对班组、项目部及公司相关人员进行安全培训之后准备安全考试，只有符合考试标准的工人才能够持证上岗。岗前培训主要是让施工工人了解本次施工的大致内容、技巧及工期，在了解这些内容的基础上，严格明确施工质量和施工安全的重要性，使工人树立个人安全意识，不要过于追求施工效率，要将个人的安全放在首位。在工人上岗之后，要严格考查工人是否时刻遵纪守法，是否坚持安全生产，同时开展科学、合理的管理，如果发现有工人违纪操作，并引发安全事故，则应凭借违纪和事故的后果处置，并记录到个人档案中。

（4）充分融入安全教育制度。安全教育能够在很大程度上提升工人的安全意识，让安全教育作为企业文化的一个重要部分，贯穿于施工企业的各项活动中，潜移默化地增强全体员工的安全观念，形成良好的施工氛围。在施工现场，可以设置安全生产的宣传栏，张贴清晰的事故案例示警图，这样不仅以往的施工人员能够保持安全生产，也能够让新的施工人员感受到安全生产的氛围，保证整个施工中工人的安全。

总体来说，对于输水管线工程，其安全培训方面存在的隐患及对应的防范措施见表4.1。

表4.1 安全培训方面存在的隐患及对应的防范措施

序号	隐患	后果	防范措施
1	主要的负责人、安全生产管理人员的安全知识和管理能力不足	不具备充分的安全知识和管理能力	加强安全知识与管理能力培训，定期考核，实行末位淘汰制

序号	隐患	后果	防范措施
2	特种作业人员上岗培训不到位	不具备特种作业操作资质	完善并坚决落实安全生产教育培训及管理制度
3	未对从业人员（包括新进员工、调岗员工及外部施工人员）开展安全培训或培训不到位	不了解项目的特点及危险	完善并坚决落实安全生产教育培训及管理制度
4	各类操作人员应熟知本岗位的潜在性风险因素，掌握本岗位的安全操作规程及操作方法，培训不充分	不清楚本岗位的风险因素	完善并坚决落实安全生产教育培训及管理制度
5	未进行操作人员本岗位的紧急事故处理方法及岗位应急演练组织工作，或是培训效果不好	不清楚岗位应急处理方法	制定、执行、完善应急管理制度；预定演练计划并严格执行；加强相关培训
6	未对职工进行事故现场教育组织工作，以吸取事故经验教训，防止类似事故再次发生，或现场教育效果不好	职工未吸取事故经验教训	完善并坚决落实安全生产教育培训及管理制度
7	未开展施工作业前后安全讲话、事故预防、安全小结等安全培训活动，或开展不到位	未开展施工作业前后安全培训活动	完善并坚决落实安全生产教育培训及管理制度
8	未对违章指挥者、违章作业人员进行现场安全教育，或安全教育不到位	未及时教育违章指挥、违章作业人员	完善并坚决落实安全生产教育培训及管理制度

4.4　应急管理风险

4.4.1　应急管理风险概述

长距离管道供水工程具有"点多、面广、环境复杂"的特点，管线运行的过程中受到水文气象以及输水建筑物的安全情况等众多方面的影响。要使这样一个复杂的系统安全可靠地运行，做到供水及时，无弃水或少弃水，并使整个系统运行稳定，其供水调度十分复杂，而突发事件条件下的应急输水调度难度和复杂性更是不言而喻[10]。

依据突发事件的特点和机制，以及输水管道供水调度地实际状况，可以从以下四个方面进行分类：首先是水质安全，其次是管道及建筑物结构破坏，然后是设备故障，最后是恐怖袭击。

（1）水质安全事件：工程供水以水的质量安全为先决条件和依据，如果出现水源污染事故，导致水质未能达到要求，不能满足附近用户的用水标准，则必须进行弃水处理。水的质量安全状况大致有三类：

1）附近化工厂爆炸、泄漏等事故导致管道水质的污染。

2）人为蓄意投毒事件。

3）在低流量工作时，因为水流速度缓慢导致的水体富营养化问题。

（2）管道及建筑物结构破坏事件：虽然近代中小地震活动的频次和水平均不高，但是仍然值得关注，因为地震极有可能给供水系统带来灾难性的损坏。

（3）设备故障事件：全程参与管道运行调度的控制设备较多，如果这些设备在使用过程中出现故障，就会影响管线的正常工作，甚至造成较为严重的安全事故。

（4）恐怖袭击事件：主要表现在对管线的重要建筑、控制设施进行破坏，管线相关设备被炸毁损坏或水中投毒等方面，对项目的安全、水体质量的安全等造成了巨大的危害，也极大地影响工程供水的调节。

做好应急管理，既可以防止意外事件，又可以在紧急情况下提升其应急救援速度和协调能力，加强对突发事件和安全问题的综合处理能力，保障附近居民的生命安全，保证相关从业人员的人身安全，在最大程度上降低有可能由此而造成的财产损失、环境破坏和社会影响，无疑是长距离输水管线在保证平稳工作基础上的重要工作内容。所以，针对长距离输水管道工程，必须能对突发事件进行紧急处理，及时、有序、高效地进行事故抢修工作，尽可能地降低事故带来的损失，以保证调水供水工程的安全运行。

4.4.2　应急管理要点

输水管线工程往往规模较大、所处的自然环境及社会条件复杂、输水建筑物组成以及运行环境复杂多变、调度操作复杂等，这样导致输水管线工程进行和工作的过程中，极易由于某一方面的原因而造成安全事故，造成严重影响，因此，必须重视输水管线工程突发事件的应急管理，其要点主要如下：

（1）结合实际制订应急预案。输水管线工程一般会将整体工程划分为多个分段，而各个部门或单位对同一分段的应急处置预案往往会根据自己部门的特点分开编写，因此在实际的应急预案执行过程中，经常会发生部门或单位的应急处置预案要求不一致的情况，使得在十分紧急的信息上报过程中，出现不同部门反复索要重复信息，不同科室对应收集的信息标准要求不同等现象，往往会导致现场实际执行应急预案时效率不高、琐碎重复，甚至可能会出现"手忙脚乱，放弃应急预案仅凭经验"的情况，因此制订应急预案时，应当注意多部门协调沟通，根据实际合理确定应急预案执行次序，必要时进行应急预案的模拟演示。

（2）动态修订应急预案流程。科学、完善的应急管理体制一般分为事前预防、事发应对、事后处置三个方面，也即通过采取一系列应对措施将突发事件的危害或损失降到最低。对于整个应急管理工作流程而言，"事后处置"是重中之重，事后处置越有效，应急管理水平就越能在一次又一次的突发事件后得到完善和提高，因此，要注重应急处置预案的动态修订。对于每年要进行更新或维修的管段及设备的位置，要留存图纸等基础资料，并及时针对最新情况进行应急处置预案的修改调整，保证资料与实际相符。同时，还需对应急抢险路线情况等进行摸排检查，发现有问题的要及时同相关部门联系，对应急处置预案进行动态修订，是保证应急预案可行性、提高应急管理水平的重要方法。

（3）建立有效的现场应急指挥制度。要想在现场应急处置过程中有效解决突发问题，各部门就要有效配合，这就要求在应急预案中，还应对现场应急处置领导小组的成员进行合理设置，以建立快速、有效的应急指挥制度。突发事件发生后，应急处置领导小组的成员应当第一时间到达现场，在属地单位第一时间到达现场后，需在属地单位中确定好现场的应急指挥人员，并及时、积极地与应急处置领导小组沟通，准确传递现场信息。小组可设立专门的信息联络员，负责联系附近单位和各职能部门，已经处于现场的属地单位人员通过初步分析判断，应将应急处理所需的人员、材料、设备等信息上报给应急处置领导小组成员，由领导小组安排信息联络员与其他单位及部门进行沟通，携带相应的应急工器具及材料，或是及时制订抢险方案，这样才能做到统筹兼顾、及时有效，确保应急处置工作顺利开展。

4.4.3　事故应急措施

在水质、水文、气象条件出现异常，项目安全性状超过一定规模的危险时，需能够尽快上报警察，立即启动应急处置方案，保证工程安全。应急施工的对策必须及时，把意外事件造成的社会影响降到最低；应急施工的工序安排应当科学、合理，避免因盲目处理造成事故扩大；应急施工的措施应当高效、精准，并利用信息化的检测方法获取可信的数据来支持正确决策。应急预案管理措施具体如下：

（1）应急预案的日常管理。各部门组织制订应急预案，组建专项巡察队伍，管理日常的突发事件。应急预案明确工程各部门应该负责的内容，各个部门对本部门应当制订和执行的应急预案，应当及时将其完善、分解、细化、落实。各级应急管理人员应该在每季度对应急预案的管理情况和实施情况进行检查和核实，其中包括基本信息表、保存方式、存放地点等内容，在此基础上如实填写检查记录，若发现问题应当及时进行动态调整，对应急方案进行补充和修改并告知部门有关人员以确保预案的规范化。

（2）应急预案的培训与演练。应急预案的培训与演练是应急管理中进行应急准备的重要基础工作，应急预案的培训与演练能否没有问题地进行不仅反映了应急方案处理现实问题的能力，也直接决定了在突发事件发生时的应急处理和应急救援能否顺利进行。对于应急预案，首先应急组织人员必须熟悉应急预案的内容，才能使实际演练能够反映出真实的情况，并根据预案对培训、演练的组织任务进行划分。应急培训通常分为操作层和管理层的培训，根据预案的等级由操作层和管理层有序地进行演练，同时测试不同等级预案之间的衔接关系，检查各个层级之间是否存在有连接中断或是不流畅的情况，在此基础上建立演练计划、演练方案、演练过程记录和演练总结等四个文档，将演练过程中出现的突出问题和长处进行记录归类以备检查。总之，要以各种方法积极宣传、指导和演练应急预案，保证每个人都熟悉本部门或本工作的应急预案和常见的应急处理方法，使其达到程序化、熟练化和标准化。

（3）应急预防与准备。事故的预防就是指运用安全管理和安全技术等措施，来避免事故的出现，确保调水的安全；在假设事故不可避免的情况下，采用事先的防范措施，来减小事故的影响或降低后果的严重程度。在防范和准备工作方面，可以结合管线的生产维修、维护、安全管理等角度，建立和完善维修维护制度、安全检查制度、监测制度、巡查巡检制度、管道抢修制度。在人员的组织上，应当建立有明确组织和领导的应急抢修队伍，明确负责人及联系电话、集合地点，在遇到安全问题时能够及时沟通并前往事发地点。在应急物资和设备准备方面，对设备的数量和设备的完好情况进行检查，并完善检查记录，监督其对存在的问题进行整改，以确保在紧急情况下能及时调用。

（4）应急管理实践与创新。通过观察近几年输水工程应急事件的处置，我们发现在事故刚发生时，现场的人员具备初步处理的最好时机；在事故发生时，如果能够及时采取有效措施，那么可以使事件得到控制，并能赢得更多的时间来进行后续的处置。

以管道爆破为例，倘若发生爆炸，则管线中的压力检测与流量检测组织就会在第一时间发出警报，这时首先要做的就是有关值班人员要立刻上报，并且要说明爆炸的具体情况，再由应急人员启动应急预案。同时，管网值班人员要快速根据警报和经验分析管道发生爆炸的位置，确定后及时关闭阀门，避免大量出水。如果在面对事故时没有初步处理能力而只是依赖应急程序来关阀，通常会耽误最好的关阀时机，造成更重大的损失。同时，在应急管理的维修管道工序上，也应当进行研究和创新。

（5）应急事件的组织管理。应急事件需要全员参与，动用所有能利用的资源。所以除了强化日常管理、培训、演练之外，必须有一个强有力的执行力来推动进行，这是应急管理是否能真正取得实效的关键因素。要坚持把应急管理作为"一把手"工程，各层面的应急预案规定的应急总指挥或领导小组组长都是该组织单元的"一把手"。调水供水企业不但要体现企业的基本使命，也要遵守行业的基本规范，还要保证企业的运行经营，这就要求供水企业的应急管理决策要统筹兼顾，以确保供水安全为重中之重[11]。所以，面对突发事件，"一把手"要迅速权衡经济效益、社会效益和安全效益，作出应急决策，确保应急管理有决策上的保证。

4.5 本章小结

本章主要介绍了输水管线工程在组织管理中存在的风险，分别从组织与制度、安全监管、安全培训以及应急管理4个方面进行分析，不但阐述了每个风险的概念，并且针对不同的风险，提出了切实可行的解决方案。对于组织与制度应当继续完善并健全；对于安全监管和培训，提出了其中的要点并找到了合理的措施；对于应急管理，也从不同方面给出了相应的解决办法。基于此，使得组织管理中存在的风险可以得到很好的控制，大大减小了其风险带来的危害。

参 考 文 献

[1] 刘姣. 关于引汉济渭工程运行管理体制的几点思考[J]. 陕西水利，2017（1）：13-16，23.

[2] 原博. 陕西省引汉济渭工程建设与管理浅析[J]. 中国水利，2013（20）：24-25.

[3] 孙欣，彭向平. 基于后续水源保障的引汉济渭工程建设管理体制与机制初步研究[J]. 陕西水利，2016（4）：17-18.

[4] 李绍文. 陕西省引汉济渭工程建设存在的问题及解决对策[J]. 陕西水利，2015（5）：57-58，116.

[5] 贺艳花. 加强引汉济渭工程档案管理工作的对策[J]. 陕西档案，2012（6）：48.

[6] 王冰. 如何做好城市地下管线动态信息管理[J]. 城建档案，2017（7）：46-48.

[7] 潘磊. 长输管线工程施工中经营管理的创新思考[J]. 现代商业，2013（24）：134.

[8] 李江，杨辉琴，金波，等. 新疆长距离输水管道工程管材选择与安全防护技术进展[J]. 水利水电科技进展，2019，39（5）：56-65.

[9] 褚选选. 基于噪声的长距离输水管道渗漏监测研究[D]. 郑州：郑州大学，2017.

[10] 段文刚，黄国兵，吴斌，等. 跨流域调水工程突发事件及应急调度措施研究[J]. 长江科学院院报，2010，27（4）：24-27.

[11] 李兆崔，张为华. 城市调水供水工程应急管理实践[J]. 山东水利，2013（10）：57-58.

第5章　输水管线工程自然环境风险管理

输水管道距离越长，地质条件就越复杂，自然环境风险类型就会多种多样，管道沿线对管道造成危害的自然灾害主要有暴雨、暴雪、滑坡、崩塌、洪水、泥石流及水文和生态环境风险等，为了尽量减少自然环境风险对输水管线工程造成的不利影响，还需要采取一系列措施。

5.1　输水管线工程极端天气风险

在讨论输水管线工程自然环境风险时，首先应当关注的是极端天气带来的风险，其中暴雨、暴雪等极端天气为输水管线带来的风险是不可忽视的，同时极端天气中恶劣环境的气候、风向以及温度也会对输水管线产生本质影响。

5.1.1　暴雨天气风险

在我国，多数城市暴雨情况并不罕见，尤其是南方地区，如若遇到雨季，则会连绵下雨。当暴雨来临时，暴雨对输水管线产生的影响是极为严重的，其中最为明显的是暴雨的强降水量造成输水管线周围土体沉降的风险。在我国的南方地区，由于气候等原因，在施工时需要更加注重暴雨天气给输水管线带来的影响。具体如下：

一是暴雨天气会给施工人员带来新的考验。同时暴雨天气也会阻碍施工的正常进度，使得施工效率降低，延缓施工进程，从而导致施工不能按时完成。

二是暴雨风险会造成输水管线的沉降。急速而又大量的强降水量会使得输水管线周围的土体松软，极易发生黄土湿陷现象，而输水管线自身重量大，会产生沉降。然而该类问题也无法避免，因为不管任何材质的输水管线，其在运营时都可能会承受超预期的重量。

三是安全问题。在暴雨天气进行地下空间建设时，工作人员的人身安全问题也是值得关注的。在地下空间进行工程作业本就是对施工人员安全保障的考验，而在地下或者室外进行输水管线的工作，不管是建设还是后期的维护，更是对施工人员的安全保障提出了更高的要求。暴雨天气会造成路面湿滑，暴雨的强降水量会使土体湿陷，对于在地下或者室外进行输水管线作业的工作人员来说，这些均对其造成了更大的安全隐患。

5.1.2 暴雪天气风险

众所周知，在我国北方地区，尤其是冬天，寒潮来袭，温度降低，会出现暴雪天气，随着气温的降低形成冰冻的环境。一般的输水管线都是为了起到引水的作用，基本都是随着河流而建，在北方地区多数较寒冷地域的河流会在冬季产生冰冻，从而对其间横穿河流的输水管道产生冰荷载作用，输水管线受冰荷载的影响主要包括两个重要部分：一是在寒冷环境中，温度的降低会使得在冰的形成过程中及冻结后，土周围的冰和冰盖形成会对管线结构存在静冰挤压破坏作用；二是管线周遭存在水流，当暴雪形成的冰块融化时，在冰块与管线的相互作用下，管线将会受到冲击、摩擦等动应力的作用。这些作用会对输水管线造成破坏，因此暴雪的寒冷天气对输水管线的影响不容小觑。目前，由于寒冷天气的冰冻造成管线破裂和损坏的案例在国内外常有发生，为了保证输水管线的正常工作，我们在特殊情况下还需要酌情考虑冰作用下的输水管道的可靠性和稳定性问题。在我国，大多数研究的是地下和穿越内陆的河流的输水管线，受暴雪影响的情形较多，所以对暴雪这种极端天气下的输水管线风险问题进行研究是非常重要的，尤其是冰作用下的风险问题[1]。

暴雪气候的风险也会存在安全性问题，寒冷的天气以及暴雪的视觉影响也是对施工人员的一种考验，暴雪天气的积雪量迅速增加，也会对施工进度产生影响。在暴雪后施工时，温度极低，伴随着土体松软，湿滑的路面也存在安全性问题。

5.2　输水管线工程地质灾害风险

近些年大量输水管道投入生产和运营，人们也逐渐认识并重视地质灾害对管道的危害。另外，输水管道地质灾害有其独特的发育特征和灾害类型。

地质灾害不能单纯看作一种自然现象，它同时还是一种社会经济现象。它既具有社会属性，又具有自然属性。自然属性是指由地质灾害过程中引发的自然特征，社会属性是与灾害活动相关的人类社会的经济特征。由自然地质作用或者人类活动引起的灾害活动定义为致灾体，灾害活动下可能造成破坏的对象定义为承灾体，地质灾害的形成必须具备致灾体和承灾体两个基本条件。

地质灾害具有以下特性：

（1）隐蔽性。许多灾害在工程建设时并不明显。随着植被覆盖率提高，灾害被植被覆盖，地貌特征不明显。也有一部分地质灾害发育处于较高高程位置，在进行隐患点排查时较难发现。

（2）突发性。由于管道是线性工程，许多灾害发生突然，在监测空档期就会造成管道受损，难以事先预防和开展前期准备，只能被动接受其破坏。

（3）复杂性。目前对灾害机理的认识还不够深入，灾害发生的许多影响因素尚不明确，且地质条件复杂，构造发育和新构造运动差异较大。另外灾害受降雨、地震、人类工程等活动影响大，加剧了其复杂性。

（4）连锁性。管道地质灾害后果往往比较严重，如输水管线工程受损造成水泄漏发生地基湿陷破坏；山区管道附近发生崩塌，很有可能砸伤管道，引发管道灾害和安全事故。

一些自然灾害的影响，例如滑坡、崩塌、泥石流、洪水等自然灾害会直接导致管道受力不良甚至发生变形、裸露、悬空现象，严重时会造成管道断裂，其中洪水是近几年危害长输管道最多的自然因素，特别是汛期出现的水毁，其特点是突然发生、危害大、整治难度大。

5.2.1 滑坡风险

（1）滑坡对管道的危害。随着国民经济发展及工业化水平提高，我国对石油、天然气以及输水管线的需求量逐步增大，中国管道工程拥有量有了大幅增长，其中很大一部分穿越地形地质条件复杂的山区，使得管道遭受滑坡灾害威胁的风险越来越大。在施工建设或运营阶段，有些管道可能会受到滑坡灾害影响，威胁输水管线正常工作，产生极高的安全隐患，例如：2022 年 6 月 19 日，甘肃省引洮供水二期工程一处隧洞施工现场发生山体滑坡事故，造成 4 人死亡；2001 年 7 月，西宁市城北区北山寺坡体局部地段产生滑坡，使坡体上输水管线、蓄水池及前缘围墙损坏倒塌，造成经济损失达数万元。2021 年 8 月初，湖南湘西土家苗族自治州古丈县五里坡受洪涝灾害影响，附近山体发生滑坡，导致微波站输水管线损坏和局部塌方，由于微波站坐落于千米高山上，输水管线的破坏严重影响微波站的正常运作，直接影响到辖区居民的正常生活。

滑坡指的是破坏了斜坡的稳定性，在惯性的作用下，岩体或者是其他碎岩沿着剪切破坏面向下滑行的过程及现象。滑坡常常会对农田、房屋、森林，水利水电基础设施、地下设施造成严重损害。按照对管道的影响规模划分，可分为小型滑坡、中层滑坡、深层滑坡和超深层滑坡四种。管道周围地理环境、人文环境、山体环境等是造成滑坡的主要因素。

当通过管道的潜在滑坡变形时，滑坡产生的推力将直接影响管道。变形开始时，作用力相对较小，管道会产生相应的协调弯曲、拉压、剪切等弹性变形，随着施加力的增大，管道的变形会逐渐发展为塑性变形，最终管道会出现断裂、剪切等不同程度的破坏现象[2]。在本书中，管道与滑坡的穿越形式有三种：纵向、横向和斜向穿越。当管道穿越滑坡，力垂直作用于管道时，管道损坏最大。以管道穿过滑坡为例，分析管道滑坡危险特性，其基本受力模型如图5.1所示。

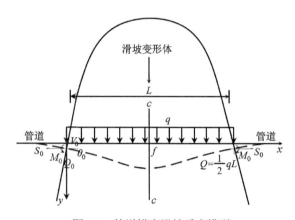

图 5.1　管道横穿滑坡受力模型

（2）滑坡风险的识别。滑坡风险主要根据地形地貌、地层、地下水和植被的特征进行识别。

1）地形地貌依据。斜坡上发育的地形结构呈现圈椅状、马蹄状或者地貌呈多级台坎状，它们的形状与周遭的斜坡表现出了明显的不协调；斜坡的上部分长期存在洼地，而下部分的坡脚与两侧比较则更多向河床伸入；两条沟谷的源头并驾齐驱，在斜坡的上方改变了方向并聚集。根据上述地貌现象可以判断，这些地段发生过滑坡的可能性比较大。斜坡上存在较为明显的裂缝，并且裂缝近期出现横向加长、纵向加宽的现象；坡体上搭建的房屋逐渐出现开裂、倾斜的现象；坡脚的部分泥土被挤压而出，并且发生垮塌的次数频繁。上述地貌现象均为滑坡发生机制的因素，证明斜坡可能即将发生滑坡。

2）地层依据。发生过滑坡的地段通常与周围未发生过滑坡的地段在岩土的类型上存在着明显的不同，其不同表现为发生过滑坡的地段通常层序混乱，结构疏松。

3）地下水依据。滑坡会破坏滑坡地段原始斜坡含水层的统一性，地下水流动点、流出方向等也会随之改变。当发现斜坡上的某一个方位与斜坡整体的泉水点分布状况出现明显的不协调，短时间内原有泉水突然干涸或涌出大量泉水等现象时，可以结合其他证据来判断是否正在形成滑坡。

4）植被依据。斜坡表面的树木变得东倒西歪，这通常表明该斜坡可能在先前发生过剧烈滑动；斜坡表面的树木主干均向坡下的方向生长，并且呈现弯曲状，而其主干的上部则向垂直方向生长，这种现象多是由于斜坡长期缓慢滑动造成的。

（3）滑坡灾害的防治措施。滑坡防治措施主要从减轻水的影响和对滑坡进行工程治理两个方面展开。水是影响滑坡稳定性的主要因素，排水工程投资少，但其效益比高，排水措施可提高岩土体参数，增加其稳定性。一般在滑坡体外修建截水沟，在坡体内修建排水沟。另外当管道经过斜坡体时，应尽可能在管道周边修建截水设施，防止水从管道下部形成通道，消除和减轻地表水和地下水的危害；滑坡体治理工程主要是抗滑支挡措施，主要类型为挡土墙和抗滑桩，其他有锚杆或锚索等。

管道滑坡灾害防治工程要求如下：

1）防治前应核实管道与滑坡滑动面、剪出口及滑坡其他主要要素的空间位置关系。

2）有针对性地布置勘测剖面，滑坡主、辅纵剖面上应包含管道，管道上下方应至少布置一个勘探钻孔，或探井、探槽等山地工程或物探工程。

3）除考虑滑坡因素外，还应考虑滑坡与管道的空间位置关系、管道的敷设方式、工程施工对管道的影响等。

4）慢速滑坡可采用管体应力释放、稳管墩等管道防护措施。

5.2.2 崩塌风险

（1）崩塌对管道的危害。崩塌意味着更陡峭的山坡上的岩石在重力的作用下突然与母体分离，滚动并积聚到山坡的底部。一旦崩塌产生，相应的公路、铁路、运输管道将遭到严重损害，人们的正常生活及工厂的正常运转也会受到相应的影响。崩塌对输水管道的破坏应当受到人们的重视。崩塌对管道的危害不容小觑，其主要表现于块石的冲击破坏，当块石冲击力较大时，管道受力较为集中从而产生变形甚至是破坏现象。崩塌落石对管道的影响可从两个方面进行研究：一方面是计算平地受落石的冲击荷载；另一方面是分析冲击荷载作用下管道的应力分布。崩塌发生在坡度大于 45°的陡峭斜坡上，反坡角度大于 90°上的悬崖更容易发生崩塌，高度越高，坍塌的可能性越大，规模越大。高山峡谷段岸坡、河流弯道的凹岸、冲沟沟壁、陡崖等处都是容易发生崩塌的地带。一般来说，坚硬且呈脆性的岩体容易发生崩塌而不易发生滑坡，由软硬相间岩层构成的坡体，其中的软弱岩层易遭风化，致使硬质岩层的岩块突出而成"探头"岩块，容易发生崩塌，如图 5.2 所示。

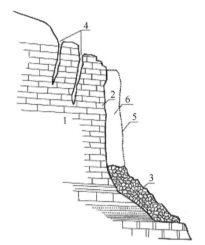

图 5.2   崩塌示意图

1—母体；2—破裂壁；3—崩塌堆积物；4—拉裂缝；
5—原坡形；6—崩塌体（已崩塌）

（2）崩塌风险的识别。崩塌风险是依据坡体的地貌、地形、地况以及地质结构所识别的。

1）由于山体坡体与水平面的夹角大于 45°、海平面高差较大，因此坡体呈孤立山嘴形，或呈凹形。

2）山坡上的内部岩石裂纹在垂直和平行方向上沿着斜坡、陡峭裂缝或薄弱地带发展，而斜坡则在垂直和平行方向上发展，随着裂隙的走向，坡体上部结构便会产生拉张裂隙发育，同时切割坡体的裂隙与其贯通，随后母体（又被称为山体）形成了左右分离之势。

3）山坡边坡的前方有着崩塌物发育的可能，还存在着临空空间，证明已发生过崩塌的坡体，以后可能发生二次崩塌。

根据上述特征，当上部受拉张的裂隙不断延伸、变宽，小型坠落物连续发生坠落时，暗示着下一次崩塌即将来临。

（3）崩塌灾害的防治措施。崩塌防治措施的选择和工程措施的可行性有关，如果崩塌体位置高，工程施工难度大，主要采用被动方案，常见的措施有被动网、拦石墙、棚硐等；如果崩塌体位置低，施工可行，主要采用主动工程措施，包括清危、主动网、凹腔嵌补、裂缝封闭、锚固等措施。

管道崩塌（危岩）灾害防治工程要求如下：

1）防治前应核实崩塌体崩落方向，估算崩塌体崩塌后可能的运动轨迹及其到达管道附近时的速度大小、方向。

2）有针对性地布置勘测剖面，查明管沟区域地质条件，可采用必要的勘探手段。

3）根据管道与崩塌体空间位置关系、管道敷设方式进行防治工程设计。可采用的防护措施包括：在管道上方设置盖板、防护拱、拱棚，堆砌沙袋，或在管沟设置土工栅格等。必要时可采取管道改线、加大埋深等措施。

5.2.3 泥石流风险

（1）泥石流对管道的危害。泥石流一般发生在地势险峻的山区或者沟谷，由于暴雪、暴雨等极端天气引发的伴随大量石块及泥土沙砾的山体滑坡，其具有突发性、破坏性强等特点，与洪水、滑坡相比，泥石流中所含有的泥沙等固态物质含量相对较高，最高可达 80%。因此，泥石流灾害的发生与否对输水管线管道是否能正常运行有着重大的影响。

陡峭的地形、丰富的松散固体物质和大强度的降水是区内泥石流形成的基本条件，尤其是短历时、高强度的降水时必须注意，如闻名全国的甘肃舟曲特大型泥石流灾害。泥石流对管道来说非常危险。当管道敷设在泥石流形成区时，泥石流形成引起的土壤侵蚀会导致管道埋藏深度不足甚至管道暴露；当管道敷设在泥石流流通区时，泥石流会导致沟槽被切割，埋深不足，管道暴露，防腐涂层受损，甚至部分凹陷和断裂；管道敷设在堆积区时，泥石流堆积后，管道埋深，危害不明显；泥石流还可能冲刷并堵塞站场、伴行道路和其他管道设施，如图 5.3 所示。

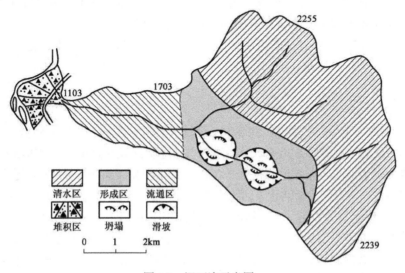

图 5.3　泥石流示意图

（2）泥石流风险的识别。识别泥石流风险的主要依据是地形地貌、物源和水源的特征。

1）地形地貌依据。沟谷山坡陡峻，上游三面环山，沟域呈勺状、漏斗状、树叶状；中游沟道狭窄，周围土体易松散；下游沟口地形平坦，地势开阔，但沟谷上下高度差超过 300m，沟谷两侧斜坡夹角大于 25°，是形成泥石流的天然有利条件。

2）物源依据。泥石流的发生一般有松动的砂石、松散土和沙砾等物质参与。沟谷两边绿植生长缓慢，有严重水土流失且山坡易破碎，因而松散物质数量较多，滑坡、垮塌现象明显，易发生泥石流。

3）水源依据。水为泥石流的形成提供了动力条件。局地暴雨多发区域，有溃坝危险的水库、区域性暴雨多发地、季节性冰雪融化区和塘坝的中下游，都有在短时间内形成巨大水流量的潜力，为泥石流的形成提供动力，提高泥石流发生的概率。

根据上述三种因素，泥石流发生的规模大小、频率都会因此发生变化，并且曾发生过泥石流的地区，仍有二次发生的危险。

（3）泥石流灾害的防治措施。防治措施主要有修建桥梁涵洞、明峒、渡槽、顺坝、丁坝、导流堤、急流槽、束流堤、拦渣坝、储淤场、截洪工程等。

管道泥石流灾害防治工程要求如下：

1）通过考察分析核实泥石流的物质来源、停淤线与管道空间位置关系，重点分析管线分布于泥石流发育的具体区域，以及区域的变化情况。

2）防治前应至少绘制一条沿管道方向的勘测剖面。查明管沟区域地质条件，必要时可布置勘探钻孔、探槽等山地工程或物探工程。

3）治理工程应根据泥石流的地质背景、形成条件、分布特点、类型及管道敷设等采取综合防治措施。

5.2.4 洪水风险

（1）洪水对管道的危害。洪水对管道危害的根本原因在于天气的影响，当遇到暴雨暴雪天气，地区水量迅速上升，洪水自然地质灾害就会发生，冰雪融化也会加速洪水的发生。河床在经过急剧变化之后，水对河床土壤的侵蚀会使管道脱离水面甚至产生变形，不仅会影响管道的稳定性，而且管道断裂还会造成严重的环境污染。

（2）管道防洪措施。由于地区的地形地貌不同，河床河滩的地理位置以及环境不同，因此当采取防护措施时，应因地制宜。按时检查河床河滩的破坏程度，再根据实际情况制订相应的解决方案。在管道防洪措施上，应根据河道以及周围土质的特点来判断，当通过大型的河道时，应使用刚性的防洪措施；而当管道处于松散土质中时，应使用相对柔性的防洪措施。对于一些不稳定的河床使用管桩加固进行加固处理。

5.3 输水管线工程水文与生态环境风险

5.3.1 水文风险

水文风险是指洪水或干旱等水文事件可能在相对的时间和空间范围内造成不利影响或经济损失。

水文风险管理方法是，对可能构成水文风险的事件，应通过合理有效的方法进行评估、识别、处理和跟踪，最大限度地避免和减少水文事件造成的损失。

（1）水文风险因子识别。

1）水源区供水水文风险因子识别。水源地的水文风险主要包括洪水风险和缺水风险。洪水风险是洪水造成损害的可能性，主要是在山区和河流地区。缺水风险是区域供水系统缺水的风险，以及供水和使用不确定造成的损失。对于调水工程而言，缺水风险的高低是重中之重。采用故障树分析法（FTA）对工程中水源区的水文风险因子进行识别，水源区供水水文风险识别故障树基本事件表见表 5.1，水源区供水水文风险因子识别的故障树如图 5.4 所示。在缺水水文风险识别中，以发生缺水风险事件作为顶事件，这里的缺水是针对调水工程中可调水量不能满足受水区需求调水量来考虑的。从南水北调工程来看，受水区需求量过大和供水区可调水量不足是造成水源地出现供水风险的最大问题，出现供不应求的局面，从而形成水源区的供水风险。应针对供水区可调水量和受水区的需水问题进行专项调查和研讨，作出一举两得的决策。研究发现，水源区可调节水量不足的问题是由水库运行不当、水源地径流减少、需水量增加以及其他地区调水工程的影响造成的。造成水源区径流量减少的主要原因有降水、蒸发、下垫面改变、水源区用水调水工程等，其中最主要的两个原因是降水和蒸发。

表 5.1 水源区供水水文风险识别故障树基本事件表

序号	事件	序号	事件
1	降雨减少量	6	林地草减少
2	其他调水工程	7	城区面积扩大
3	气温升高	8	工业规模增大
4	风速增大	9	工业结构调整
5	饱和水气压差增大	10	耕地面积增加

续表

序号	事件	序号	事件
11	种植结构调整	15	人均生活用水定额增加
12	灌溉水利用率	16	城市绿化面积增加
13	人口增加	17	河湖面积增加
14	城区建设规模扩大		

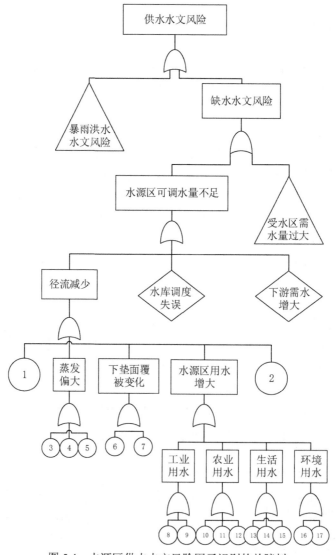

图 5.4   水源区供水水文风险因子识别的故障树

2）调水工程中需水区水文风险因子识别。根据需水特征确定需水区水文风险，并针对受水区供水特征分析其优势，但重点应研究是什么因素导致需水过程发生变化，使其无法满足一定水平的需水要求。识别受水区需水的水文风险因素的目的是找出对需水有重大影响的因素，为进一步分析需水水文风险机制做好准备。

根据项目实际规划，调水工程项目建成后会将部分城市作为受水城市为其提供生活、工业用水，缓解城市与生态之间和农业用水之间的矛盾，将城市占用的部分农业、生态用水归还于其本身，基本控制过量采取地下水、过度使用地表水等严峻形势。或者有时项目将为一些地区的万亩菜田等农业工程提供水源。因此，除受水区的自然因素外，需水区水文风险的主要来源是工业用水和生活用水的变化。可采用故障树方法得到需水水文风险因子识别的结果，需水水文风险识别故障树基本事件表见表 5.2，需水水文风险因子识别的故障树如图 5.5 所示。

表 5.2　需水水文风险识别故障树基本事件表

序号	事件	序号	事件
1	降雨减少	9	耕地面积增加
2	水库水蓄水不足	10	种植结构调整
3	温度升高	11	灌溉水利用率
4	风速增大	12	人口增加
5	林地草减少	13	城市化水平提高
6	城区面积扩大	14	人均生活用水定额增加
7	人均 GDP 增加	15	城市绿化面积增加
8	工业万元产值耗水量	16	河湖面积增加

（2）水文风险因子作用机理分析。

1）水源区供水水文风险因子作用机理。水文循环的社会过程是指人类在几个循环后获取自然水资源并将其排放到大自然中的过程，以强调自然水循环对人类开发和利用水资源的影响。

对水源地供水的水文风险而言，最重要的是调查缺水风险。水文风险因素的机理分析如下。在自然和社会水循环过程中，缺水的水文风险的核心是水源地缺乏可调节的水和受水区缺乏水需求。水源区的可调节水量取决于水源区的流出量、下游调水区的需水量、水库调节误差等因素。若下游相应用水持续增长，而上游来水并未增长，首先按照满足水源地供水的原则，势必要求泄放更多的水来满足下游生活、生产需求，那么，就会大幅减少水源地区可调水量。上游水源区的流出量是实现预期目标的关键因素，也是影响可调节水量的直接因素。降水和蒸散是影响上游流量的主要因素。

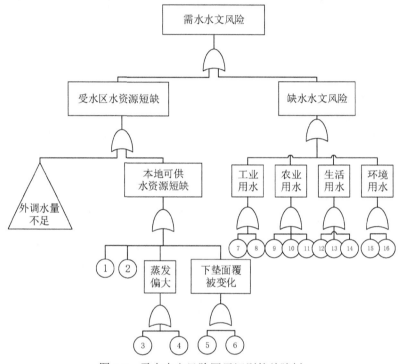

图 5.5　需水水文风险因子识别的故障树

①降水。降水是径流形成的第一个环节。降落在河床水面的雨水，除了蒸发之外，还能直接形成径流。植被将拦截部分流域的降水。当降雨量超过土壤的渗透性时，产生的地表水将填满坑洞，流入坑洞的水将渗入土壤或蒸发。坑洼填平后形成由高到低的坡面，坡面排泄多呈沟状或片状。由于产流地点至河网的过程不长，因此汇流时间较短。径流形成于坡面汇集到河槽内，再沿着河槽纵向流动控制断面之后。在降水开始到形成坡面流和排水区的过程中，渗入土壤的水增加了含水量，并产生了自由重力水。当遇到渗透性相对较小或者不透水的岩层时，就会在这里蓄积并沿着层边向下移动，形成表层和深层地下径流，最终汇入河或湖泊、海洋等。

②蒸散。在径流形成过程中，由于降水导致的蒸发，流域中的水将流失。基本上，蒸散是径流过程中唯一的损失。根据蒸发面不同，可分为水面蒸发、土壤

蒸发、植物蒸发或植物蒸腾。影响水面蒸发的因素包括空气温度、水温、水蒸气饱和差、风速等。温度，尤其是水面的温度，是水分子运动的能量来源。温度越高，水分子的运动就越活跃。从蒸发表面进入空气的水分子越多，蒸发量就越大。水的蒸发量与湿度饱和差成正比。除了温度和饱和度差异，空气湍流也是促进蒸发的原因之一。当风吹过时，蒸发表面上的水蒸气分子会迅速扩散，将水蒸气稀释至饱和，加速蒸发。土壤蒸发主要会影响气象和土壤含水量。植物散发表现为植物茎叶上的蒸发，与土壤环境、大气环境以及植物生理等方面密切相关。

③下垫面变化。由于降水，流域下垫面将影响排水系统的形成。在植被覆盖的地区，降水首先被植物覆盖所捕获，然后被蒸发所损失。冠层截留的水量与植被的最大叶面积指数有关。在没有植被覆盖的裸露区域，降水落在地面上先是向地下渗透，当降雨强度大于土壤下渗能力时，尽管土壤含水量未达到田间含水量，降雨也会汇集产生地表径流，在汇集过程中会受到地形的影响，虽然不会直接导致径流减少，但会延长到达流域出口的时间，增加水面蒸发，最终导致径流减少。

④水源区用水量。水源地用水主要用于工业、农业和家庭。然而，随着人们逐渐重视生态环境，城市用水的生态环境也被考虑在内。总的来说，农业用水量最大，受自然和人为因素影响的用水量波动最大。

⑤其他调水工程。水源区域上方的水系的外部水箱减少了可调水量，这也是需要考虑的因素之一。

2）受水区需水水文风险因子作用机理。

①农业用水。农业所需用水量受到气候、降水、地下水和可利用水资源情况、作物种植结构及面积、灌溉系统以及方式和耕作方法等多种因素影响，其中，气候、降水、地下水和可用水资源由区域自然条件决定，而不是由人类活动主导。其他因素受人类活动的影响。

②工业用水。工业用水是指在工业生产过程中，制造、加工、冷却、净化和厂区员工生活用水的总称。工业用水通常通过蒸发和泄漏来消耗，并以废水的形式排入自然。

③生活用水。生活用水是人类日常生活所需的用水。生活用水分为城市生活用水和农村生活用水。目前，城市生活用水包括住宅用水和公共用水。农村生活用水包括农村居民和牲畜用水。生活用水因人口、城市建设和居民人均生活用水而异。

④生态环境用水。生态环境用水是指恢复和建设有机环境或维持当前生态环

境质量所需的最低用水要求。比如"三北"防护林体系建设，水资源保障是关键，要为这类生态环境建设提供必要的水资源量，维持生态建设的成果和长远发展。生态环境用水主要受城市地区、湖泊和水库面积、灌溉率和水变化频率的影响。

（3）水文风险管理与控制。现代风险管理系统通常包括三个阶段：风险识别、风险评估、风险控制。在经过识别和评估阶段后，风险管理就进入控制阶段。风险控制是指在风险识别和风险评估的前提下，针对出现的问题采取对应解决方案，从而降低风险概率，尽可能规避安全事故，达到降低经济损失的最终目标。作为风险管理的关键要素，风险控制对风险管理的成功起着至关重要的作用。风险控制的行为有两种：一是编制预案以规避风险，避免损失；二是接纳风险并且将风险转换为增值的契机，以谋求获得高利润。因此，水文风险管理控制措施如下：

一是针对无法承受的水文风险，如输水管道沿线发生的暴雨洪涝事件导致输水渠道毁坏的风险，要及时制订风险防控预案，以控制风险并降低风险至可承受的水平。

二是针对可承受的水文风险，必须保持对应的风险控制对策，同时持续监测，防止风险扩张到不能承受的范畴。风险管理的主要手段是使用不同的风险管理技术来预防、避免、减轻和转移风险及其后果。常见的风险管理技术主要包括风险回避、风险预防、风险缓解、控制损失、风险转移、风险自留、风险利用等[3]。

5.3.2　生态环境风险

（1）水源地水质污染风险。优秀的水质是保障输水的关键，倘若水质被污染，输水管线工程的作用将大打折扣，并且会给受水区居民生命健康带来很大危害，给当地的发展带来不利的影响，同时工程输水线路长，水量大，使得在输水途中不可避免地会汇入许多杂质。在考虑水体自净和稀释的条件下，其正常运行状态较少受到环境风险的影响。但在水体受到不确定性因素影响时，可能会造成污染性的事故发生。因此水质污染风险不容小觑，必须重视水质污染问题，切实做好监管工作。

水源地的污染风险主要为进入水库的各支流污染物含量超标，库区周围的生活污水、工业污水超标排放等。具体如下：

1）农药和化肥的广泛使用。农业种植中的农药和化肥是水质污染的"罪魁祸首"，农业种植区大规模广泛使用氮、磷等化肥，一年多次实施抛洒，且广泛使用杀虫剂、除草剂等。大雨冲刷下，将泥土中的大量农药残渣冲刷到水库区域，严重污染区域内水资源，此外，水溶性大的农药会摆脱土壤的吸附，通过淋溶作用进入地下水中对其进行污染。

2）养殖业生产垃圾。水库周围存在的乡镇居民、企业，畜牧养殖业污染，企业偷排也越发严重。动物粪便、企业污水的随意排放造成库区直接污染。此外，排污沟收纳生活和工业排放污水，排污沟底部无任何防护措施，且土壤具有渗透性，所以对污染风险贡献很大。

（2）输水过程水质污染风险。

1）水体藻类风险。工程通水后，整个渠道会形成独立的水循环生态系统。由于渠道水体营养化不会对藻类浮游生物构成威胁，大量藻类浮游生物从入口进入管线内，经过长时间累积，藻体大量繁殖、生长，对此需要采取防控措施。

2）渠底淤泥沉积。长距离引水工程长时间的水体运动会导致泥沙积聚，形成淤泥层，容易造成水生细菌生物的繁殖，影响渠水水质，除此之外，淤泥中夹杂的有害物质会在雨天、大风天气的影响下从淤泥中脱离出来，对周围水环境造成二次污染。

3）地下水渗透污染。长距离引水工程周边有大量居民生活，居民生活会引起地下水化学物理成分和生物特定成分发生改变，一旦地下水被污染，补救非常困难，要使得水质复原，少则十几年，多则几十年。

（3）水质污染风险防治措施。

1）水源地污染突发事件处置。在水库周围一定区域内提倡减少使用或禁止使用严重污染水库水质的农药和化肥；做好水库周边水质监测，发现异常及时反馈，果断采取控制措施；定期和不定期相结合对水库周围的企业、畜牧养殖业、农户偷排污水的情况进行摸查，一旦发现，严肃处理；加大宣传，提高水库周围人民的环保意识以及对水库水质的保护意识。

2）水体藻类污染突发事件处置。根据藻类的发生范围及严重程度，处置措施分为藻类监测、生态调度、物理清除、渠道退水等方式。处置应依据藻类水华类型、藻密度及污染范围，有针对性地采取一种或多种联合措施。

生态调度是抑制总干渠藻类快速生长的首选手段，生态调度的方式、范围、频次及力度视藻类级别高低进行。生态调度时应综合使用水位、流量、流速及流态调控，以达到最佳调控效果。

水质处理成本超过可以承受的范围，或者处理后亦不适合作为饮用水水源，经应急专家组会商一致同意后实行渠道退水，蓄滞藻类污染水体。

物理清除是指利用人工或机械装置进行打捞达到去除藻类目的的一种物理措施，该方法能在短期内快速去除大量藻类，减少水体的藻类生物量。

5.4　输水管线工程自然环境风险防控

输水管线的施工过程大多暴露在自然环境中，其不确定因素也给施工带来了众多风险，即威胁着工人的安全，又牵制着工程进度。为了保证安全有效地开展长距离管线的施工，降低施工中的风险，可采用下列对策：

（1）编制应急预案，加强人员训练。管道沿线各单位在应急预案中应该考虑辖区内发生各类自然灾害对管线的各种影响，合理制订各种风险下的应急处理预案，组织应急处理预案的宣传，并进行相关人员专项培训和演练，培养员工有效处理此类事件的能力。

（2）进行气象预警。自然灾害难以预测，但可以通过预先搜集气象预警信息对水灾、台风等自然灾害进行事前预防。因而，应分配相应人员了解管道沿线气象信息，剖析以往的灾害数据以把握灾害多发时间，做到最大程度的气象预警。

（3）完善沿线水工保护措施。针对部分地区雨季山洪较多的特点，在旱季应对管道沿线水工保护进行全面清查，找出在雨季时节易被破坏的地段，重新评估原水工保护强度是否满足要求。对不能满足要求的水工保护，应适时进行升级改造，对尚未遭到破坏的水工保护，检查其是否需要修补修缮，确保水工保护设施的完整性[4]。

（4）加强危险识别、地形勘探技术。在长距离输水管道的施工过程中会遇到气候风险、地形风险等风险。施工方施工队应运用超前的风险分析技术和地形勘探技术提前识别风险，以便更好地规避。施工队还应针对实际的自然、社会环境合理应用相关技术以鉴别和明确施工过程中不同阶段、气候、地形环境对施工项目质量、安全方面的影响。运用地形勘探技术能够精确把握所处的地理地势环境，进而判断是否适合开工，在利于开工的条件下，利用最安全、节约资源的方式铺设，从而能有效降低风险的产生。

（5）提高管线铺设的质量。管道质量是导致长输管道建设和运维过程中风险发生的众多要素的关键。长距离输水管线长度长、跨度大，管道在不同的地形自然环境下的承重水平也不同，以及管道所处的具体环境等因素容易造成输水管道毁坏、破裂、碱化等，严重影响管线的运输能力，也将导致资源的浪费。为确保长距离输水管道施工及运维过程中的安全，铺设管道时要挑选高品质管道，避免因管道品质不达标而导致的安全问题。因而，把好输水管线的质量关能大幅降低风险发生的概率。

（6）合理安排维抢修配置。在管道沿线配置一个维抢修中心和两个维抢修队。在管道段设维抢修中心进行有效风险评定，要考虑地形地貌及特种车辆可抵达的区域，合理分配资源。对于水工保护毁坏、管道被洪水冲破等巡视中出现的问题，可派遣维抢修人员开展维护保养。要确保维抢修队在发生较严重自然灾害时能短时间内抵达现场以进行管道抢修和事故处理。

（7）加强应急管理措施与演练。长距离输水管道施工过程及运维过程中，经常会有自然灾害、极端气候条件引起的突发性事件发生。为应对紧急事件，施工队伍应推动应急预案体系建设，合理规划布局应急设备，配置预测系统软件，充实物资储备。要做好自然灾害的预防，既要加强应急管理措施又要做好演练。各承包单位可以协同开展模拟应急响应的实践，在假定的紧急情况下实施具体的管理措施，便于从具体实践中察觉管理措施体系及预案的不足，进而逐步完善，随后在实际出现状况时及时调整措施。加强应急管理措施与演练能在很大程度上避免风险，进而推动输水管道的建设。

（8）建立健全检查管理机制。长距离输水管道建设比较复杂，涉及的各环节都有一定的风险，故有必要对施工过程全面执行实时的检测和监管，尽可能规避风险的发生，因而施工队应当建立并不断完善检查管理机制。事前明确施工现场的地形环境及气候条件，全面把握其地形、地貌与地质条件；事中开展对施工工人的定期检查监管，同时查验施工过程中的各项流程；安全事故发生后，要进行合理解决和善后处理，查验处理情况及其实际效果并总结经验教训。对事前、事中、事后开展全过程的实时监测，以便于后期复盘总结，保证各环节均在安全、有序、稳定的环境中运作，降低后期由于自然灾害风险带来的安全事故，为长输管道施工营造良好的环境[5]。

5.5 本 章 小 结

输水管线不仅面临着工程技术风险、工程管理风险，自然环境的风险对输水管线的影响也是不容小觑的。本章总结归纳了输水管线工程中的自然环境风险，包括极端天气风险、地质灾害风险以及水文和生态环境风险，概括了风险的特征并提出面对相应风险灾害的防治措施。

参 考 文 献

[1]   余建星,王宏伟,王亮,等.冰力作用下穿越河流输水管线的可靠性分析[J].自

然灾害学报，2005（3）：110-113．

[2] 庞伟军，邓清禄．地质灾害对输气管道的危害及防护措施[J]．中国地质灾害与防治学报，2014，25（3）：114-120．

[3] 翟家齐．南水北调中线工程运行水文风险管理研究[D]．郑州：郑州大学，2009．

[4] 李正清．中缅原油管道运营风险分析[D]．北京：中国石油大学，2018．

[5] 陈佳．天然气长输管道运行风险及措施分析[J]．山东工业技术，2018（7）：101．

第6章 输水管线工程其他风险管理

针对输水管线的风险，从内因到外因进行全方位研究后，发现除了管线自身、技术层面、组织层面以及自然环境的风险外，还有社会层面带来的其他风险。虽然社会层面的风险对输水管线的影响微乎其微，但在综合考量输水管线的风险时也是较为关键的一环，可以说它是所有风险中最根本的风险，如若没有社会、政治和经济方面的支持考虑，那么输水管线整个工程的开展也是难以进行的。

6.1 经 济 风 险

6.1.1 经济风险概述

输水管线工程的实施中必然会牵涉各方面的资金问题，给项目带来经济风险。本书中主要介绍以下三类：物价上涨所导致的工程成本增加、地方财政财力不足、项目投资管控不严造成的资金困难。

（1）物价上涨所导致的工程成本增加。由于输水管线工程通常规模较大，施工涉及面广，工期长，从项目招投标到竣工时常需要几年之久。在项目招投标时，其报价均是按照当时最新的信息价进行编制，而在项目具体的实施过程中，由于市场波动或是间隔时间长等，实际采购的材料单价和招投标的信息价可能会有一定的差别，就形成了材料价差，导致工程成本变化，给项目的实施带来一定的经济风险。

（2）地方财政财力不足。输水管线工程投资大，其资金来源通常采用以申请上级资金为主、地方财政配套一定比例的资金为辅的模式。由于其投资数额巨大，即使地方财政投资仅占据很小比例，其投资的数额对于地方财政而言依然巨大。由于各地经济发展水平不同，地方财政收入也不相同，对于承担能力不足的地方财政，要承担如此大额的财政支出无疑是个难题，这也给项目的实施带来了经济风险。

（3）项目投资管控不严造成的资金困难。输水管线工程的投资数额巨大，一旦管控不力就会造成项目投资资金的流失，对项目的顺利实施造成影响。政府投资的项目建设资金拨付方式一般是按照完成进度的工程量支付工程进度款。而施工进度款则需要施工单位先垫资，待建设进度达到要求才能申请对应的进度款。在这种情况下，就需要施工单位具有良好的资金运转能力，同时政府也需要具有良好的专业能力，能准确判断其工程进度并调整施工进度款，否则就容易造成项目资金流失，严重影响项目建设。

6.1.2 经济风险控制措施

（1）多方联动降低价格变动引起的资金风险。从初步设计概算到工程结算都离不开造价的编审与控制，要想减小价差对成本预算的影响，就需要工程发承包双方都树立起风险管理意识，联合起来共同消除价差带来的不利后果。政府应统领全局，优化顶层设计，根据市场及时调整公共服务策略，综合供给成本增加、人均可支配收入增加、物价指数上涨等外部因素，仔细测算并公开听证后制定价格调整策略。

工程建设单位相关部门必须注重加强工程造价方面的学习，在审核预算中充分考虑材料单价对日后施工的影响程度，例如材料的定价是否符合当前市场普遍定价、材料价格上涨的趋势对材料当前定价所产生的波动、材料价格变动对工期和质量是否会有影响等，这些都是建设单位应该重点考虑的问题。如若建设单位在招投标阶段将这些因素都进行充分的分析研讨并据此对预算进行相应的修改调整，业主方的价差影响就会相应减小。

施工单位在投标报价时，应根据工程实际合理报价，不仅要避免报价过高导致整体预算偏高超过招标控制价，也要避免报价过低使日后施工进入进退两难的境地。合同双方在签订施工合同时，通过细化有关规定以分配发承包双方的风险。

建设工程造价管理机构在发布信息价的时候，应在进行市场调研的前提下对主要材料和人工单价进行预判和测算，财政投资评审机构在进行预算编审时应根据信息价上的价格走势综合考虑后进行定价，让预算材料价格更能反映未来发展趋势。

建设行政主管部门应秉承客观公正的原则对建设及施工单位提出的价格争议进行调解，根据风险分担原则化解矛盾，不偏颇任何一方，以促进工程建设顺利实施。

（2）多元化金融模式避免地方政府债务危机。准确判断项目的偿付能力和隔离项目的债务风险是债务风险防范的两种主要形式。传统的政府投资项目过度依赖政府的经济调控能力，建设资金主要来源于地方财政，在地方财政的保护下无须承担社会资本投资方所承担的资金管理风险，缺少控制投资成本的驱动力，也难以满足逐年扩大的公共投资增长需求。因此，采用政企合作开创新的投融资模式，例如向投融资能力强的企业推广债券融资模式，吸引更多的社会资金投入公共领域，以扩大财政资金的杠杆效应，增强优势产业发展的融资能力。

（3）多措并举的管理手段遏制经济成本增加。

一是建立施工单位诚信体系，强化标准化的招投标流程，从源头上杜绝施工单位道德风险的滋生。项目施工单位主要是通过招投标方式选定，招投标方式给予了所有候选单位一个公平公开公正的竞争平台。然而在实际操作中，投标人为了顺利中标往往会出现暗藏道德风险的投机取巧行为，影响招投标的公平性，进而造成项目中标金额失实的资金风险。

二是要建立起危机的预警与处置体系，施工单位组织管理具有多层性与分散性，特别是在不同的地区承揽不同的工程项目时，这些过于分散的资金虽然可以为各分支机构带来更多的灵活性，但相应地也会提高资金的风险性和增加成本。

三是要加大管理的执行力度，合理倒排工期，减少工程签证发生的概率，进而降低预算超支的可能性。了解工程所在地的自然气候条件，特别是汛期的开始、持续时间。合理安排施工进度，围堰等必须在主汛期来临之前完成的工序应提前安排，避免汛期到来后无法施工造成停工损失的现象。

四是要编制实际可行的设计方案，减少变更费用支出，最大限度地控制成本。根据现场的施工条件，人文环境、地质状况等，制订专项技术方案，可以有效地控制工程风险，降低工程以及人员损失，设计阶段建立内外部相结合的审查制度，都可以很大程度地提升设计质量，减少设计缺陷，保证工程质量，避免不必要支出。根据项目建设的实际情况来调整建设资源与材料的投入，同时考虑项目特点及其实际情况，来合理拟定项目建设工期并以此规划资金，提升资金使用质量。同时，加强最佳现金持有量管理，做到在保证各项费用支出的前提下，现金持有量最小，减少成本占用。

6.2 政治风险

6.2.1 政治风险概述

输水管线工程的政治风险是指输水管线工程实施过程中因政府行为而产生的风险因素，根据其具体来源不同，政治风险可分为三类：一是政府在项目实施过程中的干预行为带来的风险；二是输水管线工程实施时政府各部门之间的协调规划所带来的风险；三是因为国家或政府政策发生改变所带来的风险。

在项目实施过程中，任何政府干预都会对项目产生一定影响。输水管线工程是由政府出资并主导的大型水利项目，因其项目作用的特殊性和重大性，政府在其建设过程中占据着重要话语权，从项目选址到拆除整个全生命周期过程中都离不开政府的决策。而政府部门的领导和决策人员一旦判断有误，作出错误决策，就很有可能对项目的顺利实施产生影响[1]。

政府不同部门的协调配合会对项目实施产生影响。例如，输水管线工程通常横跨多个地区，在项目实施过程中，必然就会牵涉不同地区政府部门的协调；输水管线工程实施过程中，必然会牵涉财政、环保、水利等多个部门，这些部门之间的协调也将会对项目的顺利实施产生重大影响。

政府政策的改变对项目实施也会产生影响。国家政策文件在输水管线工程实施过程中起着指导和约束作用，一旦政策文件发生改变，也会对工程的建设进度产生影响，其项目的实施也必然会随着改变，也就意味着相关政策发生变化必然会对项目实施产生一定程度的影响。

6.2.2 政治风险防控措施

（1）以有效的体制机制约束政府部门权力与行为。输水管线工程项目的规划、设计、实施应满足社会公众的需求，并在完成建设目标的同时保证建设的经济性。而政府部门中缺乏专业的设计、造价编审人员，从目前的实施情况看，建设单位在履行建设职能时，往往凭经验操作，同时也造成政府一方面需要代理人服务，另一方面又不愿真正放权的矛盾现象，并在项目建设过程中对项目的管理和方案指手画脚，导致项目实施困难。因此应提高专业人士在项目决策中的话语权，特别是在地质勘探、规划设计、编制预算等招投标前期过程要充分尊重专业意见，听取多方对项目的看法，择优选取，对项目设计规划有可能造成重大社会影响的方面进行社会参与的论证协调。引进专业的力量以避免政府占据主导地位造成的一言垄断，从而导致决策失误。

政府投资水利项目中，政府作为委托代理关系中的委托人，在项目实施中应担负起委托人的责任，发挥风险管理职能，采取积极有效的措施协调各方意见冲突，保障项目的顺利实施。针对政府投资水利项目，根据政府投资的组织管理模式，结合地方经济发展战略，以有效的机制体制扎紧权力的笼子，使政府的专制行为在可控范围内发挥作用。针对项目建设中发生的社会、工程、经济等问题，政府应该积极协调组织办理。地方政府应成立项目建设领导小组，设置有效的沟通协作机制，促进部门之间的良好交流和信息互通。

（2）以完备的法律法规提高政府部门公共执行力。政府部门的公共执行力需要依托完备的法律法规体系，水利基础设施建设作为政府主导的公益项目，同样需要完备的法规体系以减少律法更新引起的风险。目前国内尚未有针对水利项目风险特点专门而设的法律法规，而已有的工程领域法律在水利基础设施建设中的适用性不够，特别是对工程中出现概率最高的工程索赔的覆盖程度不够，导致出现部分律法以外的索赔情况在实际操作中无法可依。因此，需要在现行法律的基础上寻求突破，进一步细化不同类型的工程索赔处理、竞争市场的准入和管理等方面的实施规定，为相关部门的贯彻落实打好基础。

政府部门应该在参考国内外政府投资水利项目现行法律法规的基础上，结合地方经济发展战略，在顶层层面上对法律体系进行优化，理顺规章制度条例之间的相互联系，查漏补缺并完善有关规定，内容应涵盖各个被委托人的权责分担、竣工标准和移交后的维护管理、工程索赔的条件和标准、全过程造价咨询管理费用的标准和支付流程等方面。

（3）以细致的解读研判确保公共政策执行一致性。在政策研读方面，一是要研读国家关于水利工程的新政策以及国内外水利工程建设施工发展趋势，以此作为实施的政策基础；二是要在项目选址前做好调研，确保项目概预算编审各方面都符合当地政策；三是要精准把握各职能部门制定的条例内涵，对有关部门的政策条例存疑之处应及时咨询沟通，防止因对政策解读不准确造成的风险；四是项目主管部门应发挥职能作用，指导参建各方学习和理解政府投资与水利项目的相关政策，特别是对新颁布的政策条例要做好解读和宣讲工作，保证各方对政策理解的一致性，确保公共政策的正确执行，降低工程领域中因信息不对称造成的政策风险发生的概率，为项目风险防范提供充分的政策支持。

（4）做足准备以应对法律变更风险。法律变更是政府方行为，在项目谈判初期就要与政府部门就输水管线工程的法律条文进行确认，并在一定期限内保证其稳定性，另外为以防万一，项目公司也要在成立时就聘请项目管理领域资深的法律人员作为项目顾问，在项目的融资、设计等全过程中为项目公司提供法律咨询，确保公司自身的所有活动都在国家和当地所允许的法律法规范围内进行[2]。

6.3 社 会 风 险

社会风险是指影响输水管线工程正常运行，激发社会矛盾，扰乱社会治安秩序和社会稳定等对工程自身以及社会带来不良影响的一类风险。大多数跨地区输水管线工程往往调水距离长、耗资大、影响的流域范围广、流经的区域多，各区域情况不同，牵扯的利益相关群体大，人员复杂，在运行过程中必然会涉及各种社会问题。因此，必须重视社会风险，合理采取措施控制风险。

根据已有研究，这里将社会风险分为突发公共安全事件风险、恐怖袭击风险、移民安置风险以及其他风险。

6.3.1　突发公共安全事件风险

突发公共安全事件风险主要分为公共卫生安全和社会安全两类。公共卫生安全事件是由多方面因素引起输水管线的水污染事件，社会安全事件是指重大交通事件以及火灾事件等，由于火灾事件的风险对输水管线几乎没有影响，在这里忽略不计。

（1）公共卫生安全事件风险。公共卫生安全事件风险主要来源于以下五个方面[3]：

1）当发生交通事故时，车辆及人员易造成水污染事件。

2）输水管线工程线路长，涉及人员广，存在恶意投毒的可能。

3）引水工程流经地区多样，暴雨之后可能造成被污染的地表水进入渠道。

4）线路周围被污染的内排地下水渗透进渠道造成污染。

5）如果线路周围存在大气污染企业，可能造成大气沉降污染。

（2）社会安全事件风险。重大交通事故突发事件风险主要来源于以下四个方面：

1）司机的交通违章行为引发交通事故导致管线破坏，例如酒驾、超载等行为。

2）车辆自身因保养、检修不到位引起机械故障，造成交通事故。

3）恶劣天气条件下行车引发交通事故。

4）道路破损或标识不清、损毁对驾驶员产生影响引起交通事故。

6.3.2　恐怖袭击风险

跨地区输水管线工程距离长、建筑物多，任何一处发生故障都有可能造成供水中断或水量不可控等突发事件。恐怖袭击发生的概率虽小，但一旦发生，其危害大且情况不可控。恐怖袭击带来的风险主要如下[4]：

（1）利用黑客攻击、远程操控等网络技术手段，对长距离输水管线工程控制中心调度系统进行攻击、破坏，使得调水系统紊乱的恐怖袭击事件。

（2）长距离输水管线工程肩负着跨流域供水的使命，谨防部分国家或组织利用炸弹等杀伤力大的武器对沿线渠道、闸、泵站、桥梁等水工建筑物破坏的恐怖袭击事件。

（3）在渠道中输水管线源头大量投放化学毒剂、核污染物破坏水体的恐怖袭击事件，给周边沿岸居民生命安全带来严重影响。

6.3.3　移民安置风险

我国移民安置的问题始终是水利工程前期征地工作的重难点。我国国有土地房屋以及集体土地拆迁补偿标准中明确规定，各市、区城乡住建局负责征收征地补偿款，当征收的是国有土地房屋、集体房屋或者个人私有房屋时，政府会根据具体情况给予相应的补偿，补偿方案报告市、县人民政府，经批准后即可实施。而移民安置部分最大的问题就在于能否劝服民众搬迁，一方面民众对世代居住的故土有着深厚的感情从而不愿搬离，另一方面搬迁将意味着丢失原有的土地，在新的居住地既没有属于自己的土地也没有其他的营生渠道，如果不能做好移民搬迁后的生活安置，容易引发移民和政府之间的矛盾，从而造成社会风险，经过长期的积累，将会造成民众上访事件甚至成为社会的不稳定因素，有损政府的公信力。

输水管线工程建设征地及移民安置均属非自愿性移民，建设征地移民一般由政府发布征地公告并组织移民搬迁安置、进行生产安置。因此在一定程度上建设征地与移民属于政府行为，而政府行为往往带有一定的强制性。建设征地虽然是在对移民进行合理补偿、妥善安置的基础上进行的，但由于移民的非自愿性，决定了其产生的负面作用是不容忽视的[5]。

6.3.4　社会风险防控措施

输水管线工程应对来自事故灾难、社会安全等领域的突发事件的任务仍然十分艰巨，在突发事件发生时，应急决策部门需要考虑到维护国家安全和社会稳定，经济社会的平稳持续发展以及做到最大限度地减少人员伤亡和危害等多层面问题。

输水管线工程平时应做好相应的风险隐患防控工作（图 6.1），首先建立安全管理制度实行综合协调、统一领导、分级负责、分类管理的应急管理制度；其次做好通信与信息保障，对于突发事件风险进行实时监测；确保物资保障、经费保障和技术保障的同时对风险隐患定期进行普查；最后在各类应急保障工作到位后需要对此类风险隐患进行有效评估，在此基础上开展相应的应急处置工作。

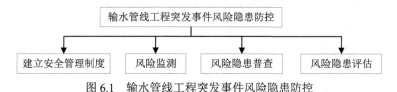

图 6.1　输水管线工程突发事件风险隐患防控

（1）突发公共安全事件风险防控措施。

1）水污染灾害突发事件处置措施。当收到水污染事件信息时，当地分公司管理单位应首先指派先遣人员赶赴现场开展早期处理工作。根据处置的位置不同可将先期处置分为陆上先期处置和水中先期处置。第一到达现场的负责人安排先期处置工作，合理分配各事件处置人员的责任、调用现场资源，以高效率开展工作。根据事件的具体情况，对事故发生的原因进行初步判断，了解事故有无进一步扩大的可能；开展人员、物资抢救，降低事件带来的损失；对发生的水污染程度进行动态监测，重要信息及时向应急指挥部报告，为制定处置措施等提供决策依据。

处置措施分为陆上处置、水中处置、水质水量调控、污染物分类处置四个部分。

①陆上处置。

- 封堵污染物、隔离污染区，严格把控总干渠，防止污染物流进造成更严重的污染。
- 对于小量泄漏事件，封堵污染物后，应及时用洁净的铲子收集污染物，并将其放于干净、洁净、有盖的容器中。
- 对于大量泄漏事件，封堵污染物后，应根据污染物的性质采取相关措施覆盖、收集运至废物处理场所处置。
- 根据事件现场情况，采取对应的陆上先期处置措施，以最大限度减少污染的影响。

②水中处置。

- 根据污染物的物理、化学性质，采用如打捞、沉积物清理等不同的处置方式。
- 对还未溢出容器的污染物，直接采用打捞的方式将其分离出来。
- 对于在水面漂浮的污染物，一般在水面制定物体漂浮式拦截装置（如围油栏等），将这些污染物收集在一处，然后进行集中处置。
- 对已经沉入水底的污染物，先利用专门的沉积物清理设备将其从水中分离出来，再行处置。
- 根据事件现场情况，结合长距离引水工程水污染应急处置决策支持系统中先期处置相关功能，采取相应处置措施，在最大限度上减少对水资源的污染。

③水质水量调控。

- 根据水利局应急响应机制，启动应急调度方案。防止污染范围进一步扩大，配合做好污染处置工作。
- 采取水质污染应对措施，根据处理情况，经专家会商上报，经主管单位批准后，采取相应的调度措施。

- 水质水量调控是根据污染物理化性质和处置技术的要求，通过人工调控的手段，增大或减小总干渠流量，可分为稀释自净调控和限制扩散调控两种方式。
- 对于可直接通过自身稀释和受污染小，或还需采取一些措施稀释后才能达到标准供水水质的，则利用稀释自身调控的方法解决相应问题。
- 对于需要使用组合式高效活性炭吸附装置的，或者最大程度上减小水污染物扩散的，选择减小扩散调控的应急处置或者集中处置方式，尽可能地减小甚至截断水流干道流量。
- 稀释自净调控或限制扩散调控均采用污染事发地上下游闸门联合调度来实现。

④污染物分类处置。长距离引水工程沿线污染物种类众多，为了更好地指导工程水污染应急处置，结合沿线潜在风险源情况，将水体污染物分类，针对每类污染物的只有特性，提出理论上可行的一种或几种应急处置技术，供现场应急处置技术人员参考。

2）火灾事故突发事件处置措施。现场火灾突发事件应急指挥中心，作出对突发事件的决策和指挥，明确参与事故救援人员的责任，合理调配资源，确保救援工作高效、有序开展，具体措施主要分为以下四点：

①根据事故的具体情况，对事故发生的原因进行初步判断，了解事故有无进一步扩大的可能。

②及时组织救援力量实施救援，迅速展开医疗救护，将尽最大可能挽救生命放在一切工作的中心，并及时求助附近医院或政府应急部门的救援力量。

③在应急救援过程中对火灾事故的发展态势及影响及时进行动态监测，收集、整理应急救援情况的信息，明确人员的伤亡情况及伤亡数目有无进一步增加的可能。重要信息及时向上级单位火灾事故应急指挥部报告，为制定抢险措施、扩大应急等提供决策依据。

④服从消防、医疗及其他专业应急救援部门的指挥，积极做好相关应急处置配合工作。

专业救援部门未到现场之前，事发单位火灾事故应急指挥部立即前往现场组织开展人员搜救、处置工作，并应注意如下事项：

- 救援工作开展时应首先确保救援人员安全，救援组成员应各有必需的安全技术装备，在确保安全的情况下才可开展工作。
- 进入现场施救前应了解现场情况、受困人员位置、已采取的措施，了解现场安全状况，应确保相关故障设备已被隔离，现场的电源、水源、气源已关闭，禁止在现场情况不明的情况下盲目进入事故现场。

- 根据受伤人员症状采取适当的急救措施，不盲目处理，及时将伤员送至附近医院，伤员转移时，需密切关注并及时报告伤情。

同时，做好与专业应急救援队伍的沟通协调等工作，有以下三点注意事项：

- 派专人负责联系事发地消防、医疗等专业应急救援部门，报告事故情况，指引通往事发地点的道路。
- 消防人员到场后，简明介绍火灾情况，并引导消防人员利用消防通道和消防设施、水源等进行扑救。
- 协助救援人员做好火灾现场的秩序维持工作，现场设置隔离带，防止无关人员进入避免出现二次伤害或干扰救援的情况。

机电、自动化专业人员应及时检查火灾对机电、自动化设备及线路造成的影响，尤其是对重点设备应认真检查，避免因处置不当造成的机组、变压器、线路、储油柜等重要设备、设施进一步损坏，并及时向一级运行管理单位相关部门报告受损情况。

3）重大交通事故突发事件处置措施。重大交通事故突发事件应急指挥中心，作出对突发事件的决策和指挥，明确事故救援参与人的相关责任，合理利用资源，确保高效率、有秩序地开展救援工作。

①根据事故的具体情况，对事故发生的原因进行初步判断，了解事故有无进一步扩大的可能。

②及时组织救援力量实施救援，迅速展开医疗救护，将尽最大可能挽救生命放在一切工作的中心，并及时求助附近医院或政府应急部门的救援力量。

③服从交管、医疗及其他专业应急救援部门的指挥，积极做好相关应急处置配合工作。

开展现场人员搜救工作，并应注意如下事项：

- 救援工作开展时应首先确保救援人员安全，救援人员应各有必要的救援技术装备，如消防、破拆器材等；必要时请求事发地交管、消防部门组织消防车辆、特种救援器材设备，如大型清障车、吊车等及时到达现场。
- 进入事故现场施救前应了解现场情况、受困人员位置、已采取的措施，禁止在现场情况不明的情况下盲目进入事故现场。
- 根据受伤人员症状采取适当的急救措施，及时将伤员送至附近医院，伤员转移时，需密切关注并及时报告伤情。

做好与专业应急救援队伍的沟通协调等工作：

- 派专人负责联系事发地交管、医疗等专业应急救援部门，报告事故情况，指引通往事发地点的道路。
- 协助救援人员做好交通事故救援现场的秩序维持工作，疏导通行车辆、人员，避免出现围观或其他干扰救援的情况。

（2）恐怖袭击突发事件处置措施。

1）当渠道、闸站、渡槽、箱涵、泵站、桥梁等设施遭受爆炸性恐怖袭击时，应立即启动相应的应急调度和项目安全事故应急预案，同时迅速组织应急抢险队伍，尽力避免设施渡口再次发生恶性事件。

2）渠道被大量排放、导入化学毒剂、放射性物质、致病致命微生物时，应立即启动相应的应急调度预案和水污染应急预案，同时要配合政府主管部门发布水污染通告，防止沿线群众误饮受污染水源。

3）自动化调度系统遭受恐怖袭击时，必须立即启动突发事件应急调度预案。同时，启用备用的调度系统，保证工程的正常调度运行，遭受破坏的自动化调度系统要及时组织力量修复。

4）突发群体性事件时，应采取以下措施：

①对异地聚集事件，应立即通知参与人员来源地的管理单位及时派有关负责人赶赴现场，开展疏导、化解和接返工作。

②对围堵、冲击办公楼，推打谩骂接待人员，阻碍交通，打横幅，写标语散发传单，进行煽动性演讲等违法违规行为，由内保人员对事发现场的办公楼进行封闭，防止参与人员冲入办公楼，现场处置人员应拍照留证，及时请求公安机关给予协助处理，公安机关到达现场后，协助公安机关做好处置工作。

③对携带凶器、爆炸物，以破坏公共财物或危害他人生命安全的打砸抢或自杀式暴力事件，首先动用内部保卫力量疏散围观人员，并稳定参与人员情绪，然后在确保自身生命安全的前提下采取必要的解决措施，并立即请求公安机关给予支持，公安机关到达现场后，协助公安机关做好处置工作。

（3）移民安置风险控制措施。

1）以拓宽沟通渠道为媒介扩大目标群体参与度。政府投资大多与百姓切身利益息息相关，在项目筹划设计阶段应尊重民意，充分考虑公共需求，拓宽征求意见渠道，对项目设计规划有可能造成重大社会影响的方面进行社会参与的论证协调及社会稳定风险评估，将专家评议机制引入项目决策过程，使之形成决策的一个核心环节，项目的可行性研究、预期目标作为重点评议对象，评议结果作为政府民生项目投资决策的重要参考依据之一。同时根据阳光政务的公开要求，主动将拟建项目的消息通过传统媒介和新媒体向社会公开征集意见，获取多方意见。

规划方案确定后，要切实将方案论证落实到位，组织各级政府有关部门及资深的水利行业高级工程师进行方案会审，不能拘泥于形式，避免由于地方政府的"一言堂"而为工程建设埋下隐患。同时，规划好移民搬迁的生活安置，对于搬迁后失去土地的移民可以通过组织其到附近的工业园进行转移就业，将其纳入大中型水库后期扶持范围内进行扶持补贴，保障其基本生活，解决移民的后顾之忧，多渠道加强对公共政策执行全过程的监管，防止阻碍和压迫民意表达的行为出现。

2）以实现利益相关者的合理诉求防控公共干预。公共干预风险是社会公众在信息不对称的前提下出于保护自身利益的目的，对政府决策采取干预行为的风险，这些风险的出现多是由政府部门和社会公众之间信息交流障碍引起的，这就要求政府部门要以深入浅出的方式将所制定的政策向社会公众进行传达，同时在涉及群众利益的征拆过程中要将征收面积、补偿标准、安置方式、后期扶持等信息主动公开，消除误解、打消顾虑，争取民众的理解与支持。设立政府项目投资听证环节，让因征拆利益受损的公众能够参与到项目协商中，可采取公众对项目的实施进行投票表决的方式充分了解相关群体对项目实施的态度及诉求，有效防止后续在项目建设过程中发生意见相左或纠纷，政府也可以将公决的结果作为重要的参考指数。

3）积极听取被征地农民的利益诉求。落实安置区被征地农民生产安置方案，积极听取被征地农民的利益诉求，识别合理诉求与不合理诉求，对合理诉求给予满足，对不合理诉求向被征地农民进行政策和法律解释。保证按时、按量和准确无误地兑付被征地农民生产过渡费和临时搬迁补助费。尽快落实被征地农民的生产安置方案，方案的制订应符合被征地农民的实际情况和实际需求，争取做到通过科学合理的生产安置方案来动员被征地农民主动搬迁和退出土地。

6.4　本章小结

跨地区输水管线工程往往调水距离长、耗资大、影响的流域范围广、流经的区域多，各区域情况又有所不同，在运行过程中必然会涉及各种经济问题、政治问题及社会问题。本章在综合前几章的基础上，总结概括了输水管线工程的其他风险，包括经济风险、政治风险及社会风险并提出了相应风险的防控措施。

参 考 文 献

[1] 许雷. 政府投资水利工程项目风险管理研究[D]. 南宁：广西大学，2021.

[2] 陈佳宁. 项目公司视角的 PPP 生态水利工程风险管理研究[D]. 郑州：华北水利水电大学，2017.

[3] 姜绿圃. 基于后悔理论及犹豫模糊集的长距离引水工程突发事件风险应急响应决策研究[D]. 郑州：华北水利水电大学，2020.

[4] 丁振宇. 基于多源信息融合的长距离引水工程运行风险指标优选及评价研究[D]. 郑州：华北水利水电大学，2020.

[5] 王若溪. TY 水库补水工程社会稳定风险分析研究[D]. 天津：天津工业大学，2020.

第7章 输水管线工程风险因素识别与指标体系构建

7.1 输水管线工程风险因素识别

7.1.1 输水管线工程设计阶段风险因素识别

（1）输水管线工程设计规划方式及设计规划原则。由于输水管线一般在地下施工，所以对工程进行选址勘探十分重要，特别是勘察阶段得出的数据是否准确将会影响工程施工时的安全、进度、成本等。输水管线工程的建设距离一般较长，所以管线很有可能在地下经过多个不同的地质环境，因此设计输水管线时需要考虑不同的环境情况。若是在设计规划阶段没有考虑不同地质情况的影响，工程施工时就有可能出现偏差，从而增大时间成本和资金成本。

输水管线的设计规划具有未来性、整体性和长期性的特点，其施工的特殊性，导致若管线未来出现问题，将会带来较大的麻烦。因此在规划设计时应该充分考虑经过地区的实际情况，注意协调已经施工完毕的其他地下管线[1-2]，还需考虑地区的人口分布及居住情况、经济情况甚至是社会治安情况，要防患于未然。输水管线工程的规划设计是一项系统的工程，应该结合地区的近期发展和远期发展的规划，适度超前并合理建设，以促进地区经济发展，提高居民工作和生活水平。

输水管线的设计规划应当遵循以下的几个原则：

1）因地制宜规划设计。输水管线工程的建设对地区基础建设起着至关重要的作用，它的建设背后有巨大的投资，涉及众多的系统部门，而且从开始施工起，就具有不可逆的特点。若未经过充分规划设计和理论实践验证而进行盲目施工，不仅会造成重大的经济损失，而且会造成地下空间资源的浪费，已经建设好的管道若进行改道还会对附近的交通、环境带来不便，影响该地区日后的开发和发展，因此必须在工程还未进行的勘察阶段就进行充分严谨的理论技术分析，利用这些分析得到的资料和数据进行规划，避免盲目、无效建设。

2）远近结合、统一规划、统筹建设。输水管线的规划是地下空间利用的重要组成，要考虑地区发展的近期规划和远期规划，寻找这两类规划的结合点。同时，输水管线的规划也应该和输水管线的技术要求、使用要求相契合，要使得规划的输水管线能够充分发挥其功能。

3）地下、地上空间相对应。虽然输水管线在地下施工，但是也要注意地下与地上空间的对应和结合。要做到上下部分空间的整体利用，下部结构对于上部结构而言具有从属性的特点，而上部结构对下部结构而言又具有制约性的特点，因此在设计规划阶段需要对两者的关系进行辨析，将两部分尽可能作为一个整体来发挥作用。

（2）输水管线工程设计风险。输水管线工程的规划设计工作主要包括建设前期收集有关环境、经济、地质等方面的资料，对地区现状和施工环境进行分析，对工程所在地区的短期、长期规划进行调查，对输水管线的技术方案进行研究，对分期建设规划的投资进行预计和估算，对后期的施工组织设计和管理方式方法进行确定。输水管线设计的合理性直接关系到后期施工的进度、成本和实际操作。因此，在建设项目的设计阶段，需要考虑主要的风险因素，包括设计规范风险、规划合理性风险、组织管理风险、设计责任风险、技术方案风险、设计经验风险、设计变更风险以及合同风险。这些风险因素需要得到降低和控制，以确保设计的质量和效果，减少施工阶段可能出现的问题。

1）设计规范风险。在规划和设计输水管线工程时，必须符合国家的相关法律法规以及当地的指导规范。设计阶段中，需要注意设计规范方面的风险，包括以下几点：

设计过程是否符合输水管线建设规范？是否按照法定程序进行设计？设计单位是否具备相应的输水管线项目设计资质？设计单位是否存在违法转包行为？输水管线设计指导规范的细则内容是否完善？输水管线的设计取值是否符合统一标准？所有这些因素都会对项目的整体设计安全性和可操作性产生影响。因此，在设计阶段应仔细考虑和解决这些风险，确保管线工程的安全可靠性。

2）规划合理性风险。输水管线工程规划合理性风险在于选址对施工、质量和运营安全的影响。综合地下空间规划、工程管线和道路规划等方面进行一体化设计是理想的规划建设方法，避免资源浪费。在设计规划输水管线时首先需要考虑地质环境，由于输水管线在地下施工，施工的进度和安全都与地质环境息息相关，若出现某些不利的地质条件，则需要进行新的规划。同时，需确保选址符合社会和民众需求，满足输水管线的使用年限以及长期经济效益。由于地下空间资源不可再生，不合理的选址规划或短暂的设计使用年限将导致投资亏损和资源浪费。

3）组织管理风险。输水管线在设计阶段需要考察非常多的因素，在组织管理方面有可能出现问题。因此为了避免出现细节上的遗漏，设计单位的各个部门之间应该明确分工，考虑各组织结构之间的关系，采用矩阵式管理，在设计过程中要考虑各方的要求，并严格按照建设程序划分设计阶段。设计单位需要仔细审查和综合分析建设单位提供的项目资料和相关数据，确保设计方案的准确性。同时，对设计质量进行严格控制，并组织专家评审重要设计方案，对重要的设计资料进行统一管理，防止设计单位由于管理问题的疏忽而导致效率低下以及细节掌控不到位，进而影响项目进展。

4）设计责任风险。根据国务院有关建设项目的意见，有关工程设计责任主体的划分应明确，并实行设计人员终身责任制。在责任主体划分方面，建设单位对工程勘察和设计的质量安全管理负有首要责任，而设计单位则承担主体责任。设计责任风险指的是由于项目建设单位、勘察单位和设计单位在各自责任方面存在问题，导致设计上的错误。在涉及项目设计问题的情况下，如果建设单位向设计单位提供的资料信息不准确或不完整，导致项目设计出现问题并延误后期项目进度的，建设单位应承担主要的风险责任。而对于勘察单位未做到位的勘察工作、设计单位资料分析不透彻、设计资质不符合要求或设计人员专业问题等导致的设计失误，以及对项目实施和工程质量产生的影响，勘察设计单位应承担主要的风险责任。

5）技术方案风险。施工组织设计在输水管线工程设计中扮演着重要角色，对后期项目实施起到指导作用。在施工组织设计中，涉及技术方案的选择，包括施工方法、施工工艺和技术性方案等的决策。设计单位在进行方案设计时需要综合考虑地质条件的特殊性、技术方案的可行性、经济合理性、施工效率和安全等问题，这些因素都会对后期技术方案的实施产生影响。此外，由于输水管线工程规模较大，建设指导体系尚不完善，因此在建设过程中可能会遇到一些工程技术难题。这些难题需要在施工组织设计中得到充分考虑和解决。

6）设计经验风险。设计单位在承担输水管线工程项目的设计时，有几个关键因素需要考虑。首先，设计单位必须具备符合相关规范要求的设计资质等级。这确保了设计单位在进行输水管线工程设计时具备必要的技术能力和专业知识。其次，设计单位是否具备设计经验也有重要影响：丰富的设计经验可以帮助设计单位更好地理解和应对输水管线工程的特殊需求和挑战。这种经验可以来自己完成的类似项目，以及设计团队成员的专业背景和工作经历。设计经验风险主要表现在现有输水管线工程设计受到输水管线发展水平的限制。需及时更新和适应最新的技术发展和行业标准的设计单位，其设计方案可能无法充分利用最新的工程技术和创新解决方案。

7）设计变更风险。建设项目的设计变更涉及人员、设备、材料、方法和计划等方面的变化，可能引发设计变更风险的出现。设计变更风险的原因包括工艺流程的改变、主体工程的增减以及其他相关问题。这些变化使得原有设计方案不再适用于后期工程实施，因此需要进行工程方案和内容的设计调整，这可能会影响工程的进展并增加建设成本。同时，在设计过程中，可能会出现新的危险源和风险因素。为了确保设计质量，这些因素也需要纳入项目设计中进行考虑。这可能导致设计方案的变更，进而导致项目进度与预期计划之间的偏离。为了应对这些风险，必须及时进行评估和调整，确保变更后的设计方案仍能满足工程要求，减少对项目进展和成本的不利影响。

8）合同风险。输水管线工程设计阶段涉及建设单位、勘察单位和设计单位等参与方，他们之间需要签订技术服务合同，因此存在合同签订和履行风险。

在项目规划初期，建设单位与勘察、设计单位需协商确定具体的服务事项和范围，并达成一致。在提供勘察、设计服务时，双方是否制订了合理且公正的服务合同，明确了服务内容、范围，并规定了相关责任条款，都是需要考虑的因素。

在合同生效期间，签约双方是否严格履行合同，以及如何保护另一方受损的权益，都需要确定。合同中存在不公平条款或合同管理不到位，可能导致各方在合同签订过程中权益受损，扰乱项目建设计划，并增加设计成本。

因此，确保合同签订过程公正、合同内容合理，并监督合同的严格履行，对于减少合同风险、维护各方权益以及确保项目顺利进行至关重要。

基于前述对输水管线工程设计阶段的风险分析结果，对输水管线工程设计阶段风险清单进行汇总，见表 7.1。

表 7.1　输水管线工程设计阶段风险清单汇总

风险因素	后果分析	风险承担主体
设计规范风险	项目设计不符合规范要求，设计单位资质等级达不到项目要求，或存在违法分包行为，影响设计的安全性	设计单位
规划合理性风险	项目规划不合理影响工程施工、工程质量及后期运营安全，造成地下空间资源的浪费	建设单位 勘察单位
组织管理风险	设计单位组织管理工作不到位，导致设计管理混乱、工作效率低下，同时影响整个项目的进展，造成工期延误	设计单位
设计责任风险	因建设单位提供资料信息的全面性、准确性问题或勘察、设计单位自身的专业能力问题、职责疏忽等，存在质量问题	建设单位 勘察单位 设计单位
技术方案风险	施工技术方案的选择与工程实际情况不符，影响方案实施，潜在的工程技术难题阻碍项目进展	设计单位

续表

风险因素	后果分析	风险承担主体
设计经验风险	受限于输水管线工程的发展水平或设计人员工作经验及个人能力，导致新的输水管线工程在设计经验参考方面的局限性，造成设计错误，影响工程质量和系统安全	设计单位
设计变更风险	因主管或客观因素变化引起的设计内容的变更，造成经济成本增加以及项目进度的延误	政府主管部门 设计单位 施工单位
合同风险	合同中对于服务内容、范围未进行明确规定，合同条款存在不合理、不公平，或未按约定履行合同责任，导致权益受损，扰乱项目建设计划，导致成本增加	建设单位 勘察单位 设计单位

（3）输水管线工程线路设计风险指标初步识别。输水管线工程线路设计方案受到多种因素的影响，包括但不限于参数、方法、措施、设计单位、设计人员等，因此，我们可以将这些因素归纳为两大类：组织管理风险和质量技术风险[3]。

组织管理风险涉及项目决策、投资、进度控制、物资采购与供应、政策法规以及社会性事件等多个方面的风险。这些风险的产生原因通常与组织、管理和相关方之间的协调、沟通等因素密切相关。在设计单位的组织管理中，可以主要从设计人员、设计单位、劳动卫生和作业文件等四个方面来考虑相关的风险。

质量技术风险是指技术标准使用、设计等方面出现偏差以及设施本体失效引起的风险，根据输水管线工程相关设计规范，主要从线路勘察、线路选择、管道敷设、线路构筑物四个方面考虑。线路设计综合风险层次结构图如图 7.1 所示。

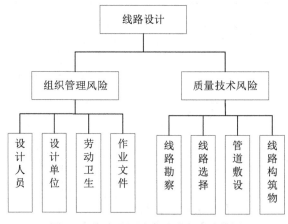

图 7.1　线路设计综合风险层次结构图

输水管线工程设计阶段，按照整个设计过程可分为项目研究、可行性研究、初步设计、施工图设计几个方面，而线路设计则贯穿这几个设计过程。线路设计内容则包括从最初的资料收集、数据采集、工程测绘，到线路选择、管道敷设方式、线路构筑物设计等方面的工作。在进行风险辨识工作之前，需要对线路设计的工作流程和工作内容进行分析，同时了解在线路设计过程中需要依据的标准规范、法律法规。线路设计流程图如图 7.2 所示。

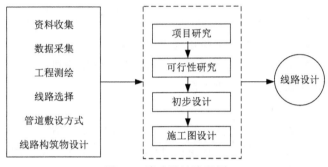

图 7.2   线路设计流程图

1) 组织管理风险因素识别。组织管理风险是指设计单位在组织和管理上可能存在的风险因素，它不仅为设计准备资料，也参与设计方案的确定。组织管理的好坏直接影响设计方案的安全性、经济性和可行性，因此必须遵循现行有关规定和技术规定，严格控制好设计公司在组织管理上的可能存在的风险。根据相关设计规范和设计公司普遍的管理规程，对线路设计主要从设计人员、设计单位、劳动卫生、作业文件四个方面进行风险因素辨识，建立输水管线工程线路设计组织管理风险因素表，见表 7.2。

表 7.2   输水管线工程线路设计组织管理风险因素表

目标	一级风险指标	二级风险指标
组织管理风险因素识别	设计人员方面	设计人员设计资质不够
		设计人员缺乏责任心
		设计人员相关经验不足
	设计单位方面	设计单位资质不够
		质量内控保障措施不完整
		质量内控保障措施更新不及时
	劳动卫生方面	缺乏劳动保护措施
		缺乏职业健康检查

目标	一级风险指标	二级风险指标
组织管理风险因素识别	劳动卫生方面	环境卫生防疫不合格
	作业文件方面	装备配置不合理
		装备配置更新、保养不及时
		作业文件不完整
		作业文件设计流程不合理

2）质量技术风险因素识别。质量技术风险是评估输水管线工程设计方案在质量和技术方面存在的风险，依据相关设计规范和实际情况进行评价。设计方案的质量和技术水平直接关系到新建管道的施工和运营，因此选择低风险、低成本的线路设计方案是至关重要的。在选择线路设计方案时，需要根据现行规范中的设计要求，从线路勘察、线路选择、管道敷设和线路构筑物等方面进行风险因素的辨识，这意味着对设计内容和要求进行细致的分析。输水管线工程线路设计质量技术风险因素表见表 7.3。

表 7.3　输水管线工程线路设计质量技术风险因素表

目标	一级风险指标	二级风险指标
质量技术风险因素识别	线路勘察设计方面	测绘范围不全面
		测绘准确性差
		数据采集不完整
		数据来源不可靠
		作业指导书不完善
		操作规程不完善
		选用设备不合理
		设备配置更新维修不及时
		现场勘察程序出错
	线路选择设计方面	未避开重要农田或经济作物区域
		未避开重要军事设施、国家保护区等
		线路通过铁路、公路、客运站等
		局部走向与压气站位置不符
		通过海滩、沙漠等地段时未设计稳管措施
		通过冲沟、滑坡等地段时未设计相应工程措施
		未避开不良工程地质地段

续表

目标	一级风险指标	二级风险指标
质量技术风险因素识别	管道敷设设计方面	覆土层不足以克服管子浮力
		未设计稳管措施
		覆土层厚度不满足要求
		外荷载过大
		外部作业危及管道
		未设计保护措施
		土堤高度设计不当
		土堤宽度设计不当
		土堤中覆土层厚度不足
		土堤边坡坡度设计不当
		斜坡上土堤未进行稳定性计算
		边坡坡度设计出错
		管沟宽度设计出错
	线路构筑物设计方面	边坡或土体不稳定
		挡土墙设计在不稳定地层上
		挡土墙泄水孔设计有误
		挡土墙填土填料选择不当
		挡土墙土压力计算错误
		未进行挡土墙设计
		未设计护岸措施
		护岸措施对管段及其支撑造成冲击
		护岸宽度设计不合理
		护岸顶未高出设计洪水位 0.5m
		护岸工程选用材料不当
		管道通过较大陡坡地段
		管道受温度变化的影响较大
		锚固墩基础底部埋深不足
		锚固墩周边回填土未分层夯实
		管道与锚固墩接触面绝缘度不足
		未进行管道锚固墩设计

对输水管线工程线路设计各阶段的划分，把线路设计的综合风险分为组织管

理风险和质量技术风险两大类，其中，组织管理风险初步识别了 13 个风险因素，质量技术风险初步识别了 46 个风险因素。

7.1.2　输水管线工程施工阶段风险因素识别

风险指标体系构建合理与否直接影响到后续安全风险分析的可靠性，因此，需要对输水管线施工阶段的各个风险因素进行全面完整的分析和筛选。这时采用文献分析法识别收集施工阶段中的风险因素，并通过专家访谈和问卷调查的方式对风险进行筛选，最终得到输水管线施工阶段的风险指标体系。

由于输水管线工程施工规模较大、输水距离一般较长而且建设条件比较复杂，在进行施工的过程当中肯定会有各种风险，且各种因素之间的相互作用机制非常复杂[4]。

采用文献调查法对风险因素进行筛选，以管线、施工、风险等作为主题词检索文献，文献来源限定为中文核心以上期刊，对搜集的有效文献资料进行梳理，并借鉴相关规定得到初步风险清单，见表 7.4。

表 7.4　输水管线施工阶段初步风险清单

因素类别	风险因素指标
环境方面	极端气候
	地震、洪涝等自然灾害
	复杂地质
	地面局部沉降或塌陷
	漏电环境
	施工现场环境
	地下水位上升
人员方面	作业人员资质水平
	作业人员技术水平
	作业人员安全意识
	作业人员应急管理能力
	作业人员健康状况
	作业人员违规操作
管理方面	组织机构完善程度
	违章制度落实程度
	危险源的识别与控制

续表

因素类别	风险因素指标
管理方面	管理人员应急管理能力
	施工安全技术交底
	安全监督与隐患排查
	安全培训与教育
	安全防护用品发放和使用
	事故预防措施
材料与设备方面	管材质量差
	机械设备故障
	机械设备的布置
	管道变形
	管道接口渗漏
	管道轴线偏差过大
	安全检查测试工具管理
	材料供应率
技术方面	基坑支护形式合理性
	施工工法适用性情况
	接口防腐处理不当
	管道拼接操作失误
	管沟开挖方式

7.1.3 输水管线工程运维阶段风险因素识别

输水管线工程建设条件复杂，在运行过程中存在各种不确定因素，会对管线正常运营带来各种风险。为避免其在运行中的潜在风险，必须对长距离输水管线运维风险进行全面的评估，首先需要建立完善的输水管线运维阶段风险指标体系。在文献收集、风险调查、信息分析的基础上，采用德尔菲法和故障树分析法根据输水管线工程构成进行因果分析，对整理出的风险因素进行修正，完成输水管线工程运维阶段的风险初步识别[5]。

长距离输水管线工程风险评价指标体系的合理确定是综合风险评价的重要基础，从运维过程中涉及的各风险要素出发，通过对已有文献资料的调查、整理和分析，结合有关法律、法规，对影响输水管线运维阶段风险指标进行归纳汇总，分为人为风险、安全管理风险、主体结构风险、环境风险四大方面。本着"灵敏性、独立性、协调性"的原则，对这四大方面相关风险因素进行初步筛选，剔除那些对评价目标明显不敏感或不产生影响的指标，最终选取 32 个具体指标，统计见表 7.5。其中，人为风险 7 项，安全管理风险 8 项，主体结构风险 8 项，环境风险 9 项。

表 7.5　输水管线运维阶段初步风险清单

因素类别	风险因素指标
人为风险	人员操作不当
	人员安全意识薄弱
	人员技能水平参差不齐
	人员资质级别
	人员素质低下
	人员处理突发风险能力低
	安全监控不到位
安全管理风险	管理责任分工不明确
	安全文化建设不到位
	管理标准不规范
	管线资料不全面
	设备日常维护与保养不到位
	管理制度落实不到位
	应急管理方案不合理
	安全防护措施不到位
主体结构风险	管道设计施工不符合运维要求
	管道不均匀沉降
	防腐等措施不到位
	管材选择不合理
	管线接口形式
	未按要求定期检测管道
	内压变化过大
	管道排气不畅
环境风险	政府支持度
	绿色环保风险

续表

因素类别	风险因素指标
环境风险	市场需求变化
	通货膨胀风险
	第三方施工影响
	相关政策影响
	自然灾害
	极端气候
	管道外部荷载过大

人为风险是指在输水管线工程运维过程中，由于个人主观因素而引发安全事件发生的风险种类。主要包括人员操作不当、人员安全意识薄弱、人员技能水平参差不齐、人员资质级别、人员素质低下、人员处理突发风险能力低、安全监控不到位。

安全管理风险是指输水管线工程在运维过程中由于安全管理制度不完善或管理方法不妥当而引发安全事件发生的风险种类。主要包括管理责任分工不明确、安全文化建设不到位、管理标准不规范、管线资料不全面、设备日常维护与保养不到位、管理制度落实不到位、应急管理方案不合理、安全防护措施不到位。

主体结构风险是指管线工程自身原因导致安全事件发生的风险种类。如管道接口质量差、管材尺寸选取不当、管道基础差、覆土深度不足以及管线偏移、滑落等。主要包括管道设计施工不符合运维要求、管道不均匀沉降、防腐等措施不到位、管材选择不合理、管线接口形式、未按要求定期检测管道、内压变化过大、管道排气不畅。

环境风险包含市场风险以及周围环境风险两大类。在输水管线工程运维过程中，市场风险是指由于工程竞争市场的变化，政府相关政策的改变，具体包括政府支持度、绿色环保风险、市场需求变化、通货膨胀风险等；周围环境风险有外力作用以及自然环境影响，具体包括第三方施工影响、相关政策影响、自然灾害、极端气候、管道外部荷载过大。

7.2 输水管线工程风险指标体系构建

输水管线是现代城市基础设施的重要组成部分，其负责将城市的水资源输送到各个用水单位，如居民家庭、工业企业等，对城市的供水、供气、供热等生产和生活方面至关重要。然而，在输水管线的传输过程中，存在着各种安全风险，如管线老化、渗漏、爆破等，会对城市产生严重的经济损失和公共安全问题，所以输水管线的安全风险一直是城市管理者和水务部门所关注的焦点问题。建立一个科学合理的输水管线工程风险指标体系，可以帮助水务部门及时发现管线的安全隐患，提高管线的安全可靠性，保证城市人民的安全和经济繁荣。下文将从构建流程、指标体系构建原则、指标选取三个方面，探讨如何建立一个科学可行的输水管线工程风险指标体系。

7.2.1 风险指标体系构建流程及原则

（1）风险指标体系构建流程。评估流程是指按照评估指标和评估标准进行输水管线工程风险评估的具体步骤，例如：确定评估目标和评估对象、分析识别风险因素、确定评估指标、确立评估标准、进行指标优选等，如图7.3所示。

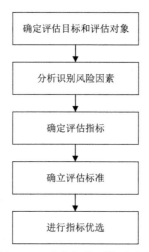

图 7.3　风险指标体系构建流程

建立评估流程时应充分考虑实际情况和相关标准，确保评估流程的实用性和可操作性[6]。评估过程中应遵守以下流程：

1）确定评估目标和评估对象。在建立输水管线工程风险指标体系之前，首先需要明确评估目标和评估对象。评估目标是指为了什么目的建立该体系，例如：对输水管线进行定期检查、保养和维修，以确保输水管线的安全运行，或者对输水管线工程全寿命周期各阶段进行风险量化评估；评估对象则是指需要评估的具体内容，例如：输水管线的部位、输水构筑物、所处阶段等。

2）分析识别风险因素。在构建输水管线工程风险指标体系时，需要充分考虑安全风险因素。安全风险因素包括但不限于自然灾害、施工缺陷、管材老化、外部破坏等，本书第 3~6 章已对输水管线工程的各类风险因素进行了充分的分析。构建指标体系时应对这些风险因素进行分析，制定相应的风险控制措施。

3）确定评估指标。评估指标是指用于评估输水管线工程风险的具体指标，例如：输水管线的腐蚀程度、管道的泄漏情况、管道维修次数、管道事故发生率等。选取评估指标时应充分考虑实际情况和相关标准，确保评估结果客观、准确、可靠。

4）确立评估标准。评估标准是指用于评估输水管线工程风险的具体标准，例如：对于输水管线腐蚀程度的评估标准，可以采用与地下空间、地下管线等相关的国家相关标准、行业标准或专业标准，以确立各指标的合理值范围。确立评估标准时应充分考虑实际情况和相关标准，确保评估结果客观、准确、可靠。

5）进行指标优选。依据历史案例的相关数据及资料，并根据专家及调研数据对构建好的指标体系进行指标优选，确保指标体系合理，并以此进行评估指标的测量和分析，为案例的总体风险评估提供基础。

（2）风险指标体系构建原则。构建一个科学合理的输水管线工程风险指标体系需要遵循以下原则：

1）科学性原则。科学性原则是构建输水管线工程风险指标体系的首要原则。具体来说，应当根据输水管线的实际情况和管理需要，科学选取评估指标，建立合理的风险评估方法和体系，确保其科学可靠，具有可操作性。要构建科学的输水管线工程风险指标体系，需要对输水管线所涉及的因素进行全面的分析和评估，如输水管线的年限、管道材料、管径厚度、地质条件、周边环境等因素，以及与其相关的管理措施、监测手段、应急预案等。只有在全面科学评估后，建立的指标体系才能真正反映出领域内的安全风险，达到预防事故的目的。建立一个科学合理的输水管线工程风险指标体系需考虑以下几个方面[7]：

①管线材质：管线材质的选择会影响管线的安全性能，因此需要考虑到管线的材质和材料强度等指标。

②管线运行时间：管线运行时间的长短也是影响管线安全风险的重要因素，因此需要考虑到管线的运行时间以及管线老化程度等指标。

③地质环境：地质环境的不同会影响管线的安全性能，因此需要考虑到管线所处地质环境的情况，如地形、地质构造、地下水位等指标。

④周边环境：管线周边环境的差异也会影响管线的安全性能，因此需要考虑到周边环境的情况，如建筑物、道路、交通等指标。

⑤设备状况：管线设备的状况会直接影响管线的安全性能，因此需要考虑到

设备的状况，如管道、阀门、泵站等指标。

⑥管理措施：管理措施也是影响管线安全风险的重要因素，因此需要考虑到管理措施的完备性和有效性，如安全检查、维护保养等指标。

⑦事故历史：管线的事故历史也是评估管线安全风险的一个重要指标，因此需要考虑到管线的事故历史和处理情况等指标。

2）可操作性原则。除了科学性原则，构建输水管线工程风险指标体系的第二个重要原则是可操作性原则。应当在科学性的基础上，建立简洁明了的指标体系，方便实践中的操作和应用。在建立指标体系时，应当保证指标的数量和种类，不仅不会过于繁琐复杂，而且要考虑到该体系在实践中的应用效果，方便人员使用和管理，并利于对管线的监控和评估。管线安全风险是一个动态的变化过程，指标需要全面、及时反馈管道运行情况，这也是保证指标可操作性的必要条件。在选取指标的时候，需要考虑到指标的可操作性，即指标的度量方法是否可行、可操作。具体来说，需要考虑到以下几个方面：

①指标的可测性：指标的度量方法是否可行、可操作。比如，对于管线材质这个指标，可以使用材料力学性质参数来衡量。

②指标的敏感性：指标是否能够敏感地反映管线的安全状况。比如，管线老化程度这个指标能否准确地反映管线的安全风险。

③指标的准确性：指标是否能够准确地反映管线的安全风险。比如，对于周边环境的影响，需要考虑到周边环境的复杂性，避免指标过于简单粗略，影响评估结果的准确性。

3）可靠性原则。可靠性原则是指构建输水管线工程风险指标体系的第三个基本原则。评估指标不仅要科学可行，而且应当具有可靠性，以确保评估结果的真实性和有效性。要确保指标体系的可靠性，需要从指标来源、指标设计、指标计算等方面做出保证。评估指标应从可靠的数据来源获取，应当考虑到指标的时效性和可靠性；设计指标的方法也应当经过实践验证，保证其能够准确反映隐患的存在；在指标计算方面，应当注意指标与外部环境变化的关系，确保指标对输水管线的风险评估具有准确性和可靠性。

4）适应性原则。输水管线作为一种公共设施，其运行环境和条件会不断进行更改和更新。在建立管线风险指标体系时，还需要考虑该体系的适应性原则，确保其能够适应不断变化的管线管理环境。管线风险指标体系的建立，还应当结合管线的管理需求进行定制，以便更好地适应各种管理的需求。同时，随着时间的推移，理解安全指标的定义和评估方法也会随之变化，指标体系也应及时进行调整和更新，确保其持续有效。在选取指标的时候，需要考虑到指标的完整性，即指标是否能够全面反映管线的安全风险状况。具体来说，需要考虑到以下几个方面：

①指标的全面性：指标是否能够全面反映管线的安全风险状况，包括管线材质、管线运行时间、地质环境、周边环境、设备状况、管理措施、事故历史等方面。

②指标的综合性：指标是否能够综合反映管线的安全风险状况，需要考虑到各指标之间的关系和权重。

5）实用性原则。风险指标评估体系不仅需要具有科学性，还需要具备实用性，只有这样才能更好地应对复杂多样的实际情况，并达到准确评估管线风险的目的，所以需从实用性的角度来探讨指标评估体系的建设原则。一方面，针对不同的风险情况，应选择不同的评估指标。例如，在评估管线被破坏的风险时，应该选择与管道防护相关的评估指标。另一方面，评估指标需要具有可比性和可重复性。只有这样才能实现对同一管线的多次评估和不同管线之间的风险比较。

6）有效性原则。风险指标评估体系的最终目的是保障抗毁安全，有效防范管线安全事故的发生，因此，评估指标体系的建设必须遵守以下的有效性原则。首先，评估结果的可信度和精度：评估结果的可信度和精度是评估指标所追求的最终目的。评估指标应准确反映管线安全风险水平，并提供可靠的决策支持。其次，评估结果的科学性与先进性：评估结果必须是基于科学的理论和前沿的技术进行评估的。评估方法必须具有一定的先进性，及时适应新的风险评估技术和科学方法的发展。最后，评估过程的透明性和可控性：评估指标评估过程必须具有透明性和可控性，以便实现公正、科学和合理的评估结果，并确保评估过程的公开和透明。指标是否能够有效地反映管线的安全风险状况，需要考虑到指标与实际管线安全状况的相关性。

（3）需考虑的其他方面。在构建输水管线工程风险指标体系时，还需要考虑以下几个方面：

1）关注输水管线的寿命期。输水管线属于长期使用的公共基础设施设备，随着使用年限的增加，其损坏和老化的风险也会随之增加。因此，在建立指标体系时，需要特别关注输水管线的寿命期，对其进行特别关注和管理，以确保其始终处于稳定的状态，并有效降低因管道损坏产生的安全风险。

2）重视输水管线的维护工作。输水管线的维护工作是保障其安全性的重要手段之一。完善的维护工作能够有效避免由于管道损坏等原因产生的安全事故，确保管道的持续稳定运行。因此，在建立指标体系时，应重视管道维护工作，并将其纳入指标体系的考核范畴。

3）关注输水管线的场址选用。输水管线的场址选用也是影响其安全性的重要因素之一。在建立指标体系时，应当重视输水管线的场址选择，并根据复杂环境和自然灾害等因素进行分类管理。比如在丘陵、山地等地区布置输水管线时，需要选用具备抗震、耐候、耐大风、耐长期暴晒淋雨等性能的管道材料。

4）加强管道安全监测。管道安全监测是保障输水管道安全性的重要手段，通过对管道的远程监测等方式，可以及时发现管道故障并采取相应措施。因此，管道安全监测也应作为指标体系的重要考核内容之一。

5）加强技术和管理人员培训。构建输水管线工程风险指标体系需要有一定的管理和技术知识的支持。因此，需要加强相关技术和管理人员的培训，提高他们对指标体系的了解和应用能力，为实现输水管线的安全管理提供强有力的技术和管理保障。此外，建立一个有效的奖惩机制，也可以推动管理人员对指标体系的有效运用。

6）建立系统性管理机制。构建输水管线工程风险指标体系同时也需要建立系统性管理机制。包括建立管线资料档案库、制定技术标准、加强工程验收、实行日常监测和定期检查以及建立责任制度等方面。各管理单位应根据管线的实际情况，全面、细致地落实这些管理制度。

7）强化协调合作机制。输水管线安全关系到人民群众的生命财产安全，涉及环境、城市规划、公共安全等各个方面。因此，各级政府、有关部门、企事业单位等应建立协调合作机制，在管线建设、运维、安全管理等方面加强协调配合，形成合力，共同保障输水管线的安全。

综上所述，构建输水管线工程风险指标体系需要考虑到多方面的因素，包括管线材质、管线运行时间、地质环境、周边环境、设备状况、管理措施、事故历史等方面。在指标选取时需要考虑到指标的可行性、完善性和综合性等问题。建立指标体系的过程需要进行充分的研究和论证，以确保所选取的指标能够全面、准确地反映管线的安全风险状况，为管线安全管理提供科学依据和指导[8]。

输水管线是一种输送水资源的重要设施，其运行稳定性和安全性直接关系到人们的饮水安全和生产生活的发展。因此，建立合理的输水管线工程风险指标体系，将有利于有效地评估管线的安全风险水平，对可能出现的风险和隐患进行有效的识别，从而降低发生安全事故的可能性。

本节旨在从安全风险指标体系的建设原则入手，探讨建立高效可靠的指标评估体系。

7.2.2　输水管线设计阶段风险指标体系构建

由于输水管线工程距离较长且施工地形可能复杂，检修工作不方便，因此对于输水管线的管材有较高的要求，特别是在承压能力、施工性和耐久性方面需要更高水平[9]。在大型输水项目中管道的投资占据了工程总投资的 50%～70%，管材的选择不仅仅对工程成本有影响，也对日常维护、日常使用有着重大的影响。因此在对输水管线工程设计阶段进行了风险因素的总体初步识别的基础上，选取管材选型这一典型风险，进行输水管线工程设计阶段的风险指标体系构建。

（1）管材选型问题。由于输水管线工程的特殊性，选择管材时不能仅仅考虑经济因素，还要考虑管材本身的特性与工程实际情况是否吻合，具体的施工条件与管材使用是否相匹配，施工的方式选择是否有利于管材的运输安装等问题。以下从管材自身特点、经济能力、施工技术、运营状况四个方面进行分析。

1）管材自身特点方面。目前，供水工程中使用的管材可以分为金属和非金属两类。金属管材主要包括钢管和球墨铸铁管，而非金属管材则包括预应力钢筒混凝土管、钢筋混凝土管、预应力钢筋混凝土管、玻璃纤维增强塑料夹砂管、聚氯乙烯管（PVC 管）、高密度聚乙烯管等[10-11]。国内常用的长距离大口径输水管材主要有钢管（SP）、球墨铸铁管（DIP）、预应力钢筒混凝土管（PCCP）、玻璃纤维增强塑料夹砂管（FRPM 管）、高密度聚乙烯管（HDPE 管）和离心浇铸玻璃钢夹砂管（RPMP）。

①钢管因其轻巧的结构、良好的加工性、优异的封闭性、易维护、良好的耐久性，尤其是其超低的抗拉强度，成为一种理想的给排水系统，它既能够抵御超过 10MPa 的内部压力，又能够抵御更大的外部压力，因此，它被广泛应用于各种长距离的输送系统。

②球墨铸铁管是一种新型的管道材料，它的优势在于抗压能力强，可以承受 2.0MPa 以上的内部压力，并且具有良好的耐腐蚀和抗震性，安装和使用也非常方便。

③预应力钢筒混凝土管是一种先进的管道技术，它采用钢筒和预应力钢丝组成，外部覆盖水泥砂浆，以确保管道的稳定性和耐久性。它最初于 20 世纪 80 年代引进中国，如今已经成为长输管线工程的重要组成部分。PCCP 具有出色的耐压性、良好的接口密封性以及出色的抗震性能，这使它成为一种理想的建筑材料。

④玻璃纤维增强塑料夹砂管简称玻璃钢管，20 世纪 90 年代被广泛应用于我国，它是一种具有良好摩擦系数、轻质、耐腐蚀、耐高温、抗污染、抗蛀蚀等优异性能的新型复合材料管道。

⑤高密度聚乙烯管是一种具有高结晶度和非极性的热塑性树脂管材。它具备多项优异特点，包括耐腐蚀性、内壁光滑、流动阻力小、高强度、良好的韧性和轻质化等。该管材的外壁可呈现光滑表面或双壁波纹结构。

⑥钢丝网骨架塑料复合管是经过改良的新型的钢骨架 PE 复合管，该管道以钢丝缠绕网作为聚乙烯塑料管的骨架增强体，它使用高密度 PE（HDPE）和 HDPE 改性粘结树脂制造，并通过钢丝缠绕网和高密度 PE 的结合来提高管壁的耐久性和耐压性。它能够有效地抵抗塑料管的快速变形和破损，并且具有优异的耐腐蚀性和耐高温性。这种材质的强度、硬度、耐压能力都比传统的纯塑料更高，而且它的线膨胀率也比传统的钢材更小，还能抵御蠕变。

2）经济能力方面。尽管要考虑安全因素，但最终的决定因素仍然是管道的成本。由于受到外部因素的限制，即使使用相同的直径，其输送的水量也会存在差异，也就是说，即使使用的是一样的设备，其成本也会存在差异。不仅如此，在考虑管材的生产成本的情况下，我们发现它们也会因为运输、安装、保养和使用周期的不同而产生差异。如果一个城市缺乏工业化生产的环境，那么生产出来的管子的尺寸和质量会更加昂贵，从而导致更高的生产费用。

3）施工技术方面。在管道的使用过程中，制作技术、施工方法和时间都会发挥重大作用。特别是原材料，如果它们的性能没有得到保证，会严重阻碍防腐蚀的效果。此外，由于某些企业追求更大的收益，会采取更加严格的控制措施，比如控制壁厚、控制机器的运行、控制管道的内部污染物，从而降低管道的耐久性和耐用性。由于部分项目的施工周期有限，因此在选择单种管道材料的同时，必须充分评估其可行性、可靠性以及可以承载的运输量。

4）运营状况方面。为了确保管道安全运行，管材选择是至关重要的。在选择管道时，应充分考虑以下因素：耐压能力、使用环境、环境腐蚀性、地形特征以及施工管理水平。这些因素对于保证管道的可靠性和持久性至关重要。在长输管道供水工程中，首要关注管道所承受的内压，其标准反映了管材的工作性能。根据目前常用管材的承压能力，我们可以将其分为高压管材和中高压管材。而管道所承受的外压包括管顶覆土、回填料冲击、交通荷载以及负压等。管道对外压的抵抗能力大小也直接关系到管道的安全运行，这是我们关注的另一个重要方面。

设计中还需要关注管道与工作环境的适应性问题。工作环境指的是管道在运行过程中长期所处的状态，其中包括外部环境和内部环境。外部环境主要涉及气候条件、区域构造、水位变动区域、盐碱地、地下水、洪水以及交通影响等因素。而内部环境则主要受到运行工况的影响。管道所处的内外环境直接影响着管道的使用寿命。

因此，考虑管道的承压能力、抗外压能力以及与工作环境的适应性，是设计过程中需要重点关注的问题。这样可以确保管道在运行过程中安全可靠，并延长其使用寿命。

（2）管材选型风险因素识别。对管材选型主要从管材自身特点、经济能力、施工技术、运营状况四个方面进行风险因素辨识，建立输水管线工程管材选型风险因素表，见表 7.6。

表 7.6　输水管线工程管材选型风险因素表

目标	一级风险指标	二级风险指标
管材选型风险因素识别	管材自身特点	管径匹配性
		工作压力
		外部荷载承受能力
		防腐蚀性
		生产自动化能力
		环保与节能程度
		管材故障率
		管材发展前景
		管材预计使用寿命
	经济能力	管道糙率
		局部水头损失情况
		运输难度（效率）
		综合造价
	施工技术	管道接口施工难度
		吊装难度
		回填施工要求
		基础施工要求
	运营状况	接口抗渗能力
		接口渗漏程度
		抗水锤变形能力
		抗冻能力
		耐腐蚀能力
		抗震能力
		管道技术水平要求
		备品备件情况

对于输水管线工程管材选型风险因素，从管材自身特点、经济能力、施工技

术、运营状况四个方面，共识别了 25 个风险因素。

7.2.3 输水管线施工阶段风险指标体系构建

（1）风险指标筛选。在进行风险识别的过程中，必须要注意的一点是：风险识别必须要全面且完整。这样的原则会使得得到的初始数据和原始的风险清单的数目较多，综合考虑施工的实际情况，对可能出现的风险因素进行枚举，这不仅有着巨大的工作量，而且考虑所有风险因素进行安全评估，得到的结果也并不准确。因此，需要对初步建立的输水管线施工阶段安全风险因素集进行筛选。

首先，在文献资料调研的基础上针对 30 位拥有超过 10 年施工实践经验的专家，我们利用多种渠道，如电话、邮件，与他们进行了深度的交流，并从中获得了宝贵的信息。最终，我们综合考虑了 35 个可能导致施工风险的关键要素，并做出了相应的经验性分析，从而提出了有效的优化建议。然后，采用专家调查法对各个风险指标的重要性进行分析。将指标的重要性划分为非常不重要、不重要、一般重要、重要和非常重要五个等级，这五个等级分别对应的分值为 1 分、2 分、3 分、4 分和 5 分，让受访专家对各指标的重要程度进行经验判断。由于所调查人员的专业程度、工作领域以及工作经验的不同，所以得到的结论也有不精准的可能性，因此需要采取数据信度检验和数据效度检验的方式来增强得到答案的可靠程度。经过一系列分析，得出结论如下。施工阶段的风险共有两级风险指标：一级风险指标包括环境风险、人员风险、管理风险、材料与设备风险和技术风险这五个因素；二级风险指标共 23 个。这 23 个二级风险指标已经基本包含了输水管线施工阶段可能出现的所有风险因素，并且能够比较好地对输水管线施工过程中的风险进行量化分析。确定的输水管线施工阶段最终风险清单见表 7.7。

表 7.7 输水管线施工阶段最终风险清单

目标	一级风险指标	二级风险指标
输水管线施工阶段安全性评估	环境方面	极端气候
		复杂地质
		地下水位上升
		地面局部沉降或塌陷
		施工现场环境
	人员方面	作业人员技术水平
		作业人员安全意识
		作业人员违规操作

续表

目标	一级风险指标	二级风险指标
输水管线施工阶段安全性评估	管理方面	组织机构完善程度
		规章制度落实程度
		安全培训与教育
		安全监督与隐患排查
	材料与设备方面	管材质量差
		机械设备故障
		机械设备的布置
		管道变形
		管道接口渗漏
		管道轴线偏差过大
	技术方面	管沟开挖方式
		基坑支护形式合理性
		施工工法适用性情况
		接口防腐处理不当
		管道拼接操作失误

（2）指标体系的确定。输水管线施工阶段风险指标体系如图 7.4 所示。

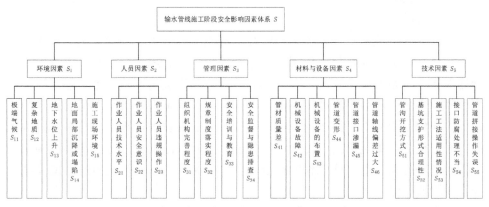

图 7.4 输水管线施工阶段风险指标体系

（3）指标体系的说明。输水管线施工阶段安全性评估影响因素与环境、人员、管理、材料与设备、技术等 5 个一级风险指标因素有关，同时也与复杂地质、安全监督与隐患排查、机械设备故障、管道拼接操作失误等 23 个二级风险指标因素有关。这些因素的存在并不是独立的，而是多个因素相辅相成的。为使输水管线施工阶段安全风险评价的结果更加准确，对评价指标的内涵进行如下说明。

1）环境因素。

①极端气候：在工程建设开始前，项目管理人员应尽可能详细地调查工程所在地区的气候条件，总结判断在工程进行过程中是否会出现极端天气，并制定预防措施。

②复杂地质：输水管线工程施工受地质条件影响非常大，在工程开工前，应尽可能详尽地对地质情况进行调查，形成报告文件，并制定地质变化或不准确情况下的应急措施。

③地下水位上升：输水管线工程是地下工程，地下水位的突变会对施工安全造成巨大的危害。

④地面局部沉降或塌陷：对于输水管道施工而言，地面沉降、塌陷会使输水管道失去原有的作用效果，在地面沉陷的作用力下，管道将会产生纵向断裂或者横向劈裂，各个管道接头将会发生断裂、管道连接点发生泄露等，直接导致管道失效；此外，地面沉降问题会进一步加剧输水管道的施工难度，不仅影响经济效益，还会因为管线施工的复杂性影响施工安全。

⑤施工现场环境：输水管线工程施工现场的环境可能会出现如施工噪音、现场施工照明不足、施工空间不足等问题，是影响现场工作人员的工作状态和安全警惕性的环境因素。

2）人员因素。

①作业人员技术水平：在输水管线工程施工过程中，各项工艺和操作要求必须得到严格遵守和执行。如果施工作业人员不熟悉或理解不足，可能无法正确应对各种复杂的施工情况，例如管线连接、管道敷设、防水处理等。这种技术水平的不足可能会导致施工质量下降、施工进度延误，甚至发生安全事故。因此，在输水管线工程施工前，必须对施工作业人员进行充分的培训和技术指导，确保他们具备足够的专业知识和技能。同时，施工单位也应加强对施工过程的监督和管理，确保施工作业符合相关标准和规范，以最大限度地减少施工安全风险的发生。

②作业人员安全意识：作业人员应具有强烈的规避风险意识，通过观察、学习，总结各类风险发生的情况，提前制定措施解决风险。

③作业人员违规操作：在输水管线工程施工过程中，严禁出现违章指挥、违规作业的行为，以防因违规操作造成安全事故。

3）管理因素。

①组织机构完善程度：输水管线施工过程中要有专人负责，设置领导和日常巡查检查人员。人员设置于组织是否完善，将决定施工过程安全与否。

②规章制度落实程度：在输水管线工程施工前，就应当制定各种行为规范，并在施工过程中严格落实。若有违规情况出现，应当严厉惩处。

③安全培训与教育：在输水管线工程施工前，对人员进行必要的安全教育培训等。

④安全监督与隐患排查：在施工过程中，安排必要的专职巡查人员，对施工时的安全隐患进行排查，及时处理。

4）材料与设备因素。

①管材质量差：输水管线管材质量过差会导致管线断裂等现象，直接影响工程的施工安全。为防止产生安全事故，应该结合管材特性、适用情况、工作水压力、工程地质条件、施工条件、工程工期和管材造价等，经过比选确定最适用的管材，管材在进场前，还要进行质量检查与验收，以防不合格管材的使用带来安全风险。

②机械设备故障：机械设备在使用时会出现正常或非正常的损耗，为了避免对工程施工造成影响，应当定期按时检修设备。

③机械设备的布置：在开始施工前，应检查施工机械的位置、数量是否满足施工要求。

④管道变形：施工时基底处理不好、回填不妥都会引起管道的变形，对施工安全带来影响。

⑤管道接口渗漏：若管道接口出现渗漏的情况，首先会影响工程进度，若施工地点有地下水，还可能会对地下水造成污染，也可能浸泡损坏已经修建完成的其他管线。

⑥管道轴线偏差过大：若在施工前没有正确进行测量和定线，则会导致管道轴线与设计轴线偏差过大，造成管节损坏、接口渗漏、管道水头损失等问题。

5）技术因素。

①管沟开挖方式：输水管线工程施工环境比较复杂，在开挖之前，项目技术负责人应该制定高品质施工技术方案，对采用的技术和工艺，要明确施工参数，为开挖施工作业提供有力的支持与保障，保障工程的施工安全。

②基坑支护形式合理性：基坑开挖时，若支护不合理，施工人员进行施工作业时，很容易出现坍塌等安全事故。

③施工工法适用性情况：输水管道施工时设计工法较多，施工工艺复杂，流

程多，需要对各种工法进行详细分析，选择最适合的工艺进行施工。

④接口防腐处理不当：管道腐蚀问题可以破坏管道的受力结构，发生事故，危及工程安全。

⑤管道拼接操作失误：管道接口处理、拼接操作失误，不仅影响管线工程质量，而且容易导致漏水、堵管等情况的发生，严重时甚至造成安全事故。

7.2.4　输水管线运维阶段风险指标体系构建

（1）风险指标筛选。运用事故树分析法筛选风险指标。通常，各风险指标因素之间一定的相关性，这使得观测数据存在信息交叉的情况，利用事故树分析法，通过初步风险清单分析整理出密切影响输水管线工程的各项风险指标，这些指标是最可能致使风险产生严重后果的关键风险因素，剔除轻微影响工程安全施工的风险因素以降低计算量，此过程即为风险指标的风险因素筛选工作，筛选过程中应遵循"宁多勿少"的原则，确保科学性[12]。

1）输水管线运维阶段安全性事故树构建。构建输水管线运维阶段安全性事故树，首先，基于输水管线运维阶段事故风险因素辨识及分析目标，确定顶上事件为"输水管线运维阶段安全性"。本书主要从三方面分析直接导致长距离输水管线系统安全性能下降的原因，分别是管道外部结构失效影响、管道自身结构失效影响、管道内部水质影响，并将其作为中间事件。在此基础上逐层深入分析直至列出所有的基本事件。

根据上述所建立的输水管线运维阶段初步风险清单，构建输水管线运维阶段安全性事故树模型，如图7.5所示。

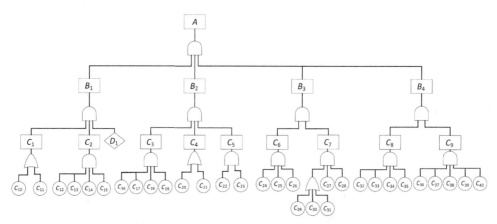

图 7.5　输水管线运维阶段安全性事故树模型

该事故树符号说明见表 7.8。

表 7.8　事故树符号说明

符号	事件类型	说明
A	顶上事件	输水管线运维阶段安全性评估
B_1	中间事件	人为风险
B_2	中间事件	安全管理风险
B_3	中间事件	主体结构风险
B_4	中间事件	环境风险
C_1	中间事件	人员素质缺陷
C_2	中间事件	人员专业技能缺陷
C_3	中间事件	管理制度缺陷
C_4	中间事件	管理资料缺陷
C_5	中间事件	安全防护缺陷
C_6	中间事件	管道自身缺陷
C_7	中间事件	管内压力变化
C_8	中间事件	市政环境
C_9	中间事件	周围环境
C_{10}	基本事件	人员资质级别
C_{11}	基本事件	人员素质低下
C_{12}	基本事件	人员操作不当
C_{13}	基本事件	人员安全意识薄弱
C_{14}	基本事件	人员技能水平参差不齐
C_{15}	基本事件	人员处理突发风险能力低
C_{16}	基本事件	管理责任分工不明确
C_{17}	基本事件	安全文化建设不到位
C_{18}	基本事件	管理标准不规范
C_{19}	基本事件	管理制度落实不到位
C_{20}	基本事件	管线资料不全面
C_{21}	基本事件	应急管理方案不合理
C_{22}	基本事件	设备日常维护与保养不到位
C_{23}	基本事件	安全防护措施不到位

符号	事件类型	说明
C_{24}	基本事件	管材选择不合理
C_{25}	基本事件	防腐等措施不到位
C_{26}	基本事件	未按要求定期检测管道
C_{27}	基本事件	管道设计施工不符合运维要求
C_{28}	基本事件	管道不均匀沉降
C_{29}	基本事件	管线接口形式
C_{30}	基本事件	内压变化过大
C_{31}	基本事件	管道排气不畅
C_{32}	基本事件	政府支持度
C_{33}	基本事件	绿色环保风险
C_{34}	基本事件	市场需求变化
C_{35}	基本事件	通货膨胀风险
C_{36}	基本事件	第三方施工影响
C_{37}	基本事件	相关政策影响
C_{38}	基本事件	自然灾害
C_{39}	基本事件	极端气候
C_{40}	基本事件	管道外部荷载过大
D_1	基本事件	安全监控不到位

2）事故树最小割集计算。对于该输水管线运维阶段安全性事故树，采用布尔代数法求解其最小割集，计算过程如下式：

$$A=B_1+B_2+B_3+B_4=C_1+C_2+D_1+C_3+C_4+C_5+C_6C_7+C_8+C_9=C_{10}C_{11}+C_{12}+$$
$$C_{13}+C_{14}+C_{15}+D_1+C_{16}+C_{17}+C_{18}+C_{19}+C_{20}C_{21}+C_{22}+C_{23}+(C_{24}+C_{25}+$$
$$C_{26})(C_{29}C_{30}C_{31}+C_{27}+C_{28}+C_{32}C_{33}C_{34}C_{35}+C_{36}+C_{37}+C_{38}+C_{39}+C_{40}$$
$$=C_1+C_2+D_1+C_3+C_4+C_5+C_6C_7+C_8+C_9=C_{10}C_{11}+C_{12}+C_{13}+C_{14}+C_{15}+D_1+$$
$$C_{16}+C_{17}+C_{18}+C_{19}+C_{20}C_{21}+C_{22}+C_{23}C_{24}C_{29}C_{30}C_{31}+C_{24}C_{27}+C_{24}C_{28}+$$
$$C_{25}C_{29}C_{30}C_{31}+C_{25}C_{27}+C_{25}C_{28}+C_{26}C_{29}C_{30}C_{31}+C_{26}C_{27}+C_{26}C_{28}+$$
$$C_{32}C_{33}C_{34}C_{35}+C_{36}+C_{37}+C_{38}+C_{39}+C_{40}$$

由以上公式计算结果可以得到，影响输水管线运维过程中安全性能下降的事故树最小割集共 28 个，它们反映了 28 种致使输水管线运维过程中安全性能下降的途径。导致输水管线运维过程中安全性能下降的最小割集共有四种类型，一阶最小割集共 16 个，例如 $\{C_{39}\}$，它表示风险因素极端气候出现时，会对输水管线工程的安全运行造成不利影响；二阶最小割集共 8 个，例如 $\{C_{20}C_{21}\}$，它表示当管线资料不全面，同时应急管理方案不合理时，输水管线会出现运行安全问题；四阶最小割集共 4 个，例如 $\{C_{24}C_{29}C_{30}C_{31}\}$，它表示当管材选择不合理、管线接口形式不当、内压变化过大且管道排气不畅时，会对输水管线工程的安全运行造成不利影响。

3）基本事件的结构重要度计算。结构重要度反映了各评价指标因素对顶事件的影响程度，如式（7.1）所示。

$$I_i = 1 - \prod_{X_i \in K_j}\left(1 - \frac{1}{2^{n_j-1}}\right) \tag{7.1}$$

其中：I_i 为第 i 个基本事件的结构重要度；X_i 为第 i 个基本事件；K_j 为事故树的第 j 个最小割集；n_j 为第 i 个基本事件所在的基本事件总数。

该事故树中各基本事件的结构重要度分别为：

$I_{C10} = 1 - (1 - 1/2) = 0.5$；

$I_{C11} = 1 - (1 - 1/2) = 0.5$；

$I_{C12} = I_{C13} = I_{C14} = I_{C15} = I_{C16} = I_{C17} = I_{C18} = I_{C19} = I_{C22} = I_{C23} = I_{C36} = I_{C37} = I_{C38} = I_{C39} = I_{C40} = I_{D1} = 1$；

$I_{C20} = 1 - (1 - 1/2) = 0.5$；

$I_{C21} = 1 - (1 - 1/2) = 0.5$；

$I_{C24} = 1 - (1 - 1/2^3)(1 - 1/2)(1 - 1/2) = 0.78125$；

$I_{C25} = 1 - (1 - 1/2^3)(1 - 1/2)(1 - 1/2) = 0.78125$；

$I_{C26} = 1 - (1 - 1/2^3)(1 - 1/2)(1 - 1/2) = 0.78125$；

$I_{C27} = 1 - (1 - 1/2)(1 - 1/2)(1 - 1/2) = 0.875$；

$I_{C28} = 1 - (1 - 1/2)(1 - 1/2)(1 - 1/2) = 0.875$；

$I_{C29} = 1 - (1 - 1/2^3)(1 - 1/2^3)(1 - 1/2^3) = 0.3301$；

$I_{C30} = 1 - (1 - 1/2^3)(1 - 1/2^3)(1 - 1/2^3) = 0.3301$；

$I_{C31} = 1 - (1 - 1/2^3)(1 - 1/2^3)(1 - 1/2^3) = 0.3301$；

$I_{C32} = 1 - (1 - 1/2^3) = 0.125$；

$I_{C33} = 1 - (1 - 1/2^3) = 0.125$；

$I_{C34} = 1 - (1 - 1/2^3) = 0.125$；

$I_{C35} = 1 - (1 - 1/2^3) = 0.125$；

由该运算结果得出基本事件 $C_{10} \sim C_{40}$ 及 D_1 的结构重要度大小排序：$C_{12} = C_{13} = C_{14} = C_{15} = C_{16} = C_{17} = C_{18} = C_{19} = C_{22} = C_{23} = C_{36} = C_{37} = C_{38} = C_{39} = C_{40} = D_1 > C_{27} = C_{28} > C_{24} = C_{25} = C_{26} > C_{10} = C_{11} = C_{20} = C_{21} > C_{29} = C_{30} = C_{31} > C_{32} = C_{33} = C_{34} = C_{35}$。

选取输水管线运维阶段安全性影响较大的前 21 个风险指标因素，确定输水管线运维阶段最终风险清单，见表 7.9。

表 7.9 输水管线运维阶段最终风险清单

目标	一级风险指标	二级风险指标
输水管线运维阶段安全性评估	人为风险	人员技能水平参差不齐
		安全监控不到位
		人员处理突发风险能力低
		人员安全意识薄弱
		人员操作不当
	安全管理风险	安全文化建设不到位
		安全防护措施不到位
		管理制度落实不到位
		管理责任分工不明确
		管理标准不规范
		设备日常维护与保养不到位
	主体结构风险	管材选择不合理
		管道不均匀沉降
		防腐等措施不到位
		管道设计施工不符合运维要求
		未按要求定期检测管道
	环境风险	相关政策影响
		自然灾害
		极端气候
		管道外部荷载过大
		第三方施工影响

（2）指标体系的确定。输水管线运维阶段风险指标体系如图 7.6 所示。

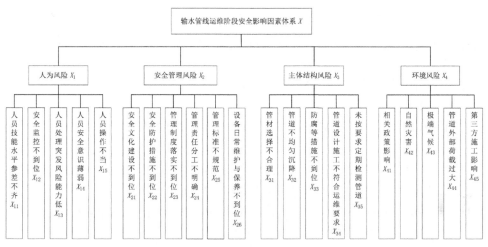

图 7.6　输水管线运维阶段风险指标体系

7.3　本章小结

风险分析与识别是风险管理整个过程的基石,其为输水管线工程风险管理的各个环节提供依据。本章介绍了常用的工程风险因素识别方法,风险指标体系的建立原则及指标选取注意事项,并针对输水管线工程的特点建立了设计、施工、运维三个阶段的风险指标体系,为输水管线工程各阶段的风险评价提供基础。

参 考 文 献

[1] 赵郁城. 长距离输水管道施工技术探讨——评《超大口径长距离 HDPE 输水管道工程关键技术研究》[J]. 人民黄河,2021,43(8):163.

[2] 翟明杰,沈东辉,许光卓,等. 长距离压力输水管道若干设计问题的探讨[J]. 水利水电技术(中英文),2021,52(S1):176-179.

[3] 王文芬,程吉林,龚懿. 长距离输水管道线路与管径综合优化方法研究[J]. 灌溉排水学报,2014,33(1):22-25.

[4] 李丹,姚文锋,郭富庆,等. 基于模糊相似的长距离输水管线系统风险评价指标体系确立[J]. 南水北调与水利科技,2015,13(4):803-807.

[5] 李朋,孙志江,邱丁初. 基于故障树分析法的南水北调配套工程输水管线破坏风险分析[J]. 水利规划与设计,2014(12):22-26.

[6] 王吉亮. 城市供水网络安全评价技术与实践[D]. 青岛：青岛理工大学，2008.

[7] 刘志强. 长距离输水管道安全评价机制研究[D]. 哈尔滨：哈尔滨工业大学，2012.

[8] 陈涌城，张洪岩. 长距离输水工程有关技术问题的探讨[J]. 给水排水，2002（2）：1-4，1.

[9] 杨丽. 输水管道穿越段不确定性风险分析方法研究[D]. 天津：天津大学，2004.

[10] 李江，杨辉琴，金波，等. 新疆长距离输水管道工程管材选择与安全防护技术进展[J]. 水利水电科技进展，2019，39（5）：56-65.

[11] 李晓明，白占顺，王宁，等. 大口径球墨铸铁管用于长距离输水工程的优势分析[J]. 中国给水排水，2015，31（14）：30-33.

[12] 赵阳. 保定市南水北调配套工程运行风险评价[D]. 保定：河北农业大学，2015.

第8章 输水管线工程风险评估

在我国早期的水利工程（尤其是输水管线工程）建设管理工作中，极易出现"轻设计重施工""轻管重建"等问题，随着全寿命周期管理理念的不断发展和实践应用，输水管线工程也运用该理念解决在策划、设计、施工、运维等阶段的管理问题。

风险评估是风险管理的核心部分，其可分析出不同阶段或情况下工程危险性的关键点，通过选取适用的风险评估模型建立方法，对工程在设计、施工、运维等关键阶段进行风险评估，以提出相应的风险控制措施，有效实现项目的整体管控，达到输水管线工程风险管理的目标。

8.1 输水管线工程设计阶段风险评估

8.1.1 组合赋权-模糊物元分析法

1983 年，我国著名学者蔡文教授率先提出了物元分析法，这是介于数学和实验之间的一门高度实用的学科。通过分析大量实例，该方法得出结论：解决不相容问题需要综合考虑事物、特征和相应量值的三个要素，从而形象化体现客观事物的发展规律，并量化表达矛盾求解的过程。物元分析法的主要思路是描述事物、特征和量值三个要素，并构成有序三元组的基本元，即"物元"。该方法可以有效地研究物元及其发展规律以解决实际中的不相容问题。

当物元内的量值具有模糊性时，即构成模糊不相容问题。模糊物元分析法通过有机结合模糊数学和物元分析，综合考虑分析事物特征相应量值的模糊性和多种影响事物因素间的不相容性，从而得到一个新方法来解决模糊不相容问题。近年来，这一具有高实用性的理论和方法在工程技术领域中取得了显著的进展。

（1）模糊物元的概念。"事物、特征、量值"三个要素可以用于描述任何事物，从而对事物进行定性分析和定量分析。三要素构成一个有序三元组，用来描述事物的基本元，即物元。若其量值具有模糊性则构成"事物、特征、模糊量值"的有序三元组，此物元为模糊物元[1]，记为：

$$模糊物元 = \begin{bmatrix} & 事物 \\ 特征 & 模糊量值 \end{bmatrix}$$

用 R 表示模糊物元，M 表示事物，C 表示事物 M 的特征，用 $\mu(x)$ 表示特征 C 相应的模糊量值，即事物 M 对其特征 C 相应量值 x 的隶属度，于是有：

$$R = \begin{bmatrix} & M \\ C & \mu(x) \end{bmatrix} \tag{8.1}$$

若通过 n 个特征 $C_1, C_2, \cdots, C_n$ 及其相应的量值 $\mu(x_1), \mu(x_2), \cdots, \mu(x_n)$ 来描述事物 M，则构成 n 维模糊物元，即：

$$R_n = \begin{bmatrix} & M \\ C_1 & \mu(x_1) \\ C_2 & \mu(x_2) \\ \cdots & \cdots \\ C_n & \mu(x_n) \end{bmatrix} \tag{8.2}$$

其中，R 表示 n 维模糊物元，$C_1, C_2, \cdots, C_n$ 表示事物 M 的 n 个特征，$x_i (i = 1, 2, \cdots, n)$ 表示事物特征 C_i 的相应量值，$\mu(x_i)$ 表示事物特征 C_i 相应量值 x_i 的隶属度，可通过隶属度函数确定其隶属度。

若通过 m 个事物共有的 n 个特征 $C_1, C_2, \cdots, C_n$ 及其相应的模糊量值 $\mu_1(x_{1i})$，$\mu_2(x_{2i}), \cdots, \mu_m(x_{mn})$ 加以描述，称其为 m 个事物的 n 维模糊复合物元，记作：

$$R_{mn} = \begin{bmatrix} & M_1 & M_2 & \cdots & M_m \\ C_1 & \mu_1(x_{11}) & \mu_2(x_{21}) & \cdots & \mu_m(x_{m1}) \\ C_2 & \mu_2(x_{12}) & \mu_2(x_{22}) & \cdots & \mu_m(x_{m2}) \\ \cdots & \cdots & \cdots & \cdots & \cdots \\ C_n & \mu_n(x_{1n}) & \mu_2(x_{2n}) & \cdots & \mu_m(x_{mn}) \end{bmatrix} \tag{8.3}$$

其中，R_{mn} 表示 m 个事物的 n 维模糊复合物元；$M_j (j = 1, 2, \cdots, m)$ 表示第 j 个事物；$\mu_j(x_{ji})$ 表示第 j 个事物 M_j 的第 i 个特征 C 相应量值 $x_{ji} (j = 1, 2, \cdots, m; \ i = 1, 2, \cdots, n)$ 的隶属度。其中 x_{ji} 的下标分别表示事物的序号和事物特征的序号，即物元的维数。

对于实际的事物，通常提供的是具体量值，故用量值 x_{ji} 替换式（8.3）中的模糊量值 $\mu_j(x_{ji})$，这种物元被称为 m 个事物的 n 维复合物元，即：

$$R_{mn} = \begin{bmatrix} & M_1 & M_2 & \cdots & M_m \\ C_1 & x_{11} & x_{21} & \cdots & x_{m1} \\ C_2 & x_{12} & x_{22} & \cdots & x_{m2} \\ \cdots & \cdots & \cdots & \cdots & \cdots \\ C_n & x_{1n} & x_{2n} & \cdots & x_{mn} \end{bmatrix} \tag{8.4}$$

其中，R_{mn} 表示 m 个事物的 n 维复合物元；x_{ji} 表示第 j 个事物 M_j 的第 i 个特征 C_i 的相应量值。其余符号的含义同前。

（2）模糊物元的性质。物元作为处理不相容问题的工具，其基础属性——可拓性极为关键。而在物元的基础上，演化后的模糊物元亦具备可拓性，具体表现为以下四点：

1）发散性。该特性与物元的构成密切相关，其重点在于向外探索事物拓展的方向和潜在途径。同事物物元、同特征物元和同量值物元的形成及相互联系决定了物元外拓的方向。

2）可扩性。这一特性探讨的是物元三要素的可加性、可积性和可分性，以便对模糊物元的可拓性进行深入研究。这些因素共同为物元运算奠定了基础。

3）相关性。该特性探讨同一物元三要素之间以及不同物元之间的相关性。同一物元的要素会互相影响，事物、特征、量值任一要素与其他两要素存在着相互联系，不同物元亦存在此相关性。在同物物元和异物物元之间也是如此。这种相互关系对事物性质产生影响。

4）共轭性。这一特质通过虚实、软硬、潜显、负正等概念对事物的内部结构进行描述和研究。

（3）从优隶属度原则。在模糊物元中，评价指标的模糊量值叫做从优隶属度，其中各单项评价指标的模糊量值从属于标准方案中各指标模糊量值的隶属程度[2]。对于越大越优型指标，采用：

$$\mu_{ij} = \frac{x_{ij}}{\max x_{ij}} \tag{8.5}$$

对于越小越优型指标，采用：

$$\mu_{ij} = \frac{\min x_{ij}}{x_{ij}} \tag{8.6}$$

式中，$\min x_{ij}$、$\max x_{ij}$ 表示事物中第 i 项特征相应量值 x_{ij} 的最小值和最大值。在此基础上构建从优隶属度模糊物元 $\widetilde{R_{nm}}$，即

$$\widetilde{R_{nm}} = \begin{bmatrix} & M_1 & M_2 & \cdots & M_m \\ C_1 & u_{11} & u_{12} & \cdots & u_{1m} \\ C_2 & u_{21} & u_{22} & \cdots & u_{2m} \\ \vdots & \vdots & \vdots & \ddots & \vdots \\ C_n & u_{n1} & u_{n2} & \cdots & u_{nm} \end{bmatrix} \tag{8.7}$$

（4）标准模糊物元与差平方复合模糊物元。在从优隶属度模糊物元 $\widetilde{R_{nm}}$ 中，单项指标的从优隶属度的最大值或最小值构成标准模糊物元 $\widetilde{R_0}$。本书选取从优隶属度的最大值，取各量化指标的从优隶属度为 10 以便计算，同时为了量化评价指标，采用 5 级标度法。用 $\Delta_{ij}(i=1,2,\cdots,n; j=1,2,\cdots,n)$ 表示最优模糊物元 $\widetilde{R_0}$ 与复合从优隶属度模糊物元 $\widetilde{R_{nm}}$ 中各项差值的平方，则构成差平方复合模糊物元 $\widetilde{R_\Delta}$，即 $\Delta_{ij}=(u_{0i}-u_{ij})^2$，$\widetilde{R_\Delta}$ 可表示为：

$$\widetilde{R_\Delta} = \begin{bmatrix} & M_1 & M_2 & \cdots & M_m \\ C_1 & \Delta_{11} & \Delta_{12} & \cdots & \Delta_{1m} \\ C_2 & \Delta_{21} & \Delta_{22} & \cdots & \Delta_{2m} \\ \vdots & \vdots & \vdots & \ddots & \vdots \\ C_n & \Delta_{n1} & \Delta_{n2} & \cdots & \Delta_{nm} \end{bmatrix} \tag{8.8}$$

为了降低主观因素对权重的影响，基于变异系数法和层次分析法，在计算出各因素影响管材选型组合权重的基础上，再利用变异系数法修正权重，最后，运用欧式贴近度和价值工程原理综合评判最优管型。

（5）变异系数法确定指标权重[3]。首先需要计算不同方案下各指标取值的平均值 $\bar{x}$：

$$\bar{x_i} = \frac{1}{m}\sum_{j=1}^{m} x_{ij} \tag{8.9}$$

标准差 S_i：

$$S_i = \sqrt{\frac{1}{m}\sum_{j=1}^{m}(\bar{x}-x_{ij})^2} \tag{8.10}$$

得变异系数公式 C_i：

$$C_i = \frac{S_i}{\bar{\bar{x_i}}} \tag{8.11}$$

在归一化处理后，得到各主控指标的权重：

$$\alpha_i = \frac{C_i}{\sum\limits_{i=1}^{n} C_i} \tag{8.12}$$

（6）AHP 法确定指标权重。运用 AHP 法建立层次结构，比较上下层元素以确定各层次中元素的相对重要性，进而构造判断矩阵。分析步骤如下：

1）构造比较矩阵，即三标度的判断矩阵为：

$$A = \begin{bmatrix} a_{11} & a_{12} & \cdots & a_{1j} \\ a_{21} & a_{22} & \cdots & a_{2j} \\ \vdots & \vdots & \ddots & \vdots \\ a_{i1} & a_{i2} & \cdots & a_{ij} \end{bmatrix} \tag{8.13}$$

其中：

$$a_{ij} = \begin{cases} 1, & \text{表示} i \text{比} j \text{重要} \\ 0, & \text{表示} i \text{和} j \text{相同重要}(i, j = 1, 2, \cdots, n) \\ -1, & \text{表示} i \text{不如} j \text{重要} \end{cases}$$

2）计算各评价因素重要性排序，也就是权重值。利用几何平均法计算特征向量，首先计算判断矩阵中各行因素的乘积 $M_i = \prod\limits_{j=1}^{n} a_{ij}$，然后计算 M_i 的 n 次方根 $\overline{W}_i = \sqrt[n]{M_i}$，得到向量 $\overline{W} = [\overline{W}_1 \quad \overline{W}_2 \quad \cdots \quad \overline{W}_n]^T$，再做归一化处理，即 $z_i = \dfrac{\overline{W}_i}{\sum\limits_{i=1}^{n} \overline{W}_i}$，得到权重向量 $z_i = (z_1, z_2, \cdots, z_n)$。

由于本文采用三标度法，计算结果满足一致性检验。

（7）组合权重的确定。综合上文的计算结果得到管材选型中各影响因子的组合权重为：

$$k = \mu\omega + (1 - \mu)z \tag{8.14}$$

其中，k 为组合权重；ω 为客观权重；z 为主观权重；μ 表示变异系数法下计算所得权重的占比，即客观权重比例系数；$1 - \mu$ 表示层次分析法下计算所得权重的占比，即主观权重比例系数，且 $\mu \in [0,1]$。

（8）欧式贴近度判断。利用指标的组合权重构造权重复合物元 R_w。

$$R_w = \begin{bmatrix} & C_1 & C_2 & \cdots & C_n \\ w_i & w_1 & w_2 & \cdots & w_n \end{bmatrix} \tag{8.15}$$

鉴于本研究具有综合评价的意义，故采用 $M(*, +)$ 算法，即先乘后加的方法确

定欧式贴近度 pH_j，则：

$$pH_j = 1 - \sqrt{\sum_{i=1}^{n} w_i \Delta_{ij}} \, (j = 1, 2, \cdots, m) \tag{8.16}$$

在水资源配置评价中，欧式贴近度能够反映配置方案与标准最优方案之间的接近程度，计算结果数值越大说明二者越贴近。同时，以标准最优方案为标准，可按计算结果得出各配置方案的优劣程度排序。构造欧式贴近度复合模糊物元如下：

$$R_{pH} = \begin{bmatrix} & M_1 & M_2 & \cdots & M_m \\ pH_j & pH_1 & pH_2 & \cdots & pH_m \end{bmatrix} \tag{8.17}$$

（9）价值工程原理。价值工程是为了增加产品或者服务价值而进行的管理技术，这种管理技术通过组织创造性的工作来追求最低的寿命周期成本以期满足用户需要。在价值工程中，"价值"指某一产品所具备的功能与其获得该功能的成本之比，反映功能与成本的关系，它是衡量产品或服务有效程度的尺度[4]，该比值关系可用式（8.18）表达：

$$V = F / C \tag{8.18}$$

其中，V 表示研究对象的价值系数；F 表示研究对象的功能系数；C 表示研究对象成本系数。

价值工程旨在以最低的寿命周期成本赋予产品必要的功能，提升对象的价值。其核心是通过深入研究分析产品的功能、结构、材质等，对所需功能定量化处理，将其转化为可直接与成本相比的量化值，价值工程在 EPC 工程领域中的应用较为普遍。

8.1.2 案例分析

（1）工程概况。西北地区某长距离输水管线工程年供水量为 4738 万 m^2。该工程规模适中，供水对象的重要性属于中等偏上。该输水管道总长 123.06km，工程所处地形环境为堆积和浅侵蚀型。采用单管输水，管径为 2400mm，工作压力为 0.7~1.8MPa。输水管线干管总共长 113.69km，当中穿越基岩的输水管线长 54.2km，由老至新穿越的地层岩性为碎石土，穿越碎石土的输水管线长 59.49km。沿线土壤对钢筋的腐蚀性等级为微中等级，其中小部分路段的土壤存在冻胀现象。

以上述长距离输水管线工程的管材选型为例，基于层次分析法和变异系数法计算出的组合权重，构建模糊物元模型计算欧式贴近度，进行管材选型。

（2）管材类型。由第 3 章可知，现阶段国内常用的输水管线工程管材主要有四种：①球墨铸铁管 M1（DIP），②玻璃钢夹砂管 M2（FRPM），③预应力钢筒混凝土管 M3（PCCP），④防腐钢管 M4（TPEP）。

（3）管材选取评价指标。在输水管线工程中，管材的选取是一个重要的决策，管材的性能直接影响着输水工程的质量、经济成本以及使用寿命。由第 7 章内容可知，管材的选取会受到诸多因素的影响，如：管材本身的技术特性、工程实地条件、施工方式、周边环境等，为了确保选择合适的管材，需要建立管材选择评价指标体系，应综合考虑管材的安全性、经济性、环境友好性、适应性以及可靠性等。而且，在选择评价指标时，要根据项目的具体情况，对评估指标进行合理的划分与设置。结合第 7 章内容可知，影响管材选取的因素大致分为以下四类：管材自身特点、经济能力、施工技术及运营状况，建立的指标体系见 7.2.2。通过收集整理相关资料，得到输水管线工程不同管材的相关评价指标特性，见表 8.1。

表 8.1 输水管线工程不同管材的相关评价指标特性

二级指标	DIP	FRPM	PCCP	TPEP
C_{11}（m/适用管径范围）	0.4～2.6	0.4～4.0	0.4～4.0	0.6～3.0
C_{12}/MPa	0～3.0	0.6～2.4	0.58～2.0	0.2～2.0
C_{13}	强度、韧性、刚度、抗冲击性好	强度、韧性、刚度、抗冲击性差	强度、韧性、刚度、抗冲击性好	强度、韧性、刚度、抗冲击性较好
C_{14}	耐腐蚀性能较强，但内外层需做防腐	本身抗腐蚀，不需防腐处理	需要做外层防腐	本身抗腐蚀，不需防腐处理
C_{15}	较高	很高	较高	较高
C_{16}	高污染、高能耗	低污染、低能耗	较高污染、高能耗	较高污染、高能耗
C_{17}/%	4.3	7	6.2	3.9
C_{18}	一般	好	较好	较好
C_{19}/年	预期 50	预期 50	≥50	≥20
C_{21}	0.012	0.009	0.016	0.009
C_{22}	较小	较大	较小	较小
C_{23}	难	一般	难	较大
C_{24}/（元·m^{-1}）	5812	3040	4876	4527

二级指标	DIP	FRPM	PCCP	TPEP
C_{31}	柔性承插，接口多，安装方便	柔性承插和套袖承插，安装方便	柔性—同径承插，安装方便	柔性承插，热熔承插，安装方便
C_{32}	自重高，安装运输性能良	自重低，安装运输性能较优	自重高，安装运输性能差	自重较高，安装运输性能良
C_{33}	回填土要求低	对管外土要求高，不得有尖锐碎石	回填土要求低	回填土要求高
C_{34}	较低	较高	较低	较高
C_{41}	优	良好	良好	良好
C_{42}	较难	较易	难	较难
C_{43}	强	较强	强	较强
C_{44}	较强	较强	较强	较强
C_{45}	强	弱	较强	强
C_{46}	良	优	良	良
C_{47}	一般	高	一般	一般
C_{48}	多	多	少	较多

（4）建立管材选取评价模型。利用 MATLAB 软件进行编程，以西北某长距离输水管线管线工程管材选取为例进行模型验证，具体分析过程如下：

1）构建复合模糊物元。西北地区某长距离输水管线工程具有大流量、高压、大口径的特征，该输水管线工程的施工地理条件复杂多样，输水管线需要穿越山脉、河流、河谷和平原等不同地形。山区地形陡峭，存在土石流和山洪等自然灾害风险。平原地区土壤稳定，但需要考虑地下水位和地质构造对管材的影响。使用五级标度法量化评价指标，以明确各项指标的从优隶属度。管材选择的各评价指标的从优隶属度评价集合数据见表 8.2。

表 8.2　管材选择各评价指标评价集合数据

一级指标	二级指标	各指标从优隶属度评价集合数据			
		M_1	M_2	M_3	M_4
管材自身特点	管径匹配性 C_{11}	7	8	9	4
	工作压力 C_{12}	8	7	8	6

续表

一级指标	二级指标	各指标从优隶属度评价集合数据			
		M_1	M_2	M_3	M_4
管材自身特点	外部荷载承受能力 C_{13}	8	6	7	6
	防腐蚀性 C_{14}	7	9	5	9
	生产自动化能力 C_{15}	8	10	6	8
	环保与节能程度 C_{16}	5	8	7	7
	管材故障率 C_{17}	8	9	7	6
	管材发展前景 C_{18}	6	9	6	7
	管材预计使用寿命 C_{19}	7	8	8	8
经济能力	管道糙率 C_{21}	7	9	7	8
	局部水头损失情况 C_{22}	8	8	9	9
	运输难度（效率）C_{23}	6	8	5	8
	综合造价 C_{24}	5	9	6	5
施工技术	管道接口施工难度 C_{31}	7	7	8	6
	吊装难度 C_{32}	7	8	6	7
	回填施工要求 C_{33}	9	6	7	5
	基础施工要求 C_{34}	7	5	7	4
运营状况	接口抗渗能力 C_{41}	6	7	8	8
	接口渗漏程度 C_{42}	7	8	5	7
	抗水锤变形能力 C_{43}	8	8	8	7
	抗冻能力 C_{44}	7	5	7	6
	耐腐蚀能力 C_{45}	7	6	8	5
	抗震能力 C_{46}	6	9	7	8
	管道技术水平要求 C_{47}	6	8	7	9
	备品备件情况 C_{48}	8	9	5	8

2）构建从优隶属度模糊物元 $\widetilde{R_{mn}}$。根据式（8.2）至式（8.7）构建从优隶属度模糊物元 $\widetilde{R_{mn}}$，即：

$$
\widetilde{R_{mn}} = \begin{array}{c}
 & M_1 & M_2 & M_3 & M_4 \\
C_{11} & 0.778 & 0.889 & 1.000 & 0.444 \\
C_{12} & 1.000 & 0.875 & 1.000 & 0.750 \\
C_{13} & 0.778 & 1.000 & 0.556 & 1.000 \\
C_{14} & 0.778 & 1.000 & 0.556 & 1.000 \\
C_{15} & 0.800 & 1.000 & 0.600 & 0.800 \\
C_{16} & 0.625 & 1.000 & 0.875 & 0.875 \\
C_{17} & 0.889 & 1.000 & 0.778 & 0.667 \\
C_{18} & 0.667 & 1.000 & 0.667 & 0.778 \\
C_{19} & 0.875 & 1.000 & 1.000 & 1.000 \\
C_{21} & 0.778 & 1.000 & 0.778 & 0.889 \\
C_{22} & 0.889 & 0.889 & 1.000 & 1.000 \\
C_{23} & 0.750 & 1.000 & 0.625 & 1.000 \\
C_{24} & 0.556 & 1.000 & 0.667 & 0.556 \\
C_{31} & 0.875 & 0.875 & 1.000 & 0.750 \\
C_{32} & 1.000 & 1.000 & 0.857 & 1.000 \\
C_{33} & 1.000 & 0.667 & 0.778 & 0.556 \\
C_{34} & 1.000 & 0.714 & 1.000 & 0.571 \\
C_{41} & 0.750 & 0.875 & 1.000 & 1.000 \\
C_{42} & 0.875 & 1.000 & 0.625 & 0.875 \\
C_{43} & 1.000 & 1.000 & 1.000 & 0.875 \\
C_{44} & 1.000 & 0.714 & 1.000 & 0.857 \\
C_{45} & 0.875 & 0.750 & 1.000 & 0.625 \\
C_{46} & 0.667 & 1.000 & 0.778 & 0.889 \\
C_{47} & 0.667 & 0.889 & 0.778 & 1.000 \\
C_{48} & 0.889 & 1.000 & 0.556 & 0.889
\end{array}
$$

3）构建差平方复合模糊物元 $\widetilde{R_\Delta}$。由式（8.8）计算各配置方案与标准方案的评价指标差值的平方值，构建差平方复合模糊物元 $\widetilde{R_\Delta}$，即：

$$
\widetilde{R_\Delta} =
\begin{array}{c}
\phantom{C_{11}} \\
C_{11} \\
C_{12} \\
C_{13} \\
C_{14} \\
C_{15} \\
C_{16} \\
C_{17} \\
C_{18} \\
C_{19} \\
C_{21} \\
C_{22} \\
C_{23} \\
C_{24} \\
C_{31} \\
C_{32} \\
C_{33} \\
C_{34} \\
C_{41} \\
C_{42} \\
C_{43} \\
C_{44} \\
C_{45} \\
C_{46} \\
C_{47} \\
C_{48}
\end{array}
\left[
\begin{array}{cccc}
M_1 & M_2 & M_3 & M_4 \\
0.049 & 0.012 & 0.000 & 0.309 \\
0.000 & 0.016 & 0.000 & 0.063 \\
0.000 & 0.063 & 0.016 & 0.063 \\
0.049 & 0.000 & 0.198 & 0.000 \\
0.040 & 0.000 & 0.160 & 0.040 \\
0.141 & 0.000 & 0.016 & 0.016 \\
0.012 & 0.000 & 0.049 & 0.111 \\
0.111 & 0.000 & 0.111 & 0.049 \\
0.016 & 0.000 & 0.000 & 0.000 \\
0.049 & 0.000 & 0.049 & 0.012 \\
0.012 & 0.012 & 0.000 & 0.000 \\
0.063 & 0.000 & 0.141 & 0.000 \\
0.198 & 0.000 & 0.111 & 0.197 \\
0.016 & 0.016 & 0.000 & 0.063 \\
0.016 & 0.000 & 0.063 & 0.016 \\
0.000 & 0.111 & 0.049 & 0.198 \\
0.000 & 0.082 & 0.000 & 0.184 \\
0.063 & 0.016 & 0.000 & 0.000 \\
0.016 & 0.000 & 0.141 & 0.016 \\
0.000 & 0.000 & 0.000 & 0.016 \\
0.000 & 0.082 & 0.000 & 0.020 \\
0.016 & 0.063 & 0.000 & 0.141 \\
0.111 & 0.000 & 0.049 & 0.012 \\
0.111 & 0.012 & 0.049 & 0.000 \\
0.012 & 0.000 & 0.197 & 0.012
\end{array}
\right]
$$

4）确定评价指标组合权重。

①根据式（8.9）至式（8.12）计算各评价指标变异系数权重 ω，得 ω= [0.008 0.0095 0.036 0.012 0.017 0.018 0.023 0.021 0.148 0.043 0.169 0.017 0.012 0.031 0.043 0.002 0.124 0.018 0.146 0.035 0.004 0.023 0.023 0.012]。

②通过层次分析法计算权重（表8.3），得 z=[0.0510 0.0804 0.1784 0.1132 0.0227 0.0126 0.0126 0.0126 0.0227 0.0190 0.0095 0.0095 0.0095

0.0209　0.0112　0.0544　0.0112　0.0566　0.0126　0.0126　0.0356　0.0126
0.0220　0.1726　0.0126]。

表 8.3　AHP 法计算权重

一级指标	权重	二级指标	权重	总权重 z
管材特性 B_1	0.5054	供水规模匹配性 C_{11}	0.1010	0.0510
		工作压力 C_{12}	0.1590	0.0804
		外部荷载 C_{13}	0.3530	0.1784
		防腐蚀性能 C_{14}	0.2240	0.1132
		生产工艺自动化程度 C_{15}	0.0450	0.0227
		节能与环保性能 C_{16}	0.0250	0.0126
		产品质量可靠性 C_{17}	0.0250	0.0126
		管材发展前景 C_{18}	0.0250	0.0126
		预期使用寿命 C_{19}	0.0450	0.0227
经济性能 B_2	0.0476	管道糙率 C_{21}	0.4000	0.0190
		局部水头损失 C_{22}	0.2000	0.0095
		运输难易程度（效率）C_{23}	0.2000	0.0095
		综合造价 C_{24}	0.2000	0.0095
施工工艺 B_3	0.0977	管道接口施工难易程度 C_{31}	0.2140	0.0209
		吊装难易程度 C_{32}	0.1150	0.0112
		回填施工要求 C_{33}	0.5570	0.0544
		基础施工要求 C_{34}	0.1150	0.0112
运行安全 B_4	0.3493	接口渗漏程度 C_{41}	0.1620	0.0566
		检修难易程度 C_{42}	0.0360	0.0126
		抗水锤变形能力 C_{43}	0.0360	0.0126
		抗冻能力 C_{44}	0.1020	0.0356
		耐磨蚀能力 C_{45}	0.0360	0.0126
		抗地震能力 C_{46}	0.0630	0.0220
		管理技术水平要求 C_{47}	0.4940	0.1726
		备品备件情况 C_{48}	0.0360	0.0126

③最后根据式（8.14）运算出组合权重 k，鉴于实际情况和工程评价经验等，取 $\mu=0.6$ 得 k=[0.0503　0.0476　0.0968　0.0729　0.0207　0.0343　0.0182　0.0235

0.0300　0.0202　0.0094　0.0344　0.0232　0.0291　0.0244　0.0431　0.0455
0.0352　0.0280　0.0205　0.0371　0.0720　0.0414　0.0975　0.0403]。

5）计算欧式贴近度。根据式（8.15）计算欧式贴近度 R_{pH}，得

$$R_{pH} = \begin{pmatrix} M_1 & M_2 & M_3 & M_4 \\ 0.6111 & 0.6077 & 0.6795 & 0.6701 \end{pmatrix}$$

基于层次分析—变异系数法组合权重构建模糊物元模型，得到管材类型的欧
式贴近度排序为 FRPM>DIP>SP>PCCP。

6）计算价值系数。管材的价值系数见表 8.4。

表 8.4　管材价值系数计算

管材类型	成本 B_i/（元·m^{-1}）	成本系数 C_i	功能系数 F_i	价值系数 V_i
SP	4789	0.8240	0.6111	0.7416
PCCP	4876	0.8390	0.6077	0.7243
FRPM	3040	0.5231	0.6795	1.2989
DIP	5812	1.0000	0.6701	0.6701

将管材的欧式贴近度看作功能系数，将管材的预算价格（1.0MPa，DN1600）
看作成本系数，如表 8.4 所示，得到管材的价值系数排序：FRPM>SP>PCCP>DIP。

7）结论。在输水管线工程常用管材的欧式贴近度评价结果中，表现最佳的是
玻璃钢夹砂管（FRPM），次之为球墨铸铁管（DIP）。由于 DIP 物理性能好、安全
可靠，不少输水工程都选用此类型管材，但其造价高，所以价值系数不高。在上
文的价值系数排序中，玻璃钢夹砂管（FRPM）均排名第一，故管材选用玻璃钢
夹砂管是最优的选择。

8.1.3　风险控制措施

除了综合考虑管道强度、使用寿命、输水可靠性、施工运输条件、土壤腐蚀
性、造价等，长距离输水管线工程管材的选定还需要关注地质环境和管道直径等。
以管材选型为例，从地质条件和管道直径两方面，列出相关风险控制措施：

（1）根据地质环境选择管材。在输水管线工程中，由于沿线特点各异的地质
环境，并非所有管材都适用。因此，应综合考虑地质环境和管材自身特性。现阶
段，我国建设完毕的长距离输水管线工程较多。从工程实践出发，根据运行情况
和地质条件对管材选择做出讨论。软弱地质条件下，一般使用混凝土管、钢管。
由于此地质条件下的地面变形可能性高，而塑料管的刚度小，极易发生变形、脱

落、弯折等现象，故通常不采用塑料管。如果在完成地基处理（尤其在高压缩性土壤下必须要采取措施）的前提下，则可以采用玻璃钢夹砂管。

在某些地质条件为高腐蚀性的地区，土壤和水源中可能存在高度腐蚀钢结构和混凝土的介质，因此在这些地区，管材必须具备抗腐蚀的性能，通常会选择玻璃钢夹砂管（FRPM）、钢塑复合管（TPEP）等自身具有抗腐蚀性的管材，否则必须对管材进行必要的防腐处理。由于利比里亚大人工河供水管道使用的预应力钢筒混凝土管（PCCP）并未进行必要的防腐处理，加之海水对钢结构有较强的腐蚀性，最终致使管道严重损坏。总之，综合考虑地质条件和土壤的腐蚀条件对于选取合适的管材是必要的。

（2）根据管道直径选择管材。一般情况下，管材直径越大，材料用量就越多，造价就越高。通常把直径为 DN1200 以上的管道称为大口径管材，以下为小口径管材。几种常用管材的市场价对比，见表 8.5 和表 8.6。表中的管材价格仅包括出厂价格和安装费用，管道内部压力均为 0.6MPa，外覆土厚为 3m。

表 8.5　DN1600 管材市场价格比较表

项目	单位	SP DN1600	DIP DN1600	PCCP DN1600	FRPM DN1600
管材价格	元/m	3865	4216	2300	2960
安装费用	元/m	387	422	322	355
单位综合指标	元/m	4252	4638	2622	3255

表 8.6　DN800 管材市场价格比较表

项目	单位	SP DN800	DIP DN800	PCCP DN800	FRPM DN800
管材价格	元/m	1656	1301	950	1010
安装费用	元/m	166	130	133	121
单位综合指标	元/m	1822	1431	1083	1131

通过对比表中的管材单位价格综合指标，从该工程的资金、性价比方面分析，在大口径管材中，预应力钢筒混凝土管（PCCP）经济性较高，在小口径管材中，球墨铸铁管（DIP）经济性较高，而 PCCP 管道的重量相对较大且维修难度较高，在运输和安装过程中需要更多的人力物力，所以一般不被采用。当然管材的选用还需要结合工程的重要程度深入分析论证。

8.2 输水管线施工阶段风险评估

准确识别输水管线施工阶段安全风险的主要影响因素，分析其作用机理，构建影响因素体系，对于其施工风险管理极其重要。本节将结合输水管线施工阶段安全风险相关内容，构建解释结构模型（ISM），得出主要影响因素的体系图，并结合 MICMAC 方法，在对输水管线工程施工安全风险主要影响因素的依赖性和驱动力进行深入分析的基础上分类，以对不同类型的风险因素提出相应的风险管理策略及措施。

8.2.1 ISM-MICMAC 分析方法

（1）ISM 模型概念及建模步骤。解释结构模型（ISM）是一种被广泛应用于系统工程领域的模型化技术分析方法。该方法采用定性分析以实现对各个要素的等级划分，从而明确呈现各因素间复杂的作用关系，还可以简单清晰地使用概念结构图像来形象地表示系统中各种要素之间的关系，从而实现系统中各部分的结构化和序列化；同时在使用的过程中不损失系统功能最具有结构层次的最简拓扑图，将复杂的繁重系统转化为多个简单的要素，在计算机的辅助之下将时间和理论进行结合，构建出符合实际情况的模型——即利用图形和矩阵描述系统之间的关系，通过建立矩阵的方式进行运算，利用最终的运算结果来解释模型中各个元素之间的关系。

解释结构模型（ISM）的原理基于模块化思想，它将整个系统分解为一系列相互独立的模块，每个模块都有自己的输入、处理和输出，不同的模块之间则通过接口来实现连接。ISM 模型的核心原理包括以下几个方面：

1）模块化设计：ISM 模型将整个信息系统分解为若干个相互独立的模块，每个模块都有自己的功能和接口，这种设计思想可以将复杂的系统分解为相对简单的模块，降低系统的复杂度，提高系统的可维护性和可扩展性。

2）分层设计：ISM 模型中，模块之间的连接可以形成一个层次结构，不同层次的模块之间通过接口进行交互。这些层次结构之间有不同的重要程度，也具有不同的分析意义，在得到层次结构之后还可以根据有关的资料和数据找到各个层次之间、同一层次不同项目之间的关系。这种分层设计可以使得系统的结构更加清晰明了，同时也便于系统的维护和扩展。

3）模块复用：ISM 模型中，每个模块都是相互独立的，可以在不同的系统中进行复用，这种设计思想可以提高模块的重用率，降低开发成本和维护成本。

其具体建模步骤如下：

步骤 1：确定影响因素集 S。对相关文献和专家经验进行搜集整理，据此梳理出各影响因素。常用的方法是调查问卷、专家打分、查阅文献。但在使用调查问卷进行收集资料时，可以将调查问卷分成上下两个部分：由于被调查者有着不同的工作经历、教育程度、工作职位，这些不同社会因素都会影响被调查者对问题的认识，所以第一部分需要被调查者如实填写信息，从而判断下一部分问卷的可用性；在使用文献查阅的方法进行资料收集时，可以采用在不同文献中出现两次以上的原则。在进行一定的工作后，我们可以确定影响因素集 $S = \{S_1, S_2, S_3, \cdots, S_n\}$，其中 S_i（$i=1,2,\cdots,n$）表示系统中的第 i 项影响因素。

步骤 2：建立邻接矩阵 A。利用设计好的问卷对专家进行调查，依据调查结果判断各因素间是否具有直接影响关系，并将该结果转化为矩阵：如有直接影响关系，则对应矩阵元素取值为"1"，无直接影响关系，则对应矩阵元素取值为"0"，即式（8.19），最终将结果用邻接矩阵 $A = [a_{ij}]_{n \times n}$ 表示。

$$a_{ij} = \begin{cases} 1, & S_i 对 S_j 有直接影响 \\ 0, & S_i 对 S_j 无直接影响 \end{cases} \tag{8.19}$$

步骤 3：计算可达矩阵 M。使用布尔运算法则对邻接矩阵 A 和单位矩阵 I 一直进行运算，直至式（8.20）成立，得到可达矩阵 $M = [m_{ij}]_{n \times n}$。其中矩阵元素 m_{ij} 的取值范围见式（8.21）。

$$M = (A + I)^{r+1} = (A + I)^r \neq \cdots \neq (A + I)^2 \neq (A + I) \tag{8.20}$$

$$m_{ij} = \begin{cases} 1, & S_i 对 S_j 有直接或间接影响 \\ 0, & S_i 对 S_j 无直接或间接影响 \end{cases} \tag{8.21}$$

步骤 4：划分要素级位。利用可达矩阵 M 可得到可达集 $R(S_i)$、先行集 $A(S_i)$ 及共同集 $C(S_i)$。可达集 $R(S_i)$ 指能够受因素 S_i 影响的所有因素的集合；先行集 $A(S_i)$ 指能够影响到因素 S_i 的所有因素的集合；共同集 $C(S_i)$ 指先行集与可达集的交集，即式（8.22）[5]。若 S_i 满足式（8.23），则将因素 S_i 划分为第一层级，同时将该因素 S_i 在矩阵中删除，剩余因素继续按照式（8.21）划分，如此重复，直到划分完所有因素。

$$C(S_i) = R(S_i) \bigcap A(S_i) \tag{8.22}$$

$$C(S_i) = R(S_i) \tag{8.23}$$

步骤 5：构建递阶结构模型。根据上一步骤所划分的级位，结合邻接矩阵 A 和可达矩阵 M 所反映的因素逻辑关系，将数据以高层到低层的顺序排列，并同时将同一层之间的各个因素用箭线连接，最终构建出 ISM 模型。

（2）MICMAC 分析方法。MICMAC 模型是一种用于探索影响和依赖关系的分析工具，其名称来源于法语中的"Matrice d'Impacts Croisés-Multiplication Appliquée à un Classement"（交叉影响矩阵-应用于分类的乘法）。该模型主要用于研究和解决系统中的复杂性问题，帮助分析人员理清各个因素之间的相互作用和关系。

MICMAC 模型主要由两个矩阵组成：影响矩阵和依赖矩阵。影响矩阵用于分析因素之间的影响程度，其中每个因素的影响程度用数字表示。依赖矩阵用于分析因素之间的依赖程度，其中每个因素的依赖程度用数字表示。这两个矩阵的组合形成了 MICMAC 模型的分析框架，可以帮助分析人员了解系统中各个因素之间的作用和影响。

具体来说，MICMAC 模型的分析步骤如下：

步骤 1：确定研究对象。首先需要明确分析的研究对象，例如输水管线工程的某些枢纽建筑物、组成部位、具体管件等。

步骤 2：确定因素。根据研究对象，确定影响和受影响的因素，例如在输水管线工程施工管理研究中，因素可以是自然环境、人员、技术、组织管理等。

步骤 3：构建影响矩阵。在影响矩阵中，对每个因素都进行评估，以确定它们对其他因素的影响程度。通常采用专家访谈、问卷调查等方法来进行评估，评估结果以数字表示，数字越大表示影响程度越大。

步骤 4：构建依赖矩阵。在依赖矩阵中，对每个因素都进行评估，以确定它们对其他因素的依赖程度。同样采用专家访谈、问卷调查等方法进行评估，评估结果以数字表示，数字越大表示依赖程度越大。

步骤 5：综合分析。通过对影响矩阵和依赖矩阵进行综合分析，可以得出各个因素的相对重要性和影响程度，帮助分析人员了解系统中各个因素之间的作用和影响。

构建 ISM 模型，对各因素进行层次划分。在得到可达矩阵 M 之后，对其进行 MICMAC 分析，进一步划分影响因素所处的地位与作用，确定相应的依赖性 E_i 和驱动力 F_i，最后提出针对问题的对策建议。其中，依赖性的值为矩阵 M 中影响因素所对应的列的元素是 1 的个数，驱动力的值为矩阵 M 中影响因素所对应的行的元素是 1 的个数。将坐标轴划分为四部分，按照图中 Ⅰ、Ⅱ、Ⅲ以及Ⅳ象限顺序分别为自治簇、独立簇、联系簇和依赖簇。

在进行建议前，应明确 MICMAC 各个象限对影响因素的分析方法，根据计算结果绘制 MICMAC 矩阵。将因素分为四个类别：

驱动器（Driver）：高直接影响力和高总影响力的因素。这些因素对整个系统的发展起着关键作用。

依赖器（Dependent）：低直接影响力和低总影响力的因素。这些因素对整个系统的发展影响较小。

约束器（Constraint）：高直接影响力但低总影响力的因素。这些因素对其他因素有较大的直接影响，但由于其他因素的作用，其总体影响较小。

独立器（Independent）：低直接影响力但高总影响力的因素。这些因素对其他因素的直接影响较小，但通过其他因素的作用，对整个系统产生较大的间接影响。

8.2.2　案例分析

（1）工程概况。为解决××省某地区水资源短缺的问题，从而更好地优化全省水资源配置，省水利厅提出了调水工程。该工程分为南、北干线，其中北干线工程由隧洞、压力管道、倒虹吸、管桥、进出水池及分退水等组成，线路长 89.54km，渠首设计流量 30m³/s。工程施工总工期为 60 个月，总投资 199.06 亿元。

该项目北干线Ⅳ标段（K19+601.15～K29+651），线路全长 10.05km，压力管道为两根内径为 DN3400m 的钢管，管道埋深为 6.84～11.68m。项目沿线主要为农田耕地，涉及个别村庄农户宅基，项目下穿两条高速公路、两条铁路。其中：北 K25+940～K26+160 段穿越××高速顶管工程，该处净穿越工程长 220m；北 K27+235～K27+610 段穿越××中线顶管工程，该处净穿越工程长 375m。该工程采用泥水平衡顶管工艺，顶进技术要求高，涵盖了顶管施工中可能遇到的多种复杂技术问题和风险源。

气象条件：工程区属于暖温带半湿润半干旱大陆性季风气候，雨热同季，四季分明。春季大地回暖，降水增多，但冷空气活动频繁，易出现寒潮、霜冻、大风等天气；夏季气候炎热，多雷阵雨，并伴大风；秋季阴雨连绵；冬季严寒。年平均降水量 500～700mm，多年平均气温 12.9℃，年极端最高气温为 42.0℃，最低气温-19.4℃。

地质情况：该项目施工现场地质情况复杂，穿越地质为素填土、红黏土和风化泥质粉砂岩，工程区海拔 300～600m。管线位于地下水位之上，管基位于黄土中，该段上部以第四系上更新统风积形成的黄土和古土壤为主，下部为上更新统冲积形成的粉质黏土、夹粉土；黄土塬段管线位于地下水位之上，管基主要位于黄土和古土壤中，该段上部以第四系上更新统风积形成的黄土和古土壤为主，下部为中更新统冲积形成的黄土状土为主。其中，渭河阶地段的地基湿陷等级为Ⅰ级（轻微湿陷），湿陷深度约 9～11.5m；黄土塬段的地基湿陷等级为Ⅲ级（严重湿陷），湿陷深度一般 21.0～22.0m。

（2）施工阶段主要风险因素识别。有效地控制风险因素能够减少相关的人员伤亡、财产损失等。输水管线工程施工风险因素较多，这主要是由于其施工周期长、人员众多、技术复杂等客观条件。通过文献或专家经验等手段，识别主要的风险因素，按照安全生产管理需求，将所识别的因素分为 5 个方面：环境因素 S_1、人员因素 S_2、管理因素 S_3、材料与设备因素 S_4 和技术因素 S_5。梳理文献研究，对风险事故的主要风险因素统计分析，并结合实际工程对主要风险因素进行分类编号，形成主要风险因素体系，见表 8.7，其中环境因素标号为 S_{11}～S_{15}、人员因素标号为 S_{21}～S_{23}、管理因素标号为 S_{31}～S_{34}、材料与设备因素标号为 S_{41}～S_{46}、技术因素标号为 S_{51}～S_{55}。

表 8.7　输水管线施工阶段安全影响因素体系

环境因素 S_1	人员因素 S_2	管理因素 S_3	材料与设备因素 S_4	技术因素 S_5
极端气候 S_{11}	作业人员技术水平 S_{21}	组织机构完善程度 S_{31}	管材质量差 S_{41}	管沟开挖方式 S_{51}
复杂地质 S_{12}	作业人员安全意识 S_{22}	规章制度落实程度 S_{32}	机械设备故障 S_{42}	基坑支护形式合理性 S_{52}
地下水位上升 S_{13}	作业人员违规操作 S_{23}	安全培训与教育 S_{33}	机械设备的布置 S_{43}	施工工法适用性情况 S_{53}
地面局部沉降或塌陷 S_{14}		安全监督与隐患排查 S_{34}	管道变形 S_{44}	接口防腐处理不当 S_{54}
施工现场环境 S_{15}			管道接口渗漏 S_{45}	管道拼接操作失误 S_{55}
			管道轴线偏差过大 S_{46}	

（3）施工风险 ISM 模型构建。输水管线施工阶段风险的 ISM 模型构建流程如图 8.1 所示。

1）构建邻接矩阵。邻接矩阵是图论中一种用于表示图结构的数据结构。图是由节点和节点之间的连接组成的抽象结构，用于描述实体之间的关系或交互。邻接矩阵是一种二维矩阵，用于表示图中节点之间的连接关系。如果图有 n 个节点，那么邻接矩阵就是一个大小为 $n×n$ 的矩阵。矩阵中的各个位置的元素的取值表示图中各个位置相应各个节点之间的连接状态。

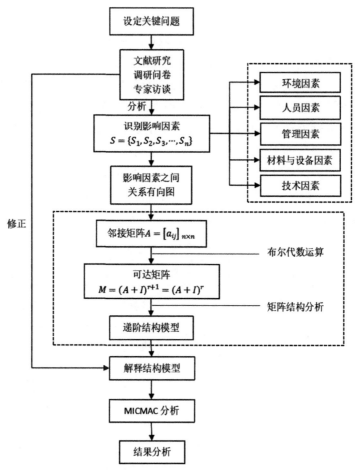

图 8.1　输水管线施工阶段风险 ISM 模型构建流程

对于无向图（边没有方向），邻接矩阵是对称的。也就是说，如果节点 i 与节点 j 之间存在连接，则邻接矩阵中的第 i 行第 j 列和第 j 行第 i 列的元素都为 1（或非零）。如果节点 i 和节点 j 之间没有连接，则矩阵中的相应元素为 0；对于有向图（边有方向），邻接矩阵可以是非对称的。如果节点 i 指向节点 j，则邻接矩阵中的第 i 行第 j 列的元素为 1（或非零）。如果没有连接，则元素为 0。

邻接矩阵的优点是易于理解和实现。它可以有效地表示节点之间的连接关系，并支持快速的图操作，如查找节点的邻居、判断两个节点之间是否有连接等。但是，邻接矩阵的缺点是在表示稀疏图（节点之间的连接较少）时会占用大量的存储空间，因为矩阵中大部分元素都是 0。

邀请相关领域专家依据其经验知识填写所设计的调查问卷，以判断各影响因素间作用的关系。其中调研对象由一线施工技术人员（8 名）、项目管理人员（4 名）、勘察设计人员（4 名）及高校科研人员（4 名），共 20 人组成。最后收回问卷，并将其结果结合专家资历进行分析整理，建立邻接矩阵 A 如下。

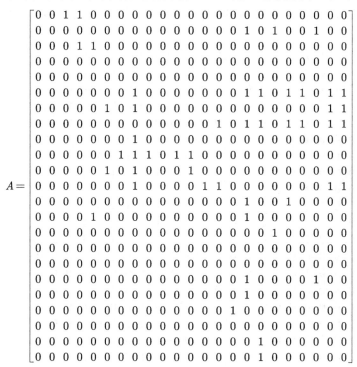

2）可达矩阵。可达矩阵是表示图中各顶点的可达性关系的一种矩阵形式，它描述了图中每对节点之间是否存在一条路径，以及路径的方向。

一般来说假设有一个有向图 G，该图包含 n 个节点（顶点）。那么可达矩阵是一个大小为 $n \times n$ 的矩阵，用来表示从每个节点到达其他节点的可达性[6]。可达矩阵的元素是布尔值（或 0 和 1），其中，如果存在一条从节点 i 到节点 j 的路径，则矩阵中第 i 行第 j 列的元素为 1，否则为 0。可达矩阵的计算可以通过图的邻接矩阵进行迭代来完成。初始时，可达矩阵与邻接矩阵相同。然后，根据传递闭包的概念，通过迭代计算可达矩阵的每个元素。

具体地说，假设邻接矩阵为 A，可达矩阵为 R，那么 R 的计算步骤如下：

首先将 R 初始化为 A；然后对于矩阵中的每个元素 $R_{[i][j]}$，如果存在一个节点 k，使得 $R_{[i][k]}$ 为 1 且 $R_{[k][j]}$ 为 1，则设置 $R_{[i][j]}$ 为 1。重复上述步骤直到矩阵不再发生变化或者达到预定的迭代次数；再通过迭代计算，最终得到的可达矩阵 R 表示了图中节点之间的可达性关系。如果 $R_{[i][j]}$ 为 1，则表示从节点 i 可以到达节点 j；如果 $R_{[i][j]}$ 为 0，则表示从节点 i 无法到达节点 j。

可达矩阵在图算法中具有广泛的应用，例如在路径查找、连通性分析和网络传播等领域。它可以帮助我们理解图的结构和节点之间的关系，以及解决与可达性相关的问题。

$$
M =
\begin{bmatrix}
1 & 0 & 1 & 1 & 1 & 0 & 0 & 0 & 0 & 0 & 0 & 0 & 0 & 0 & 0 & 0 & 0 & 0 & 0 & 0 & 0 & 0 \\
0 & 1 & 0 & 0 & 0 & 0 & 0 & 0 & 0 & 0 & 0 & 0 & 0 & 0 & 1 & 0 & 1 & 0 & 0 & 1 & 0 & 0 \\
0 & 0 & 1 & 1 & 1 & 0 & 0 & 0 & 0 & 0 & 0 & 0 & 0 & 0 & 0 & 0 & 0 & 0 & 0 & 0 & 0 & 0 \\
0 & 0 & 0 & 1 & 0 & 0 & 0 & 0 & 0 & 0 & 0 & 0 & 0 & 0 & 0 & 0 & 0 & 0 & 0 & 0 & 0 & 0 \\
0 & 0 & 0 & 1 & 1 & 0 & 0 & 0 & 0 & 0 & 0 & 0 & 0 & 0 & 0 & 0 & 0 & 0 & 0 & 0 & 0 & 0 \\
0 & 0 & 0 & 0 & 1 & 1 & 0 & 1 & 0 & 0 & 0 & 0 & 1 & 1 & 1 & 1 & 1 & 1 & 1 & 1 & 1 & 1 \\
0 & 0 & 0 & 1 & 1 & 1 & 1 & 0 & 0 & 0 & 0 & 1 & 1 & 1 & 1 & 1 & 1 & 1 & 1 & 1 & 1 & 1 \\
0 & 0 & 0 & 1 & 0 & 0 & 1 & 0 & 0 & 0 & 0 & 0 & 1 & 1 & 1 & 1 & 1 & 1 & 1 & 1 & 1 & 1 \\
0 & 0 & 0 & 0 & 0 & 1 & 1 & 0 & 0 & 0 & 0 & 1 & 1 & 1 & 1 & 1 & 1 & 1 & 1 & 1 & 1 & 1 \\
0 & 0 & 0 & 1 & 1 & 1 & 1 & 1 & 1 & 1 & 1 & 1 & 1 & 1 & 1 & 1 & 1 & 1 & 1 & 1 & 1 & 1 \\
0 & 0 & 0 & 1 & 0 & 0 & 1 & 0 & 0 & 0 & 1 & 1 & 1 & 1 & 1 & 1 & 1 & 1 & 1 & 1 & 1 & 1 \\
0 & 0 & 0 & 0 & 0 & 0 & 0 & 0 & 0 & 0 & 0 & 1 & 0 & 0 & 1 & 0 & 0 & 1 & 0 & 0 & 0 & 0 \\
0 & 0 & 0 & 1 & 0 & 0 & 0 & 0 & 0 & 0 & 0 & 1 & 0 & 1 & 0 & 0 & 0 & 0 & 0 & 0 & 0 & 0 \\
0 & 0 & 0 & 0 & 0 & 0 & 0 & 0 & 0 & 0 & 0 & 1 & 1 & 0 & 1 & 0 & 0 & 0 & 0 & 0 & 0 & 0 \\
0 & 0 & 0 & 0 & 0 & 0 & 0 & 0 & 0 & 0 & 0 & 0 & 0 & 0 & 1 & 0 & 0 & 0 & 0 & 0 & 0 & 0 \\
0 & 0 & 0 & 0 & 0 & 0 & 0 & 0 & 0 & 0 & 0 & 1 & 0 & 1 & 0 & 1 & 0 & 0 & 1 & 0 & 0 & 0 \\
0 & 0 & 0 & 0 & 0 & 0 & 0 & 0 & 0 & 0 & 0 & 0 & 0 & 0 & 0 & 0 & 1 & 0 & 0 & 0 & 0 & 0 \\
0 & 0 & 0 & 0 & 0 & 0 & 0 & 0 & 0 & 0 & 0 & 1 & 1 & 0 & 1 & 0 & 1 & 1 & 0 & 0 & 0 & 0 \\
0 & 0 & 0 & 0 & 0 & 0 & 0 & 0 & 0 & 0 & 0 & 0 & 0 & 0 & 0 & 0 & 0 & 0 & 1 & 0 & 0 & 0 \\
0 & 0 & 0 & 0 & 0 & 0 & 0 & 0 & 0 & 0 & 0 & 0 & 0 & 0 & 0 & 0 & 1 & 0 & 0 & 1 & 0 & 0 \\
0 & 0 & 0 & 0 & 0 & 0 & 0 & 0 & 0 & 0 & 0 & 0 & 0 & 0 & 0 & 0 & 0 & 0 & 0 & 0 & 1 & 0 \\
0 & 0 & 0 & 0 & 0 & 0 & 0 & 0 & 0 & 0 & 0 & 0 & 0 & 0 & 0 & 0 & 1 & 0 & 0 & 0 & 0 & 1 \\
\end{bmatrix}
$$

3）风险因素层级划分。风险影响因素体系表是一个用于系统化评估和分类安全风险的工具。它提供了一个结构化的框架，帮助组织识别和理解不同因素对安全风险的影响程度。通过使用该体系表，组织可以更好地了解其面临的安全风险，并采取相应的风险管理措施。

一个典型的安全风险影响因素体系表通常由多个维度和相关因素组成。这些因素通常是根据行业标准、组织需求和先前的安全事件经验来确定的。安全风险影响因素体系表帮助组织在评估安全风险时考虑多个因素，以更全面地了解潜在的影响和风险。通过将风险因素与具体风险事件相关联，组织能够更好地制定风险管理策略和措施，以减轻风险并保护组织的利益。

根据可达矩阵 M，求得可达集 $R(S_i)$、先行集 $A(S_i)$ 和交集 $C(S_i)$，见表 8.8。对

可达矩阵 M 的所有影响因素划分层级，最终 23 项影响因素共被分为 8 个层级，级位划分结果为：

$L_1 = \{S_4, S_5, S_{16}, S_{17}, S_{21}\}$；

$L_2 = \{S_3, S_{14}, S_{18}, S_{19}, S_{22}, S_{23}\}$；

$L_3 = \{S_1, S_2, S_{13}, S_{15}\}$；

$L_4 = \{S_{20}\}$； $L_5 = \{S_8\}$；

$L_6 = \{S_6, S_9, S_{12}\}$；

$L_7 = \{S_7, S_{11}\}$；

$L_8 = \{S_{10}\}$

表 8.8　输水管道顶管施工安全影响因素区域划分

影响因素 S_i	可达集 $R(S_i)$	先行集 $A(S_i)$	交集 $C(S_i)$
S_1	1，3，4，5	1	1
S_2	2，16，18，21	2	2
S_3	3，4，5	1，3	3
S_4	4	1，3，4	4
S_5	5	1，3，5，6，7，8，9，10，11，12，14	5
S_6	5，6，8，14，15，16，17，18，19，20，21，22，23	6，7，10，11	6
S_7	5，6，7，8，14，15，16，17，18，19，20，21，22，23	7，10	7
S_8	5，8，14，15，16，17，18，19，20，21，22，23	6，7，8，9，10，11，12	8
S_9	5，8，9，14，15，16，17，18，19，20，21，22，23	9，10	9
S_{10}	5，6，7，8，9，10，11，12，13，14，15，16，17，18，19，20，21，22，23	10	10
S_{11}	5，6，8，11，12，13，14，15，16，17，18，19，20，21，22，23	10，11	11
S_{12}	5，8，12，13，14，15，16，17，18，19，20，21，22，23	10，11，12	12
S_{13}	13，16，19	10，11，12，13	13
S_{14}	5，14，16	6，7，8，9，10，11，12，14	14

续表

影响因素 S_i	可达集 $R(S_i)$	先行集 $A(S_i)$	交集 $C(S_i)$
S_{15}	15，16，18，21	6，7，8，9，10，11，12，15，20	15
S_{16}	16	2，6，7，8，9，10，11，12，13，14，15，16，18，19，20	16
S_{17}	17	6，7，8，9，10，11，12，17，22，23	17
S_{18}	16，18，21	2，6，7，8，9，10，11，12，15，18，20	18
S_{19}	16，19	6，7，8，9，10，11，12，13，19	19
S_{20}	15，16，18，20，21	6，7，8，9，10，11，12，20	20
S_{21}	21	2，6，7，8，9，10，11，12，15，18，20，21	21
S_{22}	17，22	6，7，8，9，10，11，12，22	22
S_{23}	17，23	6，7，8，9，10，11，12，23	23

（4）风险因素的 ISM 模型。结合因素级位划分结果与可达矩阵中反映的影响因素间相互作用关系，并让专家分析验证其正确性，最终直观呈现出各要素间的作用路径，从而建立输水管线施工阶段安全风险解释结构模型，如图 8.2 所示。

从图 8.2 可看出，本工程顶管施工安全事故共 5 种类型：塌方、触电、管道断裂、渗水及破坏其他管线。事故的形成是一个动态、不断加剧的系统过程，按照各因素相互影响作用，施工安全影响因素可以划分为 3 阶 8 层。

1）底层根本原因分析：底层根本原因包括规章制度落实程度、作业人员安全意识、安全培训与教育三个方面的内容。这三个方面是导致项目失败的外部宏观风险因素，也是项目内部最容易出现问题的风险因素。在输水管线施工阶段，底层根本原因是影响项目安全性的直接原因，而下级风险因素是影响项目安全性的间接原因，其主要是通过对底层根本原因的作用而影响工程的安全性。

规章制度是指针对输水管线工程制定的安全规定和程序，旨在确保工程的正常运行和操作的安全性。如果规章制度得到充分的落实和执行，可以提供明确的操作指导和安全要求,就能降低工程事故的风险。如果缺乏明确的规章制度和操作程序,工程人员可能会在施工过程中存在不规范的行为,增加事故发生的可能性。因此规章制度的缺失或未得到充分的落实会导致工程操作的混乱和不一致性,进而增加安全风险。

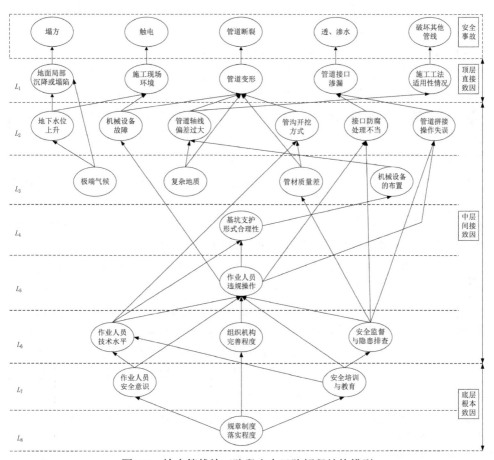

图 8.2 输水管线施工阶段安全风险解释结构模型

作业人员的安全意识是指他们对于工程安全的重视程度和对潜在危险的认知能力。如果作业人员具有高度的安全意识,那么他们在工程进行过程中就会更早的发现工程中存在的安全问题并采取适当的措施来预防事故的发生。如果作业人员对安全问题缺乏相应水平的重视,就可能会忽视上文提及的规章制度,甚至在工程中采取冒险的行为,对已经出现的情况不及时报告,增加事故发生的风险。

安全培训与教育是提供给工程人员的有关工程安全知识和技能的培训和教育

活动。通过定期进行安全培训，可以帮助工程人员学习了解潜在的危险因素，学习在面对危险情况时正确的操作方法，提高应对紧急情况的能力，并增强他们的安全意识。

2）中层间接原因分析：中层间接原因处于项目的底层根本原因和顶层直接原因之间，起着风险传导的作用，其各因素关系最为复杂，因而输水管线工程风险管理的重点也在其之间。中层间接原因主要包括：作业人员技术水平、组织机构完善程度、安全监督与隐患排查、作业人员违规操作、极端气候、复杂地质、管材质量差、机械设备的布置、地下水位上升、机械设备故障、管道轴线偏差过大、管沟开挖方式、接口防腐处理不当、管道拼接操作失误等风险。

在所有的中层间接原因中，违规操作是多个风险因素出现的相关因素，因此需要重点关注。违规操作对输水管线工程的进行会产生多种负面影响，包括但不限于以下几个方面：首先是安全风险，如果工作人员不按照规定的操作程序进行工作，或者无视安全要求和预防措施，就会增加事故发生的概率。这可能导致人员伤亡、设备损坏、泄漏或爆炸等安全事件的发生，给工程带来严重的安全隐患。其次是违规操作可能会影响输水管线工程的质量。规范的操作流程和要求通常旨在确保工程的正确施工和设备的正常运行。如果违反规定，使用错误的材料或方法，或者不按照正确的步骤进行操作，就可能导致施工质量下降，管线的可靠性和持久性降低，增加未来维护和修复的成本。再是违规操作可能导致工程的进度延误和效率下降。如果操作不规范或出现问题，可能需要停工或暂停工程进行修复或调整。这会导致工程延期，增加项目的成本，并对整体进度产生负面影响。最后是违规操作可能违反相关的法律法规和规章制度。如果违规行为被发现并追究责任，工程项目可能面临法律诉讼、罚款或其他法律后果。此外，违规行为还可能导致承包商或相关责任方面临合同违约的风险。为了保证输水管线工程的顺利进行，必须严格遵守规章制度和操作要求，确保所有工作人员遵循正确的操作程序和安全标准。

顶层直接原因分析：顶层直接原因包括地面局部沉降或塌陷、施工现场环境、管道变形、管道接口渗漏、施工工法适用性情况。这些影响因素大多数是输水管线进行过程中有可能出现的施工方面的问题，这些问题的背后并没有更深层的原因，只需要在保证工程进度的基础之上，通过前期更完善的工程勘探和工程进行时更加严谨周密的施工就可以解决。顶层直接原因分析的因素为导致项目失败的外部宏观风险因素，会对其他风险因素产生较强的影响，因此也是项目最根本的风险因素，但却在管理中容易被忽视，因而需重视其对于项目的影响，从深层次上对项目的风险进行管控。

分析得出，安全事故并非由某单一因素导致的，而是由多种因素经有机结合之后而导致的。尽管事故发生的概率会因为部分环境因素（如极端天气、复杂地形等）而增加，但如果现场能够做到有效安全管理，那么安全事故的发生概率会极大地减小，因此应加强调控更深层的影响因素，提高安全管理的水平。

3）MICMAC 分析。相对于文献中分析风险影响因素所采用的方法，本案例首先构建 ISM 模型对各因素进行层次划分，再进行 MICMAC 分析进一步划分影响因素，并确定其相应的依赖性和驱动力，驱动力和依赖性大小的计算见表 8.9。一般来说，依赖性越大则意味着该影响因素越依赖于其他因素的解决，而驱动力越大则意味着该影响因素可以帮助解决越多的其他因素。最后以驱动力和依赖性的平均值作为分界线绘制影响因素象限划分图，如图 8.3 所示。

表 8.9 施工安全各影响因素的驱动力和依赖性数值

影响因素	驱动力	依赖性	影响因素	驱动力	依赖性	影响因素	驱动力	依赖性
S_{11}	4	1	S_{31}	13	2	S_{45}	1	10
S_{12}	4	1	S_{32}	19	1	S_{46}	3	11
S_{13}	3	2	S_{33}	16	2	S_{51}	2	9
S_{14}	1	3	S_{34}	13	3	S_{52}	5	8
S_{15}	1	10	S_{41}	4	4	S_{53}	1	12
S_{21}	13	4	S_{42}	2	8	S_{54}	2	8
S_{22}	14	2	S_{43}	4	9	S_{55}	2	8
S_{23}	12	7	S_{44}	1	15			

对输水管线施工阶段安全风险的影响因素进行 MICMAC 分析可以得到以下结论：

（1）第 I 象限的因素属于自治簇，具有较低的依赖性与较低的驱动力。属于这象限的影响因素有极端天气 S_{11}、复杂地质 S_{12}、地下水水位上升 S_{13}、地面局部沉降或塌陷 S_{14}、安全监督与隐患排查 S_{34}。但是 S_{11} 和 S_{12} 的数值几乎相近，且接近平均值，该象限的因素受依赖性和驱动力影响不大，间接说明此影响因素有着承上启下的关键影响，在 ISM-MICMAC 模型的中间层，极端天气和复杂地质这些条件都是施工单位在施工时优先考虑的因素，它们会对工人的施工带来生命安全的问题，但它们与其他因素间的关系简单，因此需要对这些因素提出专门的风险控制对策。

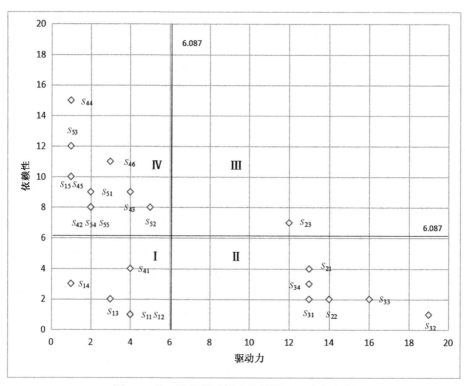

图 8.3　施工阶段影响因素依赖性－驱动力分类

（2）第Ⅱ象限的因素属于独立簇，具有较低的依赖性与较高的驱动力。属于这象限的影响因素有作业人员技术水平 S_{21}、作业人员安全意识 S_{22}、组织机构完善程度 S_{31}、规章制度落实程度 S_{32}、安全培训与教育 S_{33}、安全监督与隐患排查 S_{34}。这些因素在 ISM 模型中多位于底层，管理好该象限的因素会促进其他因素得到解决，并且由于这些因素不易被观察，加强管理该层级因素也可极大降低浅层、中层风险发生的概率，因而需要重点把控。

（3）第Ⅲ象限的因素属于联系簇，具有较高的依赖性与较高的驱动力。仅有作业人员违规操作 S_{23} 一个影响因素处于这一象限，这说明违规操作这一影响因素的解决可以对其他的影响因素的改变起到积极的作用，同时对于某些它依赖的影响因素，由于它的依赖性较大，因此通过改变其他影响因素也可以间接对这一因素进行改善。

（4）第Ⅳ象限的因素属于依赖簇，具有较高的依赖性与较低的驱动力。属于这象限的影响因素在本例子中较多，与处在第Ⅱ象限的影响因素数量相差不大，管材质量差 S_{41}、机械设备故障 S_{42}、机械设备的布置 S_{43}、管道变形 S_{44}、管道接

口渗漏 S_{45}、管道轴线偏差过大 S_{46}、管沟开挖方式 S_{51}、基坑支护形式合理性 S_{52}、施工工法适用性情况 S_{53}、接口防腐处理不当 S_{54}、管道拼接操作失误 S_{55} 等影响因素。这些因素在 ISM 模型中多位于最上层，因此需要用过解决其他因素来解决这些因素。

8.2.3 风险控制措施

根据 ISM 和 MICMAC 的分析结果可知，多种因素在施工阶段会共同影响输水管线工程的安全风险，并且各因素间存在层级关系，其作用也不尽相同。因此为了提高我国输水管线的质量，加快我国输水管线的发展，提出以下建议：

（1）对于甲方单位的建议。由于输水管线工程具有长期性、工程规模较大、对技术要求较高、对经济性和可持续性要求较高的特点，所以这类工程在进行过程中与房屋建筑工程有着较大的不同。以上的解释结构模型分析结果显示，造成施工过程中的风险的原因，最根本的是规章制度的落实程度，以及作业人员的安全意识和相应的安全培训教育。这说明甲方单位在工程进行时，要时刻关注工程有关人员、工程现场各项规章制度的落实情况；另外根据依赖性和驱动力坐标分析，有关安全方面以及规章制度方面的影响因素，更多处于高驱动力、低依赖性的象限中，说明这类因素可以一定程度上更好地帮助解决其他的因素，同时它们的影响也不依赖于其他因素的改变。因此在输水管线工程过程中进行风险管理，甲方首先应注意有关安全、操作的相关影响因素。

另外，由于设备、技术类的影响因素基本处于高依赖性、低驱动力的象限，这说明这两类因素在工程进行时很依赖于其他相关影响因素的改变。因此对于甲方，还应该关注承包商使用符合标准和规范的材料和设备，并进行必要的验收和检测；进行供应商评估和选择，确保供应商具有可靠的产品质量和供货能力；建立材料和设备管理制度，包括库存控制、质量追溯和维护保养等方面的问题。

（2）对于管线设计单位的建议。以设计能力及设计经验为标准，可将设计单位分为大型建筑设计单位和中小型建筑设计单位。大型建筑设计企业是可以开展大型设计的企业，因为其一般拥有雄厚的资金实力以及设计和施工能力。大型建筑设计企业需要加强企业施工能力和信息技术的应用，在注意企业内部结构进行重组的前提下，可以采取并购等方式，并保证有效结合设计与施工。但建筑设计企业还是以中小型为主，并不具备大型企业的偿债能力和风控能力。因此技术和管理是其立身之本，特别是驱动力较低、依赖性也比较低的情况下：施工使用管材质量差、地质复杂、遭遇极端天气时，这些中层间接原因也会导致施工过程中遭遇较大的风险。因此中小型设计单位首先应在在设计过程中考虑环技术风险，设计人员应进行充分的技术调研和分析，确保设计方案的可行性和安全性；使用先进的技术和工具，进行水力计算、管道强度分析和模拟等方面的设计工作；进行设计文件的审查和复核，确保设计的准确性和完整性。其次是设计人员应具备专业资质和经验，熟悉相关安全规范和操作程序；在设计中考虑人员安全和工作条件，避免设计上的潜在危险和风险；提供清晰的设计说明和标示，以确保施工人员能够理解和遵守设计要求。最后也是最重要的是，设计单位应建立完善的项目管理制度和流程，确保设计过程的顺利进行；设计人员应与甲方和承包商保持密切的沟通和协调，及时解决问题和变更请求；建立设计文件的版本控制和变更管理机制，以避免设计错误和混淆。

（3）对于施工单位的建议。对于施工单位而言，在工程进行中需要注重项目过程控制。在解释结构模型的分层分析结果中已经得到了规章制度等对整个工程风险管理的重大影响。特别是违规操作这一在以上坐标系中处于依赖性和驱动力较高位置的因素，说明操作规范与否可以帮助其他因素解决问题，同时也依赖于其他不同的影响因素。

因此对施工单位而言，需要注意以下几点：

首先是注意操作、技术和设备材料的问题：建立详细的工作程序和操作规程；制定清晰的工作程序和操作规程，确保施工人员按照规定的步骤和方法进行操作，减少操作错误和疏忽，提高工作的准确性和安全性；确保使用符合标准和规范的材料和设备，进行验收和检测；建立材料和设备管理制度，包括库存控制、质量追溯和维护保养等方面；定期检查和维护施工设备，确保其正常运行和安全使用；熟悉工程设计文件，理解设计要求和技术规范；按照设计要求和工艺流程进行施工，确保施工质量和安全性；配备具备相关技术经验和资质的施工人员，确保施工工艺和操作正确无误。其次是提供必要的安全培训和教育，确保施工人员了解和遵守安全规程；配备必要的个人防护装备，并确保施工人员正确使用和佩戴；进行安全巡查和检查，及时发现并纠正不安全行为和条件；制定详细的施工管理计划，包括工期安排、质量控制、成本管理和协调沟通等方面；建立现场安全管理制度，确保施工现场符合安全要求；加强现场监督和质量检查，及时发现和解决施工中的问题和质量隐患。同时，作为工程的总承包商，施工单位需要一定的成本（包括时间、金钱等）形成具有设计能力的企业。但如果结合自身的施工能力而加强应用高科技信息技术，则可以弥补部分设计能力和设计优化能力不足的问题。

根据上述得出的安全事故发生机制，分析施工安全影响因素对事故发生的影响过程，并以此为基础采取相应的安全防护措施，见表8.10。

表 8.10　项目采取的主要安全防护措施

因素类别	安全防护措施
环境因素	在施工过程中开展现场补勘、增加地下水位观测、避开恶劣气候施工、严密监控顶进过程及滞后沉降和位移变化
人员因素	招聘高技术水平的工人、重视员工安全教育培训
管理因素	完善组织架构、规定项目部按规章制度开展安全管理、加大现场安全监管力度，实时动态监测风险
材料与设备因素	提高施工机械设备的安全检查频次、严格把控进场管材质量达标率、顶进过程控制测量并调整方向
技术因素	严格按照技术规范进行操作、积极编制安全预案

从各个具有风险性的因素角度，采取相应的安全防护措施并制定相对完善的安全防护方案，该项目施工期间并未发生安全事故，且未有工期延误。

8.3　输水管线运维阶段风险评估

8.3.1　组合赋权-云模型方法

赋权方法按照主观性强弱的原则分为主观赋权法和客观赋权法。

主观赋权法指的是专家根据实际问题或依照经验等主观因素对各个指标进行排序，因此该方法更具有主观性，也难以反映各指标的内在联系；客观赋权法则是以指标最原始的数据为基础，通过部分数学方法进行处理获得权重，但有时利用该方法确定的权重系数可能与实际并不相符。

通常用于确定安全风险指标因素权重的各种赋权方法及其优缺点见表 8.11。

表 8.11　赋权方法及其优缺点

赋权方法		优点	缺点
主观赋权法	层次分析法	思路清晰、简洁实用	在指标较多计算量很大时，难以确定权重，且定量数据少，定性成分多，因此结果可信度不高
	序关系分析法	过程清晰、明确；方法简单、实用，无需判断矩阵，更无需进行一致性检验	指标间的唯一序关系很难确定，能准确反映真实情况
	环比评分法	计算简单	必须要明确各指标的可比关系

续表

赋权方法		优点	缺点
主观赋权法	德尔菲法	能够集思广益、取各方法之优点	过程比较复杂，花费时间较长，且专家之间缺乏交流，其结果带有一定的片面性
客观赋权法	熵权法	可用于任何评估问题的指标赋权，精度较高	各指标间缺乏横向比较，权重依赖于样本，只适用于底层指标赋权，不适用于中间层赋权
	主成分分析法	可消除原指标之间的相互关系，减小选择指标的工作量，且计算规范	要求指标之间有强的相关性，且综合指标必须有符合实际背景和意义的解释
	CRITIC 法	能够反映数据间的相关性与变异性	忽略指标间的实际轻重关系，对样本的区分度不佳

研究者为了最终得到更为科学客观的评价结果，一般会将上述赋权方法进行组合，即为常用的组合赋权法。最后依据选择的权重计算方法设计出评价方法，并据此建立出风险指标体系模型，进而对地下输水管线工程进行风险管理。

（1）主观赋权方法。

1）层次分析（AHP）法。层次分析法把需要解决的问题目标分解为若干个小目标，并根据实际问题确定每个小目标的层次分布，两两比较各层次因素的重要性，最后进行排序来解决问题。使用层次分析法计算各指标权重的具体步骤如下：

①厘清各指标的关系，构建层次结构模型。

通过使用层次分析法，将每个小目标分解成三个层次：最高层为目标层，表示需要处理的问题；中间层为约束层，表示问题求解所需的各类约束，最底层为方案层，表示决策时的各种方案；三者之间的关系如图 8.4 所示，图中的 A、B、C 分别代表目标层、约束层和方案层。

②两两比较各因素，建立判断矩阵并进行一致性检验，最后计算各指标的相对权重。

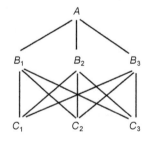

图 8.4　层次结构模型

判断矩阵是比较本层所有因素以及上一层某个因素的相对重要性的数学模型。从层次结构模型的第 2 层开始构造该层元素与上一次层元素的判断矩阵 A_{ij}，如此重复操作，直到最后一层。

通常使用 Saaty 的 1-9 标度法得到判断矩阵 A_{ij} 的元素 a_{ij}，见表 8.12。

表 8.12 标度法各标度含义

标度	含义
1	两要素相比同等重要
3	前一要素比后一要素稍为重要
5	前一要素比后一要素明显重要
7	前一要素比后一要素强烈重要
9	前一要素比后一要素极端重要
2，4，6，8	上述相邻标度的中间程度
倒数	后一要素相较于前一要素的重要程度

假设目标层 A、约束层 B 以及方案层 C 相邻两个层级所构建出的判断矩阵见表 8.13。

表 8.13 判断矩阵及重要度计算和一致性检验

A	B_1	B_2	B_3	W_i	W_i^0	λ_{mi}	
B_1	1	2	3	1.817	0.540	3.009	$\lambda=3.009$
B_2	1/2	1	2	1.000	0.297	3.009	$CI=0.005$
B_3	1/3	1/2	1	0.550	0.163	3.010	
				（3.365）			
B_1	C_1	C_2	C_3	W_i	W_i^0	λ_{mi}	
C_1	1	1/2	1/5	0.464	0.122	3.004	$\lambda=3.003$
C_2	2	1	1/3	0.874	0.230	3.002	$CI=0.002$
C_3	5	3	1	2.466	0.648	3.004	
				（3.804）			
B_2	C_1	C_2	C_3	W_i	W_i^0	λ_{mi}	
C_1	1	2	3	1.817	0.540	3.009	$\lambda=3.009$
C_2	1/2	1	2	1.000	0.297	3.009	$CI=0.005$
C_3	1/3	1/2	1	0.550	0.163	3.010	
				（3.365）			
B_3	C_1	C_2	C_3	W_i	W_i^0	λ_{mi}	
C_1	1	2	3	1.817	0.550	3.018	$\lambda=3.018$
C_2	1/2	1	1	0.794	0.240	3.017	$CI=0.009$
C_3	1/3	1	1	0.693	0.210	3.020	
				（3.304）			

注：括号内数字为该表中 W_i 之和，便于进行下一步 W_i^0 的计算。

其中：

$$W_i = \left(\prod_{j=1}^{n} a_{ij} \right)^{\frac{1}{n}} \tag{8.24}$$

$$W_i^0 = \frac{W_i}{\sum_i W_i} \tag{8.25}$$

$$\lambda = \frac{1}{n} \sum_{i=1}^{n} \frac{(Aw)_i}{W_i} \tag{8.26}$$

进行一致性检验，计算一致性指标 CI：

$$CI = \frac{\lambda - n}{n - 1} \tag{8.27}$$

当 CI 数值越趋近于 0，则一致性越好，CI 数值越大，则一致性越差。为衡量 CI 的大小，引入随机性指标 RI 见表 8.14。

表 8.14 随机性指标 RI

n	1	2	3	4	5	6	7	8	9	10	11
RI	0	0	0.52	0.89	1.12	1.26	1.36	1.41	1.46	1.49	1.52

最后计算一致性比率 CR：

$$CR = \frac{CI}{RI} \tag{8.28}$$

$CR<0.1$，则逻辑不一致性在允许范围内；$CR<0.01$，则逻辑一致性良好；$CR=0$，则逻辑完全一致。

③计算各指标在总目标中所占的权重，即总权重。

具体计算过程见表 8.15。

表 8.15 各指标权重计算过程

C_j C_j^i b_i B_i	B_1 0.540	B_2 0.297	B_3 0.163	$C_j = \sum\limits_{i=1}^{n} b_i C_j^i$
C_1	0.122	0.540	0.550	0.316
C_2	0.230	0.297	0.240	0.252
C_3	0.648	0.163	0.210	0.432

2）序关系分析（G1）法。序关系分析法是层次分析法经过演进之后所得到的一种方法。该方法的提出是在剖析层次分析法（也称特征值法）的全过程，认为特征值法的一些缺陷是由于没能真实地、唯一地体现出指标间的（按某种规定或原则排定的）序关系[7]。使用 G1 法计算各指标权重的具体步骤如下：

①确定序关系。按照约束条件，当指标 X_i 的重要性大于 X_j 时，记作 $X_i \geqslant X_j$。

②判断相邻指标的相对重要程度。照排序次序，将临近两项指标的相对重要性进行比较。X_{k-1} 和 X_k 相邻两个指标的相对重要性以 $\omega_{k-1}/\omega_k = r_k$（$k=n,n-1,n-2,\cdots,3,2$）来表示，$r_k$ 的取值见表 8.16。

表 8.16　r_k 取值参考

r_k	含义
1.0	两要素相比同等重要
1.2	前一要素比后一要素稍为重要
1.4	前一要素比后一要素明显重要
1.6	前一要素比后一要素强烈重要
1.8	前一要素比后一要素极端重要

③计算权重系数 ω_k。按照表 8.16 给出 r_k 的取值，计算 ω_n，最后计算出各指标权重。计算公式为

$$\omega_n = \left(1 + \sum_{k=2}^{n} \prod_{i=k}^{n} r_i\right)^{-1} \tag{8.29}$$

$$\omega_{k-1} = r_k \omega_k (k = n, n-1, n-2, \cdots, 3, 2) \tag{8.30}$$

3）环比评分法。环比评分法是指将各指标两两对比，计算出各相邻两指标的重要度值，再让最后一个指标的重要度值为 1，从倒数第二个指标开始，将下一指标的重要度值与上一指标的重要度值相乘，得到修正后的上一指标的重要度系数，最后将各个指标的重要度系数除以修正后的所有系数总和，即得各个指标的权重。使用环比打分法计算权重的具体步骤见表 8.17。

表 8.17　环比打分法具体步骤

$A=1.5B$, $B=1.0C$, $C=2.0D$			
需评价的指标（1）	暂定系数（2）	修正后系数（3）	各指标权重（4）=（3）/8
A	1.5	3.0	0.375
B	1.0	2.0	0.250
C	2.0	2.0	0.250

续表

需评价的指标（1）	暂定系数（2）	修正后系数（3）	各指标权重（4）=（3）/8
D	/	1.0	0.125
合计	/	8.0	1.000

4）德尔菲法。德尔菲法又称专家调查法，具体实施步骤是将问题发给专家，由专家给出意见并将专家意见整理总结，然后将汇总的结果继续发送给专家，专家继续给出意见并再次整理总结，如此反复，直至意见一致为止。

（2）客观赋权方法。

1）熵权法。熵，也称"状态熵"，是克劳修斯在热力学理论上首次提出的一个概念。后来，在此基础上进一步将熵引入了信息论。这一引入使得人们对信息的处理由传统的线性方式转变为非线性方式，由此产生了信息论。对一项指标来说，信息熵值越低，权重也就越大。因此，可以通过计算信息熵值确定各项指标的权重。利用熵权法确定权重主要分为四个步骤：

①标准化处理原始数据。假设基础数据为

$$X_1, X_2, \cdots, X_m$$

其中，$X_i = \{X_1, X_2, \cdots, X_n\}$

对该数据进行归一化处理之后得到的数据为

$$Y_1, Y_2, \cdots, Y_m$$

正向指标是获得的数值愈大愈好的指标，正向指标的计算方法为

$$Y_{ij} = \frac{X_{ij} - \min(X_i)}{\max(X_i) - \min(X_i)} \tag{8.31}$$

负向指标是获得的数值愈小愈好的指标，负向指标的计算方法为

$$Y_{ij} = \frac{\max(X_i) - X_{ij}}{\max(X_i) - \min(X_i)} \tag{8.32}$$

②求各指标在各方案下的比值。计算第 j 项指标在第 i 个样本所占该指标的比重，公式如下：

$$p_{ij} = \frac{Y_{ij}}{\sum_{i=1}^{n} Y_{ij}} (i=1,\cdots,n, \ j=1,\cdots,m) \tag{8.33}$$

③求各指标的信息熵。根据信息熵的定义，一组数据的信息熵 E_j 为

$$E_j = -\ln(n)^{-1} \sum_{i=1}^{n} p_{ij} \ln p_{ij} (j=1,2,\cdots,m) \tag{8.34}$$

其中 $E_j \geqslant 0$。若 $p_{ij}=0$，定义 $E_j=0$。

④确定各指标的权重。计算出各个指标的信息熵为 $E_1, E_2, \cdots, E_m$，再利用信息熵计算出各指标的权重 ω_j：

$$\omega_j = \frac{1-E_j}{m - \sum_{j=1}^{m} E_j} (j=1,2,\cdots,m) \tag{8.35}$$

2）主成分分析法。主成分分析法是利用指标间的关系，将多个指标融合成少数指标，在保留绝大部分信息的情况下，用少数综合指标替代原指标以简化问题的方法。主成分分析法实质上就是通过线性变化的方法将研究大量元素的问题转变为研究少量的主要的元素的问题。利用主成分分析法计算各指标权重的具体步骤如下：

①数据标准化处理。进行主成分分析的指标共有 m 个：$x_1, x_2, \cdots, x_m$，共有 n 个评价对象，第 i 个评价对象的第 j 个指标的取值为 x_{ij}。将各指标值 x_{ij} 转换成标准指标 $\tilde{x}_{ij}$：

$$\tilde{x}_{ij} = \frac{x_{ij} - \overline{x}_j}{s_j} (i=1,2,\cdots,n, \ j=1,2,\cdots,m) \tag{8.36}$$

其中，$\overline{x}_j$ 与 s_j 分别为第 j 个指标的样本均值和标准差，计算方式如下：

$$\overline{x}_j = \frac{1}{n} \sum_{i=1}^{n} x_{ij}, \ s_j = \sqrt{\frac{1}{n-1} \sum_{i=1}^{n} (x_{ij} - \overline{x}_j)^2} (j=1,2,\cdots,m) \tag{8.37}$$

②求指标数据的相关矩阵。相关系数矩阵 $R=(r_{ij})_{m \times n}$，其中 r_{ij} 计算方式为：

$$r_{ij} = \frac{\sum_{k=1}^{n} \tilde{x}_{ki} \cdot \tilde{x}_{kj}}{n-1} (i,j=1,2,\cdots,n) \tag{8.38}$$

r_{ij} 是第 i 个指标和第 j 个指标的相关系数，并且 $r_{ii}=1$，$r_{ij}=r_{ji}$。

③求相关矩阵 R 的特征根以及特征向量，确定主成分。

计算相关系数矩阵 R 的特征值 $\lambda_1 \geqslant \lambda_2 \geqslant \cdots \geqslant \lambda_m \geqslant 0$，及对应的特征向量 $u_1, u_2, \cdots, u_m$，其中 $u_j = (u_{1j}, u_{2j}, \cdots, u_{nj})^T$，由特征向量组成 m 个新的指标变量。

$$\begin{cases} y_1 = u_{11}\tilde{x}_1 + u_{21}\tilde{x}_2 + \cdots + u_{n1}\tilde{x}_n \\ y_2 = u_{12}\tilde{x}_1 + u_{22}\tilde{x}_2 + \cdots + u_{n2}\tilde{x}_n \\ \quad\quad\quad\quad \cdots \\ y_m = u_{1m}\tilde{x}_1 + u_{2m}\tilde{x}_2 + \cdots + u_{nm}\tilde{x}_n \end{cases} \tag{8.39}$$

其中 y_1 是第 1 主成分，y_2 是第 2 主成分，……，y_m 是第 m 主成分。

④对 p（$p{\leqslant}m$）个主成分进行综合评价。计算特征值 λ_j（j=1,2,$\cdots$,m）的信息贡献率和积累贡献率。称 b_j 为主成分 y_j 的信息贡献率，α_p 为主成分 $y_1,y_2,\cdots,y_p$ 的积累贡献率，计算公式如下：

$$b_j = \frac{\lambda_j}{\sum\limits_{k=1}^{m} \lambda_k} (j = 1,2,\cdots,m) \tag{8.40}$$

$$\alpha_p = \frac{\sum\limits_{k=1}^{p} \lambda_k}{\sum\limits_{k=1}^{m} \lambda_k} \tag{8.41}$$

当 α_p 的值接近 1 时，如 α_p=0.85,0.90,0.95 时，选择前 p 个指标变量 $y_1,y_2,\cdots,Y_p$ 作为 p 个成分，代替原来 m 个指标变量，从而可对 p 个主成分进行综合分析，计算公式如下：

$$Z = \sum_{j=1}^{p} b_j y_j \tag{8.42}$$

3）CRITIC 法。CRITIC 法是一种以指标的对比强度以及指标之间的冲突性为基础综合衡量指标重要性的客观赋权法[8]。在此方法中，使用标准差描述对比强度，使用相关系数描述指标间的冲突性。利用 CRITIC 法求各指标权重的具体步骤如下：

①数据无量纲化处理。假设共 n 个样本，m 个评价指标，该原始指标矩阵为

$$X = \begin{bmatrix} x_{11} & \cdots & x_{1m} \\ \vdots & \ddots & \vdots \\ x_{n1} & \cdots & x_{nm} \end{bmatrix}$$

正向指标的计算方法为

$$x'_{ij} = \frac{x_j - \min(x)}{\max(x) - \min(x)} \tag{8.43}$$

负向指标的计算方法为

$$x'_{ij} = \frac{\max(x) - x_j}{\max(x) - \min(x)} \tag{8.44}$$

②求指标变异性，即求数据标准差。如果数据标准差越大，则权重越高，反之则越低。

③求指标冲突性。即求指标之间的相关系数 r_{ij}。

$$R_j = \sum_{i=1}^{m}(1 - r_{ij}) \qquad (8.45)$$

如果 r_{ij} 值越大，则冲突性越小，权重越低，反之则权重越高。

④计算信息量。C_j 越大，第 j 个评价指标权重越高。

$$C_j = S_j \sum_{i=1}^{m}(1 - r_{ij}) = S_j \times R_j \qquad (8.46)$$

⑤确定各指标的权重。所以第 j 个指标的客观权重 ω_j 为

$$\omega_j = \frac{C_j}{\sum_{j}^{m} c_j} \qquad (8.47)$$

（3）组合赋权方法。主观赋权法和客观赋权法常用于许多指标评价的研究中。两种方法简单易行、方便快捷，但是有利也有弊。这两种方法单独使用时针对指标评价往往不够全面充分，仅依靠主观的赋权方法容易使判断结果产生偏差，客观的赋权方法又过于侧重定量的计算方法，没有考虑到定性分析。从统计学的角度来看，当样本数据量逐渐增加时，权重的变动应逐渐减小，最后接近于某一个稳定的值。但是在实际评价过程中，很难使样本数据量达到足够大，因此我们必须将整个评价系统视为一个不确定性的系统，再利用已知的数据来最大程度地探索系统的规律。所以，当样本数据量有限时，得出的结果只能是近似值。这两种方法都会导致信息缺失，因而更科学的做法是综合主观和客观因素，采用组合赋权的方法将其各自的优势进行双重叠加，以弥补单个方法的不足，最大程度地保留有效信息及数据，确保得出结论的科学性。

1）乘法归一法。当需要处理的指标个数较多且权重的分配相对均匀的情况下，可以应用乘法归一法计算处理指标的综合权重，具体计算参照以下式子：

$$w_j = \frac{\prod_{l=1}^{L} w_j^l}{\sum_{j=1}^{k} \prod_{l=1}^{L} w_j^l} \qquad (8.48)$$

$\prod_{l=1}^{L} w_j^l$ 表示第 j 个指标用 L 种赋权方法得到的权重积；$\sum_{j=1}^{k} \prod_{l=1}^{L} w_j^l$ 表示各指标用 L 种赋权方法得到的权重积求和。

2）线性加权法。该方法是根据最小二乘法原理进行线性融合，假定我们采用 L 种方法对 K 个指标进行赋权处理，从而可以得到 L 个指标权重向量，这些权重组成了一个权重矩阵。

$$w = \begin{bmatrix} w_{11} & w_{12} & \cdots & w_{1k} \\ w_{21} & w_{22} & \cdots & w_{2k} \\ \vdots & \vdots & \ddots & \vdots \\ w_{L1} & w_{L2} & \cdots & w_{Lk} \end{bmatrix} = \begin{bmatrix} \widetilde{w_1} \\ \widetilde{w_2} \\ \vdots \\ \widetilde{w_L} \end{bmatrix}$$

在构建好权重集后，选出权重 $\widetilde{w}^*$，该权重符合构建的所有权重集中的最优选项，可以把这个过程视为一个优化问题，其中优化目标是使 $\widetilde{w}^*$ 与各 $\widetilde{w_1}$ 的离差最小化。依据矩阵的微分原理，可以得出上述式子最优化的一阶导数条件 $\sum a_i \cdot w_{ij} \cdot w_{ij}^T = w_{ii} \cdot w_{ii}^T$。通过求解下式方程组，可以计算得到 a_k 的值，从而求得所需权重 $\widetilde{w}^*$ 的值。

$$\begin{bmatrix} w_{11} \cdot w_{11}^T & w_{12} \cdot w_{12}^T & \cdots & w_{1k} \cdot w_{1k}^T \\ w_{21} \cdot w_{21}^T & w_{22} \cdot w_{22}^T & \cdots & w_{2k} \cdot w_{2k}^T \\ \vdots & \vdots & \ddots & \vdots \\ w_{L1} \cdot w_{L1}^T & w_{L2} \cdot w_{L2}^T & \cdots & w_{Lk} \cdot w_{Lk}^T \end{bmatrix} \begin{bmatrix} a_1 \\ a_1 \\ \vdots \\ a_L \end{bmatrix} = \begin{bmatrix} w_{11} \cdot w_{11}^T \\ w_{22} \cdot w_{22}^T \\ \vdots \\ w_{Lk} \cdot w_{Lk}^T \end{bmatrix}$$

3）灰色关联度组合赋权法（灰色白化权函数聚类法）。灰色聚类是一种将样本数据划分为若干灰色类别的方法，该方法是根据最大隶属度原则与白化权函数值，对其所处的状态进行定性和定量的判断。获得准确评价结果的关键是确定灰色类别的白化权函数和划分标准，这主要是通过专家知识和工程经验来确定。灰色白化权函数聚类法既可以将评价指标体系中的定性指标进行定量化的处理，又可以直接处理定量数据，还可以将未知信息（灰信息）转化为已知信息（白化处理）加以利用计算出评价结果，提高了评价结果的科学性和精确性。其具体步骤如下：

①确定指标体系和评价等级标准。进行效益性综合评价首先要确定评价指标集（以划分为 5 个等级为例）和评价标准以进行数据收集，并对各指标内涵进行说明。

②确定指标权重。灰色白化权聚类综合评价结果的求解需要结合指标权重进行相关计算，分别先运用主观赋权法和客观赋权法确定指标的主客观权重，二者组合优化确定最终权重，最终得到指标综合权重集 W。

③构造样本矩阵和特征灰类值。邀请 n 位专家对各个定性指标进行打分；针对定量指标，依据定量指标的具体参数值，确定评价等级，赋予不同具体分值；最终将定性指标分值与定量指标分值综合，得到评分样本矩阵 G。

$$G = \begin{pmatrix} g_{111} & g_{112} & \cdots & g_{11n} \\ g_{121} & g_{122} & \cdots & g_{12n} \\ \cdots & \cdots & \cdots & \cdots \\ g_{ij1} & g_{ij2} & \cdots & g_{ijn} \end{pmatrix}$$

本介绍以划分 5 个等级为例，所以对应的灰类也为 5 类，其对应的评价序号为 T，$T=1,2,3,4,5$。为了简化计算，将白化权函数假定为线性函数，以第 n 位专家为例白化权函数如下：

$T=1$ 时，设定灰数 $\otimes_1 \in [0,2]$，白化权函数为 f_1：

$$f_1(g_{ijn}) = \begin{cases} 1, & g_{ijn} \in [0,1] \\ 2 - g_{ijn}, & g_{ijn} \in [1,2] \\ 0, & g_{ijn} \notin [0,2] \end{cases}$$

$T=2$ 时，设定灰数 $\otimes_2 \in [0,4]$，白化权函数为 f_2：

$$f_2(g_{ijn}) = \begin{cases} \dfrac{g_{ijn}}{2}, & g_{ijn} \in [0,2] \\ \dfrac{4 - g_{ijn}}{2}, & g_{ijn} \in [2,4] \\ 0, & g_{ijn} \notin [0,4] \end{cases}$$

$T=3$ 时，设定灰数 $\otimes_3 \in [0,6]$，白化权函数为 f_3：

$$f_3(g_{ijn}) = \begin{cases} \dfrac{g_{ijn}}{3}, & g_{ijn} \in [0,3] \\ \dfrac{6 - g_{ijn}}{3}, & g_{ijn} \in [3,6] \\ 0, & g_{ijn} \notin [0,6] \end{cases}$$

$T=4$ 时，设定灰数 $\otimes_4 \in [0,8]$，白化权函数为 f_4：

$$f_4(g_{ijn}) = \begin{cases} \dfrac{g_{ijn}}{4}, & g_{ijn} \in [0,4] \\ \dfrac{8 - g_{ijn}}{4}, & g_{ijn} \in [4,8] \\ 0, & g_{ijn} \notin [0,8] \end{cases}$$

$T=5$ 时，设定灰数 $\otimes_5 \in [0,10]$，白化权函数为 f_5：

$$f_5(g_{ijn}) = \begin{cases} \dfrac{g_{ijn}}{5}, & g_{ijn} \in [0,5] \\[2mm] \dfrac{10 - g_{ijn}}{3}, & g_{ijn} \in [5,10] \\[2mm] 0, & g_{ijn} \notin [0,10] \end{cases}$$

4）确定灰色系数、评价向量和权矩阵。根据专家评分矩阵计算灰色评价系数 C_{ijT}，在此基础上，计算出每一个评价指标属于 5 个灰类的总评价系数 C_{ij}。

$$C_{ijT} = \sum_{n=1}^{n} f_T(g_{ijn}) \tag{8.49}$$

$$C_{ij} = \sum_{T=1}^{5} C_{ijT} \tag{8.50}$$

则属于第 T 个灰类的灰色评价权重为

$$r_{ijT} = \frac{C_{ijT}}{C_{ij}} \tag{8.51}$$

评价等级分为 5 级，对应 5 个灰类，灰色评价权向量 $R_{ij}(r_{ij1}, r_{ij2}, r_{ij3}, r_{ij4}, r_{ij5})$，最终得到灰色评价矩阵 R_i：

$$R_i = \begin{bmatrix} R_{i1} \\ R_{i2} \\ \vdots \\ R_{ij} \end{bmatrix} = \begin{bmatrix} r_{i11} & r_{i12} & \cdots & r_{i15} \\ r_{i21} & r_{i22} & \cdots & r_{i25} \\ \vdots & \vdots & \ddots & \vdots \\ r_{ij1} & r_{ij2} & \cdots & r_{ij5} \end{bmatrix}$$

5）综合评价。将主观和客观赋权法组合确定的指标权重向量和灰色白化权函数聚类法所建立的矩阵进行组合，得出综合评估结果。

二级指标的综合评价结果 B_i：

$$B_i = W_i \cdot R_i = (b_{i1}, b_{i2}, b_{i3}, b_{i4}, b_{i5})$$

则相应的一级指标的灰色评价权矩阵 B：

$$B = (B_1, B_2, B_3, B_4, B_5)$$

对评价指标进行综合评价得综合评价向量 S：

$$S = W \cdot B = (S_1, S_2, S_3, S_4, S_5)$$

对于每个灰类，以其 5 个等级作为赋值的依据，通过对其赋值，把灰类等级值化为向量，从而可以获得整个灰类的综合评价值 Y：

$$Y = S \cdot F^T \tag{8.52}$$

最终，根据综合评价值属于的隶属度区间，判定评价等级。

（4）博弈论组合赋权法。博弈论是用于研究如何平衡各方决策主体的决策需求的一种数学理论。该组合赋权法是利用博弈思想，控制结果之间的平衡，从而实现主、客观权重兼顾的协调结果。具体步骤如下。

1）使用 q 种方法计算权重，指标权重结果 $W_k = \{w_{k1}, w_{k2}, \cdots, w_{kn}\}$ $(k = 1, 2, \cdots, q)$，设 $\alpha = (\alpha_1, \alpha_2, \cdots, \alpha_n)$ 为线性组合系数，则组合权重 w：

$$w = \sum_{k=1}^{L} \alpha_k W_k^T \tag{8.53}$$

2）运用离差极小化思想，对上述线性组合系数进行优化，寻找最优权重的 w_k：

$$w_k^* = \min \left\| \sum_{k=1}^{q} \alpha_k w_k^T - w_k \right\|_2 \quad (k = 1, 2, \cdots, q) \tag{8.54}$$

3）计算线性组合系数 α_k：

$$\alpha_k^* = \frac{\alpha_k}{\sum\limits_{k=1}^{q} \alpha_k} \tag{8.55}$$

4）组合赋权得到评价指标的综合权重 w^* 为

$$w^* = \sum_{k=1}^{q} \alpha_k^* w_k^T \tag{8.56}$$

（5）相对熵组合赋权法。相对熵是衡量两个概率分布之间的差异的一种数据。基于相对熵原理的组合赋权法基本思想就是将组合权重与各单一赋权法之间的相对熵之和最小化。

1）组合赋权的优化模型。按照 p 种单一赋权方法得到加权矢量 $\alpha_{kj} = (\alpha_{k1}, \alpha_{k2}, \cdots, \alpha_{km})(m = 1, 2, \cdots, p)$，$\beta_k$ 作为每个赋权方法的加权系数，那么最优模型为

$$\begin{cases} \min \sum\limits_{k=1}^{p} \sum\limits_{i=1}^{n} \sum\limits_{j=1}^{m} \beta_k [(w_j - \alpha_{kj}) \gamma_{ij}]^2 \\ s.t. \sum\limits_{j=1}^{m} w_j = 1, \quad w_j > 0 (j \in M) \\ \sum\limits_{J=1}^{m} \alpha_{kj} = 1, \quad \sum\limits_{k=1}^{p} \beta_k = 1 \end{cases} \tag{8.57}$$

式中，$w_j (j \in M)$ 为组合权重。

通过构建拉格朗日函数，可以得到这一模型的最佳结果。

$$w_j = \sum_{k=1}^{p} \beta_k \alpha_{kj} \ (j \in M) \tag{8.58}$$

2）确定权向量的权系数。权重矢量 α_i、α_j 的相对熵定义如下：

$$h(\alpha_i, \alpha_j) = \sum_{i=1}^{m} \alpha_{il} \log \frac{\alpha_{il}}{\alpha_{jl}} \tag{8.59}$$

将各赋权方法的权向量结合，从而获得最后的集合权值 $b = (b_1, b_2, \cdots, b_m)$，对应数学模型如下：

$$\begin{cases} minH(b) = \sum_{j=1}^{p} \sum_{i=1}^{m} b_i \log \frac{b_i}{\alpha_{ji}} \\ s.t. \sum_{i=1}^{m} b_i = 1, \ b_i > 0 \ (i \in m) \end{cases} \tag{8.60}$$

两者之间的贴近程度用相对熵来度量，贴近程度越大，则表明该方法的作用越大，所占的比重也就越大，权重系数 β_k 计算公式如下：

$$\beta_k = \frac{h(\alpha_k, b^*)}{\sum_{i=1}^{p} h(\alpha_k, b^*)} (k = 1, 2, \cdots, p) \tag{8.61}$$

将求得的权系数 β_k 代入模型的最佳解中，就可以得到组合加权 ω_j。

（6）最优组合赋权法。最优赋权就是构建一个综合加权模型，是所得到的权重更接近于现实。

设 ω_j' 代表主观权重，ω_j'' 代表客观权重，ω_j 为组合权重，有

$$\omega_j = k_1 \omega_j' + k_2 \omega_j'' \ (j = 1, 2, \cdots, m) \tag{8.62}$$

假设 $k_{21} + k_{22} = 1(k_1, k_2 > 0)$，显然，组合赋值权重法的关键问题是待定系数 k_1, k_2 的确定。

$$M_i = \sum_{j=1}^{m} \omega_j x_{ij} = \sum_{j=1}^{m} (k_1 \omega' + k_2 w'') x_{ij} \ (I = 1, 2, \cdots, n) \tag{8.63}$$

多指标评价中组合赋权系数确定的原则是将综合评价值最大程度地分散并能够反映出各指标之间差异性。因此最优组合赋权问题也可转化为求最优解的问题。

$$\max F(k_1, k_2) = \sum_{i=1}^{m} M_i = \sum_{i=1}^{n} \left(\sum_{j=1}^{m} (k_1 \omega_j' + k_2 \omega_j'') x_{ij} \right) \tag{8.64}$$

$$s.t. k_1^2 + k_2^2 = 1 \ (k_1, k_2 \geqslant 0)$$

由拉格朗日条件极值原理，可得

$$k_1^* = \frac{\displaystyle\sum_{i=1}^{n}\sum_{j=1}^{m}\omega_j' x_{ij}}{\sqrt{\left(\displaystyle\sum_{i=1}^{n}\sum_{j=1}^{m}\omega_j' x_{ij}\right)^2 + \left(\displaystyle\sum_{i=1}^{n}\sum_{j=1}^{m}\omega_j'' x_{ij}\right)^2}} \qquad (8.65)$$

$$k_2^* = \frac{\displaystyle\sum_{i=1}^{n}\sum_{j=1}^{m}\omega_j' x_{ij}}{\sqrt{\left(\displaystyle\sum_{i=1}^{n}\sum_{j=1}^{m}\omega_j' x_{ij}\right)^2 + \left(\displaystyle\sum_{i=1}^{n}\sum_{j=1}^{m}\omega_j'' x_{ij}\right)^2}} \qquad (8.66)$$

此方法求出的 k_1^*, k_2^* 不满足归一化约束条件，需进行归一化处理：

$$k_1 = \frac{k_1^*}{k_1^* + k_2^*} \qquad (8.67)$$

$$k_2 = \frac{k_2^*}{k_1^* + k_2^*} \qquad (8.68)$$

则最优组合权重为

$$\omega = k_1'_{\omega} + k_2''_{\omega} \qquad (8.69)$$

8.3.2 案例分析

（1）工程概况。陕西省某输水工程是国家"十二五"期间重点跨流域调水工程，工程地跨长江、黄河和秦岭山脉，可有效缓解关中沿线城市和工业缺水问题，对水生态环境恶化问题、关中地区环境地质灾害起到明显的遏制作用。该工程是针对关中地区缺水问题规划的重大水资源配置措施，以期达到柔性治水的目的。

该工程是调水工程"两库一隧"的控制性工程，包含调水工程和输配水工程两部分，共计全长 98.3km，最大埋深可达地下 2012m。目前工程的输水管线部分已经实现全线贯通投入使用，其工程布置示意图如图 8.5 所示。

（2）基于二维云模型的安全风险评价。

1）确定指标权重。结合 8.3.1 所提及的主观赋权方法、客观赋权方法以及组合赋权方法，本案例采用 G1 法来确定指标因素的主观权重，CRITIC 法确定指标因素的客观权重，而后采用乘法归一法确定指标因素的综合权重。具体操作步骤如下：邀请输水管线工程运维风险研究领域的专家、学者以及具有丰富项目施工经验的专业人员 8 位，组成决策小组，根据工程资料对前文所建立的 21 个风险指标进行赋值，并运用 G1-CRITIC 法计算各风险指标的主、客观权重。具体计算结果见表 8.18。

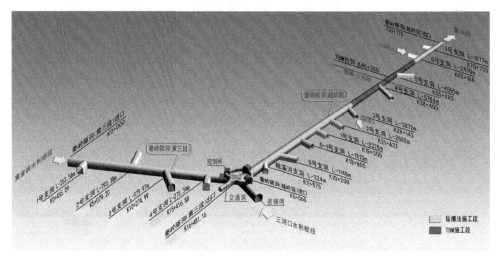

图 8.5　工程布置示意图

表 8.18　基于 G1-CRITIC 组合赋权的指标权重结果

一级风险指标	一级风险指标权重	二级风险指标	专家评判结果								主观权重	客观权重	综合权重
			专家1	专家2	专家3	专家4	专家5	专家6	专家7	专家8			
人为风险 X_1	00.1831	X_{11}	0.1385	0.1681	0.1874	0.2045	0.1613	0.1985	0.2192	0.1862	0.1830	0.0401	0.0379
		X_{12}	0.1684	0.2215	0.2129	0.1531	0.3145	0.1483	0.1615	0.1725	0.1941	0.0382	0.0383
		X_{13}	0.2521	0.2172	0.1303	0.2201	0.1126	0.2616	0.2523	0.1700	0.2020	0.0477	0.0498
		X_{14}	0.1221	0.1756	0.2032	0.1316	0.1673	0.2054	0.1346	0.1968	0.1671	0.0343	0.0296
		X_{15}	0.3189	0.2176	0.2662	0.2907	0.2443	0.1862	0.2324	0.2745	0.2539	0.0556	0.0730
安全管理风险 X_2	00.2457	X_{21}	0.1025	0.1641	0.1413	0.1587	0.1392	0.1435	0.1304	0.1208	0.1376	0.0353	0.0251
		X_{22}	0.1461	0.1083	0.1852	0.1764	0.2069	0.1547	0.1475	0.1686	0.1617	0.0424	0.0354
		X_{23}	0.2408	0.2046	0.1773	0.2314	0.1872	0.1760	0.2217	0.1808	0.2025	0.0573	0.0600
		X_{24}	0.1172	0.1882	0.1391	0.1424	0.1575	0.2053	0.1557	0.1479	0.1567	0.0329	0.0267
		X_{25}	0.2015	0.1669	0.1527	0.1486	0.1651	0.1632	0.1726	0.1793	0.1687	0.0404	0.0352
		X_{26}	0.1919	0.1679	0.2044	0.1425	0.1441	0.1573	0.1721	0.2026	0.1729	0.0610	0.0545

续表

一级风险指标	一级风险指标权重	二级风险指标	专家评判结果								主观权重	客观权重	综合权重
			专家1	专家2	专家3	专家4	专家5	专家6	专家7	专家8			
主体结构风险 X_3	00.3171	X_{31}	0.1883	0.2194	0.2155	0.1951	0.2093	0.2173	0.2282	0.1998	0.2091	0.0509	0.0550
		X_{32}	0.2272	0.1817	0.1778	0.2106	0.1968	0.1885	0.1913	0.1979	0.1965	0.0501	0.0509
		X_{33}	0.1520	0.1849	0.1725	0.1889	0.1587	0.1782	0.1774	0.1841	0.1746	0.0392	0.0354
		X_{34}	0.2759	0.1969	0.2280	0.2157	0.2278	0.2375	0.2174	0.2241	0.2279	0.0486	0.0573
		X_{35}	0.1566	0.2171	0.2062	0.1897	0.2074	0.1785	0.1857	0.1941	0.1919	0.0540	0.0536
自然环境风险 X_4	00.2541	X_{41}	0.1665	0.1859	0.1926	0.1774	0.1531	0.1873	0.1902	0.1807	0.1792	0.0456	0.0422
		X_{42}	0.3152	0.2473	0.2209	0.3071	0.2816	0.2355	0.2504	0.2638	0.2652	0.0547	0.0750
		X_{43}	0.1492	0.1967	0.1759	0.1846	0.1741	0.2035	0.1894	0.1753	0.1811	0.0635	0.0595
		X_{44}	0.1653	0.1760	0.2017	0.1759	0.1920	0.1852	0.1593	0.1621	0.1772	0.0472	0.0432
		X_{45}	0.2038	0.1941	0.2089	0.1550	0.1992	0.1885	0.2107	0.2181	0.1973	0.0610	0.0622

注：二级风险指标中，X_{11} 代表人员技能水平参差不齐，X_{12} 代表安全监控不到位，X_{13} 代表人员处理突发风险能力低，X_{14} 代表人员安全意识薄弱，X_{15} 代表人员操作不当，X_{21} 代表安全文化建设不到位，X_{22} 代表安全防护措施不到位，X_{23} 代表管理制度落实不到位，X_{24} 代表管理责任分工不明确，X_{25} 代表管理标准不规范，X_{26} 代表设备日常维护与保养不到位，X_{31} 代表管材选择不合理，X_{32} 代表管道不均匀沉降，X_{33} 代表防腐措施不到位，X_{34} 代表管道设计施工不符合运维要求，X_{35} 代表未按要求定期检测管道，X_{41} 代表相关政策影响，X_{42} 代表自然灾害，X_{43} 代表极端气候，X_{44} 代表管道外部荷载过大，X_{45} 代表第三方施工风险。

根据计算结果可知，各一级风险指标因素的权重：
$$W_1=[0.1831,0.2457,0.3171,0.2541]$$
各二级风险指标因素的权重为：
$$W_{21}=[0.0379,0.0383,0.0498,0.0296,0.0730]$$
$$W_{22}=[0.0251,0.0354,0.0600,0.0267,0.0352,0.0545]$$
$$W_{23}=[0.0550,0.0509,0.0354,0.0573,0.0536]$$
$$W_{24}=[0.0422,0.0750,0.0595,0.0432,0.0622]$$

2）风险评价过程。

①云模型。传统的评价方法针对某种风险进行评价研究，虽然降低了评价的主观性，具有方便易行、简单快捷的特点，但是在现实中并没有综合考虑特殊条件下可能存在的风险，未兼顾到事件的随机性，且权重的主客观影响对评价的波动也不容忽视。一旦遇到非线性波动时，无法体现动态风险信息，其弊端就会显现出来。

1995 年李德毅教授建立了定性概念与定量数值两者之间互相转化的云模型理论，全面考虑了事物之间的不确定性：模糊性与随机性。该模型对于不确定性的转化具有独特优势，能对指标的模糊度与随机程度进行度量。

A. 云模型理论。设所研究的 U 是一个用数值表示的定量论域，C 是研究论域 U 上的定性概念，对于定量值 x，有 $x \in U$，且定量值 x 是定性概念 C 的随机实现，则 x 对 C 的隶属函数 $\mu(x) \in [0,1]$ 是有稳定倾向的随机数。

B. 云模型数字特征。数字特征包含了期望 Ex、熵 En、超熵 He，并由此三者来决定云图的分布情况。

a. 期望值 Ex 是定性概念的最典型、最充分的体现，反映到云的形状上，就是"最高点"。

b. 熵 En 用来描述一个质的概念的模糊性，即一个能精确测量的云滴的范围。熵越大，所包含的概念越宏观，此概念可被准确度量的范围就越广。云的形状表现为"跨度"，熵值越大，云的"跨度"也就越大。

c. 超熵 He 是由熵 En 来决定的，也就是对熵的不确定性的度量，用来描述云滴在云模型中的离散程度。超熵在云的形状中以"厚度"体现，超熵越大，意味着云越"厚"。

C. 云发生器。在云模型中，云发生器是一种生成云滴的方法机制，分为两种类型，即正向云发生器和逆向云发生器，这两种算法相互支撑，共同实现云模型在不确定性评价中的应用。

a. 正向云发生器。正向云发生器是一个向前的、直接的处理过程，即由定性到定量的转化过程。以数字特征 (Ex,En,He) 形式输入，以坐标形式输出，如图 8.6 所示。

逆向云发生器则恰好相反，将定量形式转化定性形式。以满足一种分布规律的云滴坐标作为输入，3 个数字特征作为输出，如图 8.7 所示。

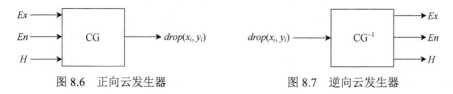

图 8.6　正向云发生器　　　　　　　　图 8.7　逆向云发生器

b. X 条件云发生器和 Y 条件云发生器。在给出特定条件 x 或隶属度 μ 下进行的转化的云发生器则成为 X 或 Y 条件云发生器，如图 8.8 和图 8.9 所示。

D. 云模型具体应用步骤。

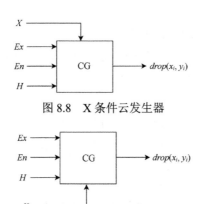

图 8.8 X 条件云发生器

图 8.9 Y 条件云发生器

a. 确定与预测目标有直接关系的定性概念，并将这些定性概念按照程度等级进行划分。

b. 针对各定性概念，确定其 3 个数字特征，并制作相应的云模型。

c. 利用多种云发生器对所发生的具体情况进行规则构造，组合成规则发生器，并与已有数据进行比较分析，得到预测结果。

②二维云模型。

A. 二维云模型理论。通常，在仅考虑单一因素条件影响来解决不确定性问题时，不能得出充分且精确的评价结果。引入二维云模型，应用到具有模糊性和随机性的问题中。

两种一维云模型的组合实现二维云模型，二维云模型能够探索事物在两种因素影响下所具有的随机、模糊特性。顾名思义，该模型需用两组数字特征(Ex,En,He)来表示。经二维云模型转化后输出的坐标点称为云图上的一个云滴，二维正态云由许多云滴构成。图 8.10 为二维云模型的示意图。

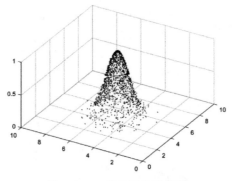

图 8.10 二维云模型示意图

设 U 作为一个二维的论域，C 是 U 上的一个定性概念，如果定量值 (x,y) 是定性概念 C 上的随机实现，(x,y) 对 C 的确定度 $\mu(x,y) \in [0,1]$ 是一种具有有稳定趋向的随机数，那么称 $\mu(x,y)$ 在论域上的分布为二维云。其数学模型满足下式：

$$\begin{cases} (x_i, y_i) = F(Ex_x, Ex_y, En_x, En_y) \\ (P_{xi}, P_{yi}) = F(En_x, En_y, He_x, He_y) \\ \mu = \exp\left\{ -\frac{1}{2}\left[\frac{(x_i - Ex_x)^2}{P_{xi}^2} + \frac{(y_i - Ex_y)^2}{P_{yi}^2} \right] \right\} \end{cases} \quad (8.70)$$

式中，x_1 和 y_1 表示二维云图中云滴的坐标；P_x 和 P_y 表示条件云滴的坐标。

B. 二维云的数字特征。

期望值 (Ex_1, Ex_2)。体现在云图中就是覆盖区域内阴影面积的形心，形心所表达的含义即为由原先两个定性概念结合产生的新的概念的信息值。

二维云的熵 (En_1, En_2)。二维云被投射到 X_{1oy} 和 X_{2oy} 两个平面上的期望线的熵。在云图中体现的含义是模糊概念的亦此亦彼性的裕度，值越大，概念的模糊性和覆盖度也就越大。

二维云的超熵 (He_1, He_2)。二维云在一平面上的投射厚度，又来表示二维云的离散程度，当值较大时，其离散度也较大，表明云层越厚。

C. 二维云发生器。二维云发生器同上述的云发生器，也是将定量数值与定性概念之间相互转化，如图 8.11、图 8.12 所示。

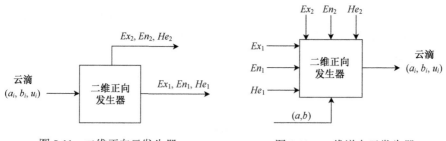

图 8.11　二维正向云发生器　　　　图 8.12　二维逆向云发生器

D. 标准风险云。对所研究的风险事件进行指标评价，首先要划分区间，以失效概率和失效后果为变量因素划分为 I～V 级并进行量化，具体内容如表 8.19 所示。使用评价指标等级量化区间 $[R_{\min}, R_{\max}]$ 得出五个二维云，从而组成标准云，每个区间上概率等级和后果等级对应的数字特征值由式（8.71）来计算。

$$
\begin{cases}
\overline{Ex} = \dfrac{S_j^{\max} + S_j^{\min}}{2} \\[3mm]
\overline{En} = \dfrac{S_j^{\max} - S_j^{\min}}{6} \\[3mm]
\overline{He} \in \left[\dfrac{Ex}{100}, \dfrac{En}{10} \right]
\end{cases}
\tag{8.71}
$$

表 8.19　风险等级量化判据

风险等级	概率等级描述	后果等级描述	风险等级量化区间	标准云数字特征	风险等级描述
Ⅰ 低风险	几乎不发生	极小危害	[0,2.0)	(1.0,0.33,0.05)	风险可忽略
Ⅱ 较低风险	较小概率发生	较小危害	[2.0,4.0)	(3.0,0.33,0.05)	风险可接受
Ⅲ 中等风险	中等概率发生	中等危害	[4.0,6.0)	(5.0,0.33,0.05)	风险部分接受，需采取措施
Ⅳ 较高风险	较小概率发生	较大危害	[6.0,8.0)	(7.0,0.33,0.05)	风险修复后可接受
Ⅴ 高风险	极大概率发生	极大危害	[8.0,10)	(9.0,0.33,0.05)	风险不可接受，必须进行整改
风险等级	概率等级描述	后果等级描述	风险等级量化区间	标准云数字特征	风险等级描述

　　E. 综合风险云。综合风险云以发生概率和损失后果为两个基础变量来度量风险指标，综合体现研究对象的总体风险等级。为统一计算，邀请有关专家对风险发生后果进行全面分析，满分 10 分，进行主观打分，结果保留一位小数。在此基础上，各风险指标的概率和损失形成云滴，分别为风险发生概率云和损失后果云，统称为二维综合风险云。利用式（8.72），借助 MATLAB 逆向云发生器得到发生概率云和损失后果云的特征值。

$$
\begin{cases}
Ex = \dfrac{1}{q} \sum_{k=1}^{q} x_k \\[3mm]
En = \sqrt{\dfrac{\pi}{2}} \times \dfrac{1}{q} \sum_{k=1}^{q} | x_k - Ex | \\[3mm]
He = \sqrt{| S^2 - En^2 |} \\[3mm]
S^2 = \dfrac{1}{q-1} \sum_{k=1}^{q} (x_k - Ex)^2
\end{cases}
\tag{8.72}
$$

通过对指标层的风险云和对应指标权重融合计算来实现向准则层指标风险云的转换，以此类推，形成研究对象的综合风险云的特征值。计算公式如下式。

$$(Ex', En', He') = (\omega_1, \omega_2, \omega_3) \begin{pmatrix} Ex_1 & En_1 & He_1 \\ \cdots & \cdots & \cdots \\ Ex_n & En_n & He_n \end{pmatrix} \quad (8.73)$$

在式（8.73）中，Ex 代表综合风险云的期望、En 代表综合云的熵、He 代表综合云的超熵。

F. 风险等级云图。在 MATLAB 中，通过二维云发生器将数字特征值转化为风险云图，对比两图中的位置分布关系进而确定风险等级。

G. 贴近度。由于综合云和标准云有很大的相似性，并且二维云图是以三维视图的形式呈现的，在进行对比分析时会产生一定的误差，影响判断。所以引入贴近度的方法来进一步计算综合云和标准云之间的贴近程度，从而更准确、更直接地对风险等级进行确定。贴近度数值与评价结果呈正相关，贴近度越大表明结果与标准等级越贴近。计算公式如下。

$$L = \frac{1}{\sqrt{(\overline{Ex} - Ex)^2 + (\overline{Ex'} - Ex')^2}} \quad (8.74)$$

在式（8.74）中，L 表示贴近度，$\overline{Ex}$ 和 Ex 分别表示概率标准云和实际云的期望值，Ex' 和 $\overline{Ex'}$ 分别表示后果标准云和实际云的期望值。

H. 云模型的优势。云模型对不确定性转换有其独特的优点。风险因素中定性概念较多，云模型可以实现定性与定量间的相互转换，传统的评价方法相对就略显不足；同时当从两个维度来评价风险时，二维云模型可以兼顾失效概率和失效后果两者，将两个维度进行耦合，全面系统地考虑评价风险因素边界模糊性，得出更为合理的评价结果；此外，从结果可以看出，二维云模型具有三维可视化优势，直观且清晰，尽管通过云图对比会存在误差只能初步反应风险等级情况，引入贴近度计算来进行二次判断验证，通过数据精细对比最终准确地确定出风险等级，环环相扣，严丝合缝，故选取云模型来进行风险评价。

③数据分析。邀请六位研究输水管线工程相关领域的专家按照安全风险发生概率和安全风险发生后果对评价指标进行打分，总分 10 分，结果见表 8.20。

表 8.20　发生概率和发生后果评分值

风险指标	专家 1	专家 2	专家 3	专家 4	专家 5	专家 6
X_{11}	2.9/3.3	3.1/3.0	3.2/3.1	3.0/3.5	3.1/3.0	2.6/3.2
X_{12}	3.1/3.8	3.2/3.6	2.9/3.2	3.3/3.2	3.2/3.1	3.4/3.3

续表

风险指标	专家 1	专家 2	专家 3	专家 4	专家 5	专家 6
X_{13}	3.0/3.6	2.9/3.6	3.1/3.2	3.5/3.8	3.3/3.2	3.6/3.6
X_{14}	2.8/3.0	3.0/2.8	2.6/3.0	3.0/2.7	3.2/3.2	2.8/2.9
X_{15}	4.3/3.5	4.5/4.2	4.7/4.0	4.1/3.8	4.4/3.6	4.9/3.9
X_{21}	3.0/3.5	3.2/3.3	2.9/3.6	3.1/3.2	3.5/3.5	3.2/3.2
X_{22}	4.9/3.5	4.4/4.5	4.6/3.7	4.1/5.2	3.9/4.6	4.7/3.9
X_{23}	4.3/5.7	4.7/5.9	4.9/6.1	4.6/5.1	5.0/5.6	6.1/4.9
X_{24}	3.8/3.2	3.7/3.5	4.0/3.4	3.8/3.8	4.2/3.3	3.8/4.0
X_{25}	5.1/4.1	4.8/4.7	4.2/4.4	3.7/4.6	3.9/3.7	3.5/3.5
X_{26}	4.5/4.2	4.8/4.5	5.3/3.9	5.4/4.9	5.1/4.7	5.3/4.0
X_{31}	3.5/5.3	4.7/4.9	4.0/4.7	4.0/3.9	4.1/4.5	3.6/5.3
X_{32}	3.3/3.9	3.4/3.7	2.9/3.8	3.7/4.1	2.9/4.4	3.5/3.5
X_{33}	2.8/3.0	2.7/3.6	3.2/3.2	2.6/3.8	3.3/3.3	2.6/3.1
X_{34}	5.1/5.5	4.1/5.3	4.9/5.1	4.4/5.2	4.6/4.9	5.7/5.4
X_{35}	3.7/4.5	3.7/4.0	3.5/3.8	3.1/4.4	3.6/4.2	3.7/5.0
X_{41}	3.0/2.8	3.1/3.2	2.9/3.0	2.8/2.2	3.5/2.4	2.5/2.8
X_{42}	3.7/4.6	3.3/5.0	4.1/6.4	3.5/6.2	3.9/5.1	4.0/5.5
X_{43}	2.9/5.3	3.8/5.2	3.4/5.5	3.9/5.2	3.5/5.1	3.1/5.6
X_{44}	3.2/3.2	3.7/3.2	3.1/3.5	2.8/2.0	3.0/2.6	3.0/3.2
X_{45}	3.2/5.0	3.9/5.5	3.7/5.2	4.3/5.1	2.7/5.0	3.5/6.0

根据各指标的量化情况，计算其分值的样本均值、一阶绝对中心矩、样本方差，并参照式（8.72）计算得到风险云的期望、熵、超熵，构建风险发生概率云和风险发生后果云。

根据式（8.73），由 2 级指标风险发生的云矩阵及对应的权重矩阵计算得出 1 级指标风险云矩阵，再由 1 级指标风险发生的云矩阵和 1 级指标权重矩阵计算得出综合风险云，见表 8.21。

表 8.21 发生概率和发生后果风险云数字特征

综合风险云		1 级层风险云		2 级层风险云	
概率	后果	概率	后果	概率	后果
(3.114,0.279, 0.092)	(3.424,0.296, 0.067)	(3.540,0.235, 0.077)	(3.458,0.234, 0.055)	(2.983,0.195, 0.088)	(3.183,0.188, 0.043)

续表

综合风险云		1级层风险云		2级层风险云	
概率	后果	概率	后果	概率	后果
(3.114,0.279, 0.092)	(3.424,0.296, 0.067)	(3.540,0.235, 0.077)	(3.458,0.234, 0.055)	(3.183,0.153, 0.079)	(3.367,0.279, 0.054)
				(3.233,0.292, 0.083)	(3.500,0.251, 0.053)
				(2.900,0.209, 0.019)	(2.933,0.167, 0.052)
				(4.483,0.272, 0.089)	(3.833,0.251, 0.062)
		(4.473,0.400, 0.128)	(4.422,0.448, 0.106)	(3.150,0.188, 0.088)	(3.383,0.188, 0.075)
				(4.433,0.376, 0.036)	(4.233,0.668, 0.179)
				(4.933,0.515, 0.348)	(5.550,0.460, 0.062)
				(3.883,0.181, 0.030)	(3.567,0.362, 0.087)
				(4.200,0.627, 0.085)	(4.167,0.501, 0.113)
				(5.067,0.348, 0.038)	(4.367,0.418, 0.126)
		(2.543,0.244, 0.083)	(2.971,0.241, 0.067)	(3.983,0.362, 0.225)	(4.767,0.501, 0.177)
				(3.283,0.320, 0.055)	(3.900,0.292, 0.120)
				(2.867,0.320, 0.089)	(3.333,0.306, 0.028)
				(4.800,0.543, 0.158)	(5.233,0.209, 0.055)
				(3.550,0.209, 0.107)	(4.317,0.397, 0.142)
		(2.204,0.236, 0.081)	(3.001,0.261, 0.038)	(2.967,0.292, 0.159)	(2.733,0.362, 0.087)
				(3.750,0.313, 0.056)	(5.467,0.710, 0.042)

续表

综合风险云		1级层风险云		2级层风险云	
概率	后果	概率	后果	概率	后果
				(3.433,0.376, 0.096)	(5.317,0.195, 0.019)
(3.114,0.279, 0.092)	(3.424,0.296, 0.067)	(2.204,0.236, 0.081)	(3.001,0.261, 0.038)	(3.133,0.265, 0.157)	(2.950,0.543, 0.090)
				(3.550,0.522, 0.196)	(5.300,0.376, 0.103)

将表 8.21 中综合风险云特征值以及表 8.19 中标准风险云的特征值输入 MATLAB 正向云发生器，可得综合风险云与标准云图，如图 8.13 所示。

由图 8.13 可知，引汉济渭秦岭输水隧洞工程运维阶段综合风险云更加贴近 II 级标准风险云，从俯视图 8.14 能够看出综合风险云与 II 级标准风险云基本重合，因此初步判定秦岭输水隧洞工程运维阶段风险等级为 II 级，风险程度较低，风险为可接受。

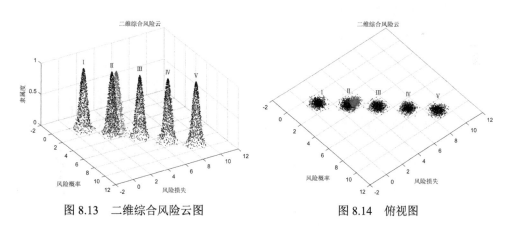

图 8.13　二维综合风险云图　　　　　图 8.14　俯视图

由于综合风险云与标准风险云存有相似性，而且三维图形在观察分析时存在误差，只能初步估计出风险等级，故本文引入贴近度来定量化地确定出秦岭输水隧洞运维阶段风险等级。将综合风险云的特征值与标准风险云的特征值代入式 （8.74）可计算出综合贴近度分别为：D I =0.311，D II =2.276，DIII=0.407，DIV= 0.189，D V =0.123。

可知，贴近度的大小关系为 D II >DIII>D I >DIV>D V，故最终确定出秦岭输水隧洞运维阶段风险等级为 II 级，与实际情况高度吻合。

为给每一级指标确定评估结果的等级，选择人员管理风险 X_1、安全管理风险 X_2、主体结构风险 X_3、自然环境风险 X_4 绘制了一级指标风险云图，如图 8.15 所示。由图可知，人员管理风险 X_1、安全管理风险 X_2 的云图处于 II 级和 III 级标准云之间，主体结构风险 X_3 和自然环境风险 X_4 处于 III 级和 IV 级标准云之间，说明对于输水隧洞运维风险来说，应该加强对主体结构的风险的监护，以及对于自然环境风险，提前做好措施预案。

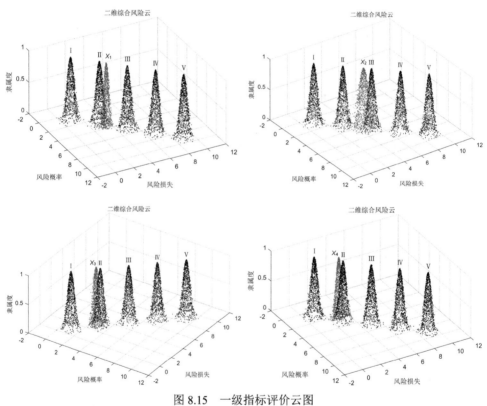

图 8.15　一级指标评价云图

8.3.3　风险控制措施

输水管线是连接供水源和用水方的关键设施，其安全运行对于社会经济和公共安全都具有重要的意义。输水管线在运营全过程中可能会面临各种各样的风险，如人员操作失误、安全管理制度实施不到位、管线破裂泄漏、自然灾害等等，这些风险都可能对输水管线的安全稳定运行造成严重影响，甚至导致人身伤亡和财产损失。因此，在输水管线工程的运维阶段，进行风险把控非常必要。通过对各种风险的识别、分析和评估，及时采取有效的措施，加强对输水管线的监管和管理，可以预防和减少风险的发生，保障输水管线的安全稳定运行。

从一级风险评价指标权重计算结果可知，各风险的重要程度排序为：主体结构风险＞自然环境风险＞安全管理风险＞人为风险，其中风险权重占比较大的为主体结构风险与自然环境风险；从各二级风险评价指标权重计算结果可知，风险权重占比较大的指标为人员操作不当、管理制度落实不到位、管道设计施工不符合运维要求、自然灾害等等。因此，针对输水管线工程运维阶段可能出现的风险因素，本书从人为、安全管理、主体结构、自然环境四方面提出相应的风险把控措施。

（1）人为风险把控。人为风险因素是输水管线工程运维阶段中不可忽视的风险之一，包括人为操作失误、违规操作、技能不足、安全意识不强等。这些因素可能会导致管线事故的发生，对管线运行造成不可逆的影响。因此，针对人为风险，需要采取以下的风险把控措施：

1）建立健全的管理体系。建立健全的风险管理体系是防范人为风险的基础。需要制定适应管线运行的各项规章制度和管理办法，明确各级人员的职责和任务，并建立一套完整的工作流程和操作规范。此外，需要建立相关的安全培训机制和考核机制，确保各级人员具备必要的安全技能和安全意识。

2）加强人员培训和教育。加强人员的培训和教育是防范人为风险的重要手段。管理者需要根据人员的实际情况，制定不同层次的培训和教育计划，针对性地提高员工的安全意识。着重培训员工在安全方案、应急处理等方面的技能，以提高员工在实际工作中的安全素质。

3）实施安全监督和考核。实施安全监督和考核是防范人为风险的重要举措。安全督查和考核需要涵盖管线的各个环节和关键点，特别是对人员操作规程的实施情况进行重点关注。管理者应定期组织安全检查和隐患排查，及时发现和处理存在的安全隐患。同时，应建立完善的考核机制，对违规操作和失职失责等行为进行惩处，以强化员工的安全意识和责任意识。

4）强化风险管理意识。强化风险管理意识是防范人为风险的前提和保障。管理者需要全面推广风险管理理念，引导员工养成安全的行为习惯，强化安全意识和责任意识，形成安全文化。在实际工作中，员工需要遵守各项规章制度和操作规范，严格执行安全操作程序，对发现的安全隐患及时上报和处理。

（2）安全管理风险把控。对输水管线工程运维阶段的安全管理风险进行把控是一个非常重要的事情。任何安全事故的发生都可能导致人员伤亡与财产损失，严重影响输水管线的正常运行。因此，必须采取有效的措施来管理安全风险，确保输水管线的安全运行。

以下是针对安全管理风险的一些风险把控措施：

1）制定安全管理制度和规范。在输水管线工程的运维阶段，必须制定和执行一系列安全管理制度。这些制度应该明确工作人员的职责、安全操作规程和紧急处置措施。安全制度应该全面覆盖输水管线工程的各个方面，包括施工、检查、维修、保养等，确保工作人员可以在安全的条件下完成各项工作。

2）采取有效的安全防护措施。在输水管线的设计和建设中，应当充分考虑各种可能发生的安全隐患，采取相应的安全防护措施，合理做好安全管理的各项工作，如设置安全防护设施、定期检修和维护输水管线等。同时，在输水管线周围设立安全警示标志和安全栏杆，以提醒周围人员注意安全，防止意外事故的发生。此外，在关键部位和易发生事故的地方，应该安装相应的防护设施，减少因操作失误对管线造成的影响。例如，在井口、弯头、支架等地方安装防护栏杆或者警示标志，避免人员操作失误或者不当操作对管线造成的影响。

3）定期进行设备维护和保养。输水管线工程的设备必须定期进行维护和保养，以确保其稳定性和安全性。这些维护和保养工作应该在安全管理制度的指导下进行，确保工作人员的安全和设备的稳定运行。检查内容包括管道本身的状态、管道周围的环境和设备的运行情况等。定期维护包括清理管道内部的沉积物、修补管道的漏点和腐蚀等。此外，定期进行技术更新和升级也是确保输水管线安全的重要手段。

4）加强安全文化建设。安全文化建设是安全管理的重要组成部分。通过构建企业安全文化，可以增强员工安全意识，增强员工责任心，达到预防和降低企业安全事故的目的，也能够促进员工对安全法规的遵从和执行，让他们在工作中更加严格地按照规定操作，减少因违反规定而导致的安全事故的发生。此外，安全文化建设还可以增加员工的自我保护意识，使他们能够及时发现问题、报告问题，并采取正确的应对措施，避免因操作不当、疏忽大意而造成的安全事故。因此，建立和完善安全文化是把控输水管线运维阶段安全管理风险的必要条件。

（3）主体结构风险把控。输水管线的主体结构主要指管线本身的材料、设计等方面，这些方面存在的问题会直接影响管线的安全运行，因此对主体结构风险的控制十分重要。以下是针对主体结构风险的风险把控措施：

1）管道选材与质量管理。管道的材质是确保安全运行的根本条件，因此应选用高品质材质，并在采购时对材料进行质量检验，确保材料符合相关标准和要求。同时在管道运营中应定期对管道材料进行检测和评估，发现问题及时进行修复或更换。

2）管道设计和施工质量控制。管道的设计和施工质量也是保证管道安全运行的重要因素。在设计和施工过程中应该遵守相关标准和规范，对管道进行严格的质量控制和监督。设计和施工人员应该具有专业的技能和经验，以确保管道的安全性和稳定性。

3）管道的防腐与保护。管道长期运行，易受腐蚀影响，导致管道壁变薄、钢材开裂等问题，增加了管道破裂和漏水的风险。因此，输水管道建设时应在管道内部和外部涂层中加入防腐材料，延长管道使用寿命。定期检查涂层的状况，发现问题及时进行修补和更换。此外，为了避免管道被挖掘机、重型车辆等机械设备损坏，应在管道周围设置隔离带、路标等，提醒施工人员和车辆注意管道的存在。对于经过城市、工业区等人口密集区域的管道，可以采取防护措施，如在管道外围设置防护墙、护栏等，保护管道的完整性。

4）管道的定期检测。管道的完整性是输水的重要保障。定期检查和监测管道状况可以及早发现管道的异常情况。对于已经建成的管道，可以通过在关键部位安装传感器来实时监测管道运行状况，如管道壁厚度、温度、压力等，当监测数据超过预设阈值时，系统可以自动报警，及时采取措施，避免事故发生。对于新建的管道，还可以进行建设质量监管和验收，确保管道的质量符合标准。

（4）自然环境风险把控。在管线工程运维阶段，自然环境因素可能会对管线安全造成影响，如地震、泥石流、山洪等自然灾害，以及气候变化、植被生长等因素。这些因素都有可能导致管线受损、泄漏，甚至失效，从而对人员和环境造成严重的安全风险和经济损失。因此，对自然环境风险进行把控非常必要。具体而言，可以从以下几个方面进行风险把控：

1）环境评估和风险预警。在输水管线工程建设阶段，需要对管线所处的环境进行评估和预警。环境评估可以评估管线所处环境的地形、地质、气象、水文等自然因素的影响，从而更好地掌握管线建设的风险因素。风险预警则可以通过气象、水文等专业技术手段，对自然灾害等风险进行预测和预警，及时采取应对措施。

2）建立信息监控系统。建立信息监控系统，对输水管线进行实时监测和数据收集，能够及时掌握管线的运行状态和异常情况，为运营管理提供及时、准确的数据支持。监控系统应包括传感器、数据采集和分析系统、远程监控和控制系统等。利用信息检测系统，能够及时地检测出管道的缺陷和安全隐患，做出及时的反应和处理。

3）建立应急预案和响应机制。应急预案和响应机制是预防自然环境风险的重要手段，必须在设计和施工阶段就考虑到，并在运营阶段不断完善和更新。应急预案应包括各种自然灾害可能造成的影响，如地震、洪水、山体滑坡等，并制定具体的预警和应对措施。响应机制应包括人员组织、通信设备、救援物资等，确保在自然灾害发生时能够迅速组织救援和应对。

4）加强对管线周边环境变化的检测与分析。通过对管线周边环境变化的检测，可以及时发现异常情况，例如地下水位变化、土地沉降等，进而预测管线运行的风险，并及时采取措施进行修复或加固，以确保输水管线的正常运行。同时，通过对周边环境变化的分析，可以深入了解环境变化的根源和规律，为制定合理的风险防范措施提供科学依据。例如，在地震多发区域，可对管线进行抗震设计和加固，以提高管线的抗震能力。

8.4 本 章 小 结

本章选取适用的风险评估模型的构建方法，以风险分析与识别阶段得到的风险因素指标体系作为判断基础，结合与设计、施工、运维三个阶段相关的实际案例进行分析，对风险进行测量和评估，最后得出风险的综合性评估结论，并提出了相应的风险控制措施，为输水管线工程风险管理工作提供有效的参考依据。

参 考 文 献

[1] 刘志峰. 绿色产品综合评价及模糊物元分析方法研究[D]. 合肥：合肥工业大学，2004.

[2] 郭明杰，胡少伟，单常喜，等. 基于组合权重的模糊物元模型在输水管材选型中的应用[J]. 长江科学院院报，2022，39（7）：137-143.

[3] 郭娇，李金燕，张翔. 基于主客观组合赋权的水资源模糊物元综合评价[J]. 人

民长江，2020，51（7）：106-111.

[4] 多晓松，曹俊俏. 基于价值工程原理在某矿山地质环境恢复治理设计中的比选应用[J]. 有色金属（矿山部分），2021，73（6）：135-139，144.

[5] 仇国芳，郑艳，张涑贤. 基于 ISM 的建筑施工高处坠落事故致因分析[J]. 安全与环境学报，2019，19（3）：867-873.

[6] 侯延香，李敏，李永福. 基于 ISM 模型的装配式装修发展影响因素分析[J]. 建筑经济，2021，42（11）：78-84.

[7] 于海霞. 谈指标赋权法在经济评价中的应用[J]. 商业时代，2009（14）：10，28.

[8] 张玉，魏华波. 基于 CRITIC 的多属性决策组合赋权方法[J]. 统计与决策，2012（16）：75-77.

第9章　输水管线工程风险管理信息化建设

输水管线工程风险管理信息化建设指输水管线工程为了适应可持续发展、水资源安全供应的要求，将资源管理、资源保护、运行安全等方面工作贯穿于输水管线整体风险管理的过程中，在此基础上实现社会效益、环保效益及经济效益。管理信息化建设是实现输水管线工程风险管理预期目标与预期价值的重要方法，重视智能化、信息化发展，广泛应用先进的管理方式和信息技术，注重环境问题，坚持道德标准和社会责任。输水管线工程风险管理信息化建设可以体现在数据采集与监视控制（Supervisory Control and Data Acquisition，SCADA）系统、大数据与云计算、三维虚拟 VR、物联网、WebGIS 等技术上。

9.1　输水管线工程风险管理信息化系统

9.1.1　风险管理信息化系统概述

输水管线工程风险管理信息化系统（简称风险管理信息化系统）本着节能减排、安全运行、科学控制、高效管理的目标，采用大数据、云计算、物联网等技术方法，集多个系统为一体。风险管理信息化系统的构建是输水管线工程的一种形式，也是实现输水管线工程智慧化的一种途径，可以优化配置和整合信息，提高输水管线工程的运行效率和绿色可持续发展水平。

借助物联网技术和 SCADA 系统，构建风险管理信息化系统，将输水管线工程各阶段的信息集成到信息化平台中，真正实现输水管线工程信息全寿命周期共享，将输水管线工程内的信息转化为实时数据反馈给平台，为输水管线的监测预警、信息管理等工作提供可靠支撑。

输水管线工程信息化管理是保障输水管线工程安全运行的重要基础，也是输水管线工程发展的必然趋势。因此，为实现输水管线数据信息共享，加强管线全寿命周期管理工作，需建立输水管线工程的风险管理信息化系统。

9.1.2　风险管理信息化系统设计原则

输水管线工程风险管理信息化系统遵循技术先进、架构合理、安全稳定、可扩展、低维护的原则，构建适应于输水管线工程当前和未来发展需求的信息管理平台，确保其系统架构和应用框架建立在具有规划性的应用平台上。

（1）架构合理性原则。

1）系统采用开放式结构，具有很高的灵活性和可扩展性；采用可靠、高性能的系统总线，保证高效的 I/O 处理能力；采用高速网络传输技术和数据库技术，保证系统具有数据交换的高效性和传输安全的稳定性。

2）系统能确保并发型及分布型事务的完整性和数据的一致性。在系统宕机或其他异常状态下，可以实现节点的快速变更，保证业务逻辑的完整性与统一性。

3）系统具有方便、快捷、人性化的人机界面，可支持台式计算机、笔记本计算机、手机等多种设备显示监控画面、趋势、报警、报表等多种格式的信息，具有开放式界面，可灵活对接各子系统。

4）系统的总体结构及其主要设备均有备件，以保证系统运行的可靠性。系统设计过程中，一方面需要协调好对信息的保护程度，另一方面也需要衡量信息资源共享的限度。在设计系统线路时，充分利用提示分析和故障预警的功能。

（2）安全稳定性原则。安全监测信息管理系统是一个实用、成熟和可靠的系统，该系统使用了等级化的用户权限管理、可备份的数据库，配置了防火墙，提供了专网的硬件结构，具有很高的安全性。该系统可与输水管线工程内的监控系统对接，保证输水管线工程安全稳定运行，对输水管线工程进行统一管理。与此同时，考虑网络信息对外输入输出端口处的数据安全性十分有必要。

（3）可扩容原则。风险管理信息化系统按照全局对齐、预留开发的原则设计。全局对齐意味着现有监控、管理、运维、分析、预测和决策等功能将得到全面配备；预留开发意味着设计的系统必须具有强大的可扩展能力，以适应未来技术发展。因此，在进一步开发和扩展时，应考虑系统的成熟度、兼容性和开放性。科技水平不断发展，促使输水管线工程风险管理信息化系统不断优化升级，随之而来的是对系统的进一步优化扩容，甚至是新增与其他系统的联通设计。当前系统设计时，需要充分考虑系统在未来使用时扩容乃至升级的发展需求，为可预见的未来预留部分待扩容节点。

（4）低维护原则。风险管理信息化系统中的产品应易于使用和维护。监控系统对各子系统进行综合监控和集中管理，提高了系统效率，降低了系统管理维护成本。三分技术、七分管理广泛适用于开发系统、操作技术等各类应用前景良好的产品。对系统设计而言，不仅要考虑当前的技术水平，更要始终将管理环节作为系统管控的一项重要环节加以考量。通过精简高效的管理维护和前沿适用的先进技术，开发具备多模块、全方位、深层次、强管控的风险管理信息化系统，为使用者提供便于操作且功能强大的软硬件配置，让使用者真正实现轻松上手、无忧操作、高效维护。

9.1.3 风险管理信息化系统架构

风险管理信息化系统架构（图9.1）主要包括以下几个部分：

（1）感知层：主要包括 GIS 定位系统、环境和设备监控系统（阀门控制、水泵控制、气压检测、水位检测、泄漏检测、沉降预测等）、视频监控系统（防盗报警、电子巡更、门禁、管件定位等）、通信系统（工业电话、工业手机等）。

（2）数据层：感知层的多个系统的数据信息汇集在本层，防止信息孤岛，采用大数据和云计算技术，对数据进行更高效的采集与处理，不同系统的不同厂家采用不同的通信协议。

（3）平台层：主要采用 SCADA+3D BIM 平台，SCADA 与 3D BIM 之间数据共享并深度融合，充分利用 SCADA 系统的可靠性和操作便利性以及 3D BIM 的丰富信息和多种展示手段。数据来自地理环境信息数据库、模型数据库、运营数据库、实时数据库等数据库。

（4）应用层：包括安全监测、预警响应、信息管理、管线控制、计算机监控、辅助决策等系统。

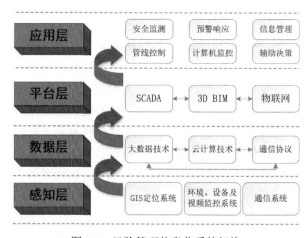

图 9.1　风险管理信息化系统架构

9.2　输水管线工程风险管理信息化系统相关技术

输水管线工程风险管理信息化系统采用 SCADA 系统、大数据和云计算技术、

三维虚拟 VR 技术、物联网技术、WebGIS 技术等先进技术手段，可实现输水管线
工程信息化管理，如图 9.2 所示。

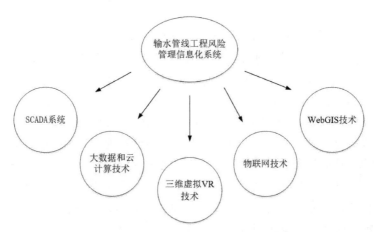

图 9.2　输水管线工程风险管理信息化系统相关技术

9.2.1　SCADA 系统

（1）SCADA 系统功能。

1）监控。SCADA 系统旨在监督和监控监督级别的特定流程和行为。监控系统的主要作用是将操作员与从现场设备获取的数字数据联系起来。SCADA 系统是事件驱动的，并非旨在主动执行高级过程控制功能。它们通过自动或手动远程关闭设备来响应实时事件。监控系统可以由小型 SCADA 系统中的单台计算机组成，也可以由运行分布式软件应用程序并链接到大型 SCADA 网络中的多个灾难恢复站点的多台计算机组成。

SCADA 系统中的监控是通过监控控制器实现的，该控制器连接输入和输出元件，位于中央集线器并由人操作的人机界面集成。虽然监督控制中心负责大部分数据的采集、处理和传输，但这些信息始终被引导到中央控制中心，以便人员进行分析、报告和性能监控。

2）遥控。遥测涉及测量和传输数据以及远程设备的状态到可以对其进行分析的中心位置。SCADA 系统使用遥测技术来获取、分析、存储和报告现场设备的状态和测量数据。

3）数据采集。在 SCADA 系统中，数据采集是指从远程传感器（输入）收集数据并通过现场控制器将其传输到中央控制中心的过程。传感器的类型包括运动、温度、压力和振动传感器。收集的数据经过处理和分析，可用于远程控制执行器

（输出）。执行器的示例包括开关电机、阀门电机、步进电机、水泵机组等。数据采集系统还用于预测未来事件，例如通过监测天气模式来预测低温冻胀、暴雨洪水等潜在的自然灾害。

4）报警。报警是 SCADA 系统的一个关键功能。警报是通知操作员有关事件的通知，范围从日常维护提醒到紧急警报。一些常见的紧急 SCADA 警报触发器是设备故障，系统停机时间和所需设备指标的偏差。SCADA 警报可能会提供有关性能不佳和不合规的通知。

（2）SCADA 系统在输水管线工程中的应用。SCADA 是一种高级的自动化系统，能够实现全面的监测、管理、调度，并能够实现实时的预测、决策、执行、记录等功能，从而为用户提供更加安全、高效的服务，在输水管线工程中，可利用 SCADA 系统相关技术，采取包含中央控制站、节点控制站、远程末端装置的多级控制模式，建立输水管线工程综合控制系统，实现远程信息收集、实时监视控制等功能，确保工程安全可靠、经济高效地运行。

SCADA 技术能够有效地检测并调节供水系统的所有部件，无论是来自水源的水，还是来自处理厂、储存池或者是供水管线的水，都能够得到有效的监测。同时，它也能够帮助我们更好地掌握城市的污染物排放情况。SCADA 技术的广泛使用为水务公司带来了巨大的改变。它能够有效地检测并监控供水系统的运转情况，并能够及时地将监测到的信息及时地反馈到公司，这样即使出现了漏洞，也能够及时地得到解决，例如检测到管线损坏或者设备出现异常。采取 SCADA 技术，不仅有效地缩短了管道故障的发生期限，也大大改善了管道的运行状态，包括改善水质、降低流速、降低压差等。此外，SCADA 技术也有助于精确调整各项指标，有效地抑制不必要的污染源，确保环境的安全。SCADA 技术的发展为改善水利工程的效率、安全性、经济性等方面带来了巨大的改变。它能够帮助我们实时监测水位变动，并且能够根据实时变动的结果及时调整水位，从而实现精确的调度。通过将系统监控与远程控制相结合，可以显著降低人力和交通成本，特别是在处理机电设备操作方面。SCADA 系统提供的数据可以帮助水务公司减少实际的损失，从而提升主动损失控制（Active Leakage Control）的效率。通过夜间流量监测和逐级测试，可以有效地检测水箱的水位，从而更准确地定位漏水情况，而且，即使是最微小的漏洞，也可能会导致大规模的爆管事故。

9.2.2 大数据和云计算技术

（1）大数据和云计算的区别与联系。

1）区别。云计算侧重于对资源的划分和配置，它是一种虚拟化的硬件资源；

而云计算则是对超大量数据的快速和有效处理。大数据与云计算两者并非独立概念，关系非比寻常，无论在资源的需求上还是在资源的再处理上，都需要二者共同运用。

具体来理解，大数据是指在移动互联网和物联网环境中的应用场景，通过处理和分析大量数据，来发现和获取有价值的信息。而云计算则是一种技术方案，可以根据要求处理计算、存储、数据库等 IT 基础设施中出现的问题。这两者并不处于相同的层面。

在实践中，大数据是云计算的一个非常关键的应用领域，同时，云计算也提供了处理大数据和进行数据探索的优质技术方案。

从技术角度来看，大数据与云计算密切相关，如同手掌的正反面。因为大数据所涉及的数据量巨大，无法依靠单台计算机的处理能力来完成，必须利用分布式架构进行处理。这就需要依靠云计算的分布式处理、分布式数据库、云存储和虚拟化技术。随着云计算时代的到来和发展，越来越多的人开始关注大数据领域，它的分布式数据挖掘功能也越来越受到重视。

总体来说，大数据的价值挖掘和场景运用，可以通过云计算得到支持，而云计算并非是大数据实现计算处理的唯一方式。

2）联系。总的来说，云计算是实现大数据存储和计算的基础，而大数据则是实现这一目标和价值的关键，大数据分析处理需要云计算平台支撑，而大数据包含的内在价值及规律则能够使云计算更好地与行业应用结合并发挥更大的作用，大数据和云计算实则相辅相成、相得益彰。

（2）大数据对水利信息化的应用支持。水利事业发展现状已经明显地体现出对高质量、高效率水利信息利用的迫切需要，这也意味着水利信息化的时代已经到来。凭借着大数据和云计算技术，高质量水利信息价值将为国民经济和民生建设提供巨大支持，利用大数据和云计算进行水利信息化建设，会将水利工程在建设运营过程中所形成的数据信息与社会需求相匹配，并且能够形成全方位数据信息共享，为经济建设、民生发展提供全面支持。而在这一过程之中，大数据和云计算理念下的水利信息化也将进一步提高服务水平，为水利事业带来可持续发展。

（3）大数据和云计算技术在输水管线工程中的应用。将大数据技术融入输水管线工程的风险管理信息化系统中，建立综合数据集成分析平台，用数据驱动决策，保障输水管线的设施运行、数据信息管理的有效性和精准性。

将云计算技术应用于输水管线工程风险管理信息化系统中，通过云计算的超高计算性能与数据处理能力，为输水管线工程的科学计算、情况模拟、模型训练等提供可靠支持。

从具体部署来看，大数据平台可以部署到云计算上，输水管线相关管理部门通过云计算资源，可以快速部署大数据平台，同时，通过选取私有云服务平台等形式，可保障输水管线工程的数据私密性及安全性。

1）在设计阶段中的应用。近年来，随着中国的水利行业的迅速发展，由于多种原因，传统的水利工程数据已经不复存在。由于缺乏及时的记录和分析，许多新的水利工程的规划和施工都面临着困境。而随着大数据和云计算的出现，这些历史记录得到了及时的记录和分析，从而更好地帮助决策者和管理者，推动当前的水利工程的实施和管理。如针对黄河故道的改造，我国工程建设管理中心采用大数据和云计算分析技术，从多个渠道收集有效的资料，包括该区域的地理特点、地形特点、水文地质特点、气象特点，从而更好地指导和协调该区域的改造和发展。通过应用大数据和云计算技术，我们能够从前期的地形图绘制过程中获得有价值的信息，这些信息不仅能够帮助我们了解该地区的历史，而且能够帮助我们做出合理的决策。同时，通过使用大数据和云计算技术，我们能够有效地收集、整理、处理各种水文、气象等方面的信息，从而使得我们的决策能够得到有效的支撑。此外，我们还需要把调研结果和收集的资料整合成一个完整的数字化档案，这样才能更好地支持我们未来的工作。

2）在施工阶段中的应用。采用先进的大数据和云计算技术，可打造一个完整的工程管控体系，它能够有效地控制整个建筑项目的生命周期，包括施工前的筹划、开始、完成、质量检测，完成后的检修、财务核算、固定资产的转移，同时还能够及时地分析和预测可能出现的问题，有效地控制和调整项目的进度，最终达成我们的管控目的。采用"四级保障"体系，结合可视化的工作流程，对水利建设的当前情况及发展趋势有效监控，以保证项目的有效推进，提升施工的效率和质量，保障工程施工的安全性和有效性。

3）在运维阶段中的应用。在当今这个充满挑战的社会，"补齐缺口、加强监督、提升效率"已成为我们推进水利改革和发展的核心思想。而推广和运用 IT，如水利建设管理系统，不仅可以弥补现有的不足，还可以作为有效的监督措施。借助于大数据和云计算技术，我们不仅可以更好地控制水利工程的运营，还可以更准确地预测未来的发展趋势，从而更有针对性地设计合适的管理策略，有效地降低成本，极大地改善了经济、社会、环境等各个领域的绩效。采用大数据和云计算技术，能够更加准确且有效地预测灾害，从而极大地改善水利工程的灾害防治能力。此外，它也能够有效地优化水资源的分布，实现有效的调度与控制，从而极大地改善了水库的供水分布，并且极大地提升了水利工程的服务质量与效率。

9.2.3 三维虚拟 VR 技术

（1）三维虚拟 VR 技术概述。三维虚拟 VR 技术，即 3D VR 技术，旨在通过计算机技术建立一个真实的、具备多种感知能力的 3D 环境，使得人们能够在任何一个角度、任何一个场景中观察 3D 环境内的事物。当使用者改变自己的位置时，计算机就会立刻做出复杂的计算，然后将应该出现的 3D 图像准确地传达出来，让使用者有身临其境的感受。这种新型的技术结合了多种前沿的信息，如计算机图像、模拟、人工智能、感知、显示、网络同步处理，构建了一个完全不同的、具备多种功能的虚拟现实环境，它不仅仅只是通过计算机来创建出一个具备多种功能的三维环境，而且还允许使用者通过多种方式，如目视、听力、触摸、触摸、动作、触摸、反馈，来体验这个神奇的环境。当用户在空间中移动，计算机就会自动执行一些复杂的操作，从而获得准确的三维实景画面，让观众有一种身临其境的体验。这项技术汇聚了计算机可视化、计算机模拟、人工智能、感知、显示和多种数据同步处理的前沿科学，构建出一个基于计算机的先进的虚拟现实体验。随着前沿科学的不断推动，虚拟现实技术正迅猛地走向前沿，它的范围不仅仅局限于虚拟现实，而是涵盖了各种虚拟现实体验，它的应用范围包括教育、传播、娱乐、健康、文化、历史文物的保存以及各种各样的实践。

其主要有以下三个主要特性：浸入性，即利用计算机建立三维立体空间让用户感觉自己身处于空间内，有身临其境的体验；交互性，即在虚拟空间中，用户可以通过传感器主动与系统进行互动，从而获得反馈；构想性，即虚拟环境的构造具有一定主观性，其对现实环境进行改造重建，服务于生产效率的提升。2016年，随着 VR 元年的到来，智能化的表达形式主要包括两种：一种是让人类和计算机之间的沟通更加便利，另一种是让计算机的模式变得更加灵活和多样。随着2016 年 VR 元年的到来，它的智能化发展已经变得越来越明显，这种变革表现为两个重点：一个是让用户的操作更加便捷，另一个则是让虚拟环境具有更强的变异和可塑性。

（2）三维虚拟 VR 技术在输水管线工程中的应用。由于工程的巨大体量，它的施工比较漫长；另外，由于它的施工环境会对它的设计和施工产生重大的影响，所以，在开始施工之前，必须对它的设计和实际应用做出充分的考虑，以确保它的安全和高效运作。VR 技术已被广泛地应用于水利建筑的规划、建造、维护、监控等多种领域。

1）在设计阶段的应用。VR 技术已经被广泛地运用于水利工程的初始设计，它可以通过建模软件（常见的 MultiGen Creator）来模拟真实的输水管线工程环境，并且可以通过将 CAD 数据转换为三维模型来建模主要的设备模型。在输水管线工程的规划设计阶段，为了获取最佳的水文气象数据以及地理地质等自然资料，需要综合考虑多种方案，并经过精心筛选，最终确定工程规模。基于此，VR 技术可以提供一种虚拟的环境，将水文气象数据与地质条件相结合，以便更好地模拟实际施工及运行管理过程中可能出现的天气状况。通过虚拟仿真技术，我们可以模拟多种情况，例如洪水干旱和防洪调度，并通过对比得出最佳方案。VR 技术的应用可以让工程变得更加具体，并且在可行性分析中更容易理解，且利用 VR 技术进行全景式的仿真，能够更加清晰地展示出项目的效果，更好地改进项目的外形、实现更高的施工要求。

2）在施工阶段的应用。通过使用 VR 技术，我们可以为施工前期的工人提供更好的培训，使他们能够更好地完成技术分工和施工安排。这样他们就能够更好地理解和掌握更加立体、逼真和交互的零部件，并且能够更快速、高效地完成工程操作。

3）在运维阶段的应用。在输水管线工程运维阶段，该技术以空间物理信息数据为基础，显示输水管线的构造信息和环境信息，为管理人员提供虚拟可视化的构造服务。可视化工具的引入可以提高工作精度，提升输水管线的运维管理水平，通过三维虚拟 VR 技术再现输水管线内部、周边建（构）筑物、管网系统及其他设备，在三维场景中实现场景的漫游、查询、统计以及多种空间分析等功能。

9.2.4 物联网技术

IoT（物联网）是一种基于互联网的信息网络，它通过使用射频、传感器和 GIS 技术，能够实时、动态地感知和传输物联对象的信息，并根据物与物、物与群体之间的关联来提供各种服务。随着物联网、在线监测、图像诊断等新技术发展成熟，通过一套专业的、智能化的工具对外场设施设备进行维护管理成为发展趋势。采用多种射频、传感设备，可以更好地探测和分析输水管线内的设备信息，并且能够更加清晰地捕捉到它们之间的变化规律，从而更好地了解整个管线的环境状况。此外，将物联网技术与 BIM、GIS 等技术相结合，可以更有效地整合输水管线的信息，从而提高数据分析的准确性和决策的合理性[4]。

（1）功能。物联网技术的核心是物物相联，利用物联网技术的特点实现输水管线信息由获取、传输到分析、综合应用的整个过程，这一过程的实现其实就是输水管线信息化建设的实现。

运用物联网信息技术，我们可以完成对输水管道的完整监督，包括环境、设施、安全、通信、输水建筑物的检查、管道的实时监测以及各种智能终端的收集。

（2）组成。物联网无需考虑时间与地点，即可实现人、机、物三者间的信息传递、互联互通。物联网的进步必须依赖一些核心技术的支撑，分别是：

1）传感器技术：此项技术是电脑使用中不可或缺的一项重要技术。在过去的几十年里，数字信号能够有效被计算机识别处理，然而大多数模拟信号并不能直接以数字信号的形式呈现，需要传感器技术对其进行协调，并将模拟信号转换成计算机能够识别的数字信号。

2）RFID 技术：该技术本质上属于一种传感器技术。此技术广泛应用于自动识别、货物物流管理等领域，后续引入现代工程运维管控之中，应用场景广阔。

3）嵌入式系统技术：该技术作为一种集传感器技术、集成电路技术、计算机软硬件于一体的复杂技术，嵌入式系统技术通过不断的迭代和优化，被广泛应用于日常使用的智能终端产品中，潜移默化地改变着人们的生活。嵌入式系统还在推动国防工业建设方面起到重要作用。对于整个物联网系统而言，嵌入式系统的重要性就好像大脑对于人体的重要性一样，对不断接收到的信息进行加工处理，从而将指令传达给各个部位以便做出反应。

4）智能技术：是一种利用先进的科学技术和知识来实现复杂任务的重要工具。智能技术是物联网系统的关键部分，在物体中植入智能系统，通过添加算法代码能够主动或被动地实现与用户的通信，一定程度上赋予物体智能性。

（3）物联网技术在输水管线工程中的应用。

1）环境监控。进行环境参数监控并设置报警阈值，如湿度、温度、水位、氧气浓度等。

2）机器人巡检。通过智能巡检机器人能够对输水管线现场视频画面、温湿度环境以及管道气压等监测要素进行不间断的自动巡检与信息采集，对其他固定式在线监测系统无法完全覆盖的情况进行有效补充。如遇突发状态，巡逻机器人将会在工人之前迅速赶赴现场，将实地勘察的照片、录音、录像等信息传输至指挥部，及时听取指挥并实施正确的救援，从而有助于有效地预防和控制突发危险。

（4）架构。输水管线风险管理信息化建设中，IoT 技术的应用可以划分为三个不同的层面：感知、传输和应用。

1）通过使用多种传感器，感知层能够实时监测输水管道的状态，包括位置、尺寸、材料、水压、运行状态、腐蚀程度、泄漏点位置和大小等，从而确保管道的安全运行。输水管线智能传感器的主要功能能实时收集运行中的工作状态信息、空间位置及自身属性等，并应能够主动或被动提供给传输层设备。在感知层，我们应该使用 RFID、传感器和监测设备来提高效率。在网络层，我们应该使用基础网络、有线和无线通信技术来提高效率。

2）传输层是指使用各类信息技术，如有线、无线网络和无线射频识别等方法，来把感应层收集的信息实时地发送给远程设备。这些产品可能是电缆、电子信道交换装置、路由器、网络安全防火墙或者是网络产品。

3）应用层是智能输水管线管理系统的功能核心，集成了多参数三维显示系统、辅助规划设计 CAD 系统以及事故应急指挥系统等多个部分。事故分析在管线智能管理系统中是一种常用且复杂的功能，尤其是在预警响应系统中。若管线在特定位置发生故障，该系统会利用监测传感器启动网络搜寻和分析功能，迅速确定故障地点和周边需要关闭的阀门，进而提供适当的处理策略，旨在尽可能降低事故损失。应用层的软件主要提供各类通用数据接口，允许与其他领域的管理系统进行无缝对接，例如城市地质信息可视化系统、城市交通信息管理系统等，最终构成"智慧城市"的一个重要组成部分，为城市规划建设和突发事件应急决策提供支持。应用层通过监控主机和相应的预警分析软件，对输水管线的实时信息进行处理和管理。

9.2.5 WebGIS 技术

GIS 地理信息系统技术源自多种学术领域，通过地理数据挖掘、地理信息系统建设、地理信息技术应用、地理信息系统软件开发等多种技术手段，可以及时、准确地获取多种地理信息，从而支持地理研究与地理决策[5]。GIS 的发展已经超越了仅仅依靠桌面应用的局限，它采用多种组件、分布式技术，可以更好地支持多种场景，从而更加便捷地进行信息的查询、处理、发送、管理，并且可以支持多种用户之间的信息共享，从而更好地处理大规模的信息。

通过将 GIS 与互联网技术有机融合，WebGIS 应运而生，这一全球性的、可扩展的、跨平台的数字化地图资源管理平台，可以实现实时、可靠的、跨域的数字化地图资源管理，为输水管线可视化、定位查看、辅助决策等功能需求提供坚实基础。

（1）功能。GIS 是一种基础的、高效的、可靠的、可扩展的、基础的、可重构的、可视化的、可操作的地理信息系统，它可以通过高效的软件和硬件技术，实现对各种复杂的地理数据的准确、快速的分析和处理。

1）可视化功能。GIS 是一种基于地理信息系统的技术，它通过计算地理坐标和经纬度，以及图形和地貌的形式，将空间数据转换为可视化的形式，从而使用户能够更直观地了解各种地理要素之间的关系，并获得准确的信息。GIS

的可视化功能是其中一个重要的特点，它有助于我们更好地理解和探索数据的属性和特征。

2）数据处理功能。地理信息系统的空间数据库是依据地理数据的特点和处理方式而设计的。根据数据特征和属性，该数据库将各地理数据进行归类，并能够根据需求准确快速地进行查找并提取相关数据。借助计算机技术，系统可实现多种地理数据的获取、分析、处理与输出，即计算机程序可模拟空间数据分析方法，通过分析处理空间数据，输出有价值的信息，满足用户需求。

正是因为 GIS 在信息可视化、数据处理等方面具有的强大功能，便于获取输水管道的数据信息，为后续监控和管理提供技术支撑，因而 GIS 广泛应用解决输水管线工程中各个阶段，以处理涉及地理数据的相关问题。

3）空间查询及分析。GIS 还具有对空间实体的空间分析功能。该系统拥有丰富的地图功能，其中涵盖了各种元素，如要素、影像、地形处理、矢量、缓冲区和地理信息。它能够将资源以不同的方式呈现，如根据不同的视角、大小和底图的特征，将其划分为不同的部分。GIS 技术为用户带来了多种便利，它以全球、省市、县市为单位，以多种方式展示出精确的地图信息。它具有多种功能，如移动位置、扩大、压缩、旋转、距离测量、面积测定、图层控制、显示与隐藏，以及对空间信息进行分析、检索、归纳、绘制的能力。GIS 不仅可以有效地收集和处理大量的空间信息，而且可以实现多种不同的地图格式的转换。

4）数据审核。当我们使用 GIS 来分析数据时，必须仔细检查所收集的信息，并且给予它们适当的调节。我们应该把所收集的信息设置到适当的阈值，以便工作人员能够更加高效地完成任务。此外，我们还应该注意控制信息的大小，以便工作人员能够快速、精细地完成任务。

（2）WebGIS 技术在输水管线工程中的应用。

1）与 BIM 结合。输水管线的调度管理、运行管理，需要与工程的地理空间分布进行强关联，通过 BIM 建模技术和 GIS 地图数据的深度融合，将地形、影像、实景三维模型进行整合应用，实现图形和信息的可视化展示，使抽象的数据具体化、形象化。

2）模型展示。通过 BIM 和 GIS 技术，可以将 IoT 传感器的信息以可视化的形式呈现出来，使得管理者可以迅速准确的在当前环境中定位，并能够及时获取到相关的设施情报，从而更好地指导重要的节点的运营及紧急情况的处置。通过先进的技术，我们可以利用传感器收集的图像、地图、建筑物的三维模型，以及其他相关的技术，来对工程的运行、数据的监控、关键部件的管控、调度计划的制订以及调度的模拟，以更加精准地反映出实际的情况。

3）信息整合。输水管线的管理设施多、分布面广，且存在空间性层叠分布特点，需要通过数字化、图像化、可视化的管理手段，依托 GIS 技术进行图形化管理，将不同类别、不同属性的设施设备，以及分散的地理信息、服务、场景、数据、应用等水利地理信息资源整合到一张图平台中，实现调水线路沿线的各类要素全面展示和调取，并可同步供视频会商决策人员进行综合评估，实现监测、管理、调度、决策的体化。

（3）架构。该平台的整个结构由三个组成部分组成：收集、整合、呈现。我们将利用 Geographic Information System（GIS）来收集三个领域的基本数据以及特定主题的数据。GIS 作为一种空间数据库，具备高效的二维、三维数据处理、存储、检索以及呈现功能，利用这些收集的数据，通过整合、归纳、展现等方式，可实现更好的效果。通过对属性数据的整合，利用图像处理的技巧，如折线图、柱状图、饼图、K 线图、地图坐标图，我们能够更加直观、高效地呈我们的研究成果，并且能够更好地了解并应对各种复杂的情况。

9.3 输水管线工程风险管理信息化主要功能系统

9.3.1 安全监测系统

对于输水管线工程，结构性损伤是工程产生安全风险事故的核心原因，输水管线工程发生工程失事的主要机理如图 9.3 所示。

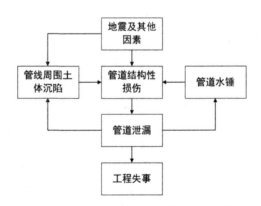

图 9.3 输水管线工程发生工程失事的主要机理

一是因地质活动（主要为地震）及其他因素（临近工程建设活动等前述 3～6

章各类风险因素）直接导致管道结构性损伤，进而出现管道爆漏现象，发生工程失事；

二是因管道水锤问题直接导致管道出现较大结构性损伤，进而出现管道爆漏现象，发生工程失事；

三是因轻微地质活动其他因素导致管线周围土体沉陷，使得管道长期承受土体的不均匀应力作用，再加上管道老化等原因，管道由此产生轻微渗漏，水渗漏不但会使管段气压不均匀导致更易出现水锤问题，还会加快管线周围土体沉陷，在时间作用下，任意偶发性安全风险因素都会导致管道出现较大结构性损伤，引发工程失事。

管道泄漏作为管道结构性损伤的直接后果和工程失事的直接原因，是预警监测的首要指标，再者是管道水锤及管线周围土体沉降，它们是导致管道结构性损伤的直接原因，因此也是预警监测的重要指标，综合来看，可将管道泄漏、管道水锤及管线周围土体沉陷作为安全监测和预警响应系统的三个主要预警指标。

另外，除管道泄漏、管道水锤及管线周围土体沉陷以外，以空（排）气阀为代表的输水管线阀门等管道附件出现损坏，以及管道内部出现结构或功能上的缺陷同样会间接诱发工程失事。

综上所述，选取管道泄漏、管道水锤及管线周围土体沉陷、空（排）气阀、管线内部情况这五个指标作为输水管线工程的监测指标，但由于管线工程的空（排）气阀等管道附件一般即检即修，因此以管道泄漏、管道水锤及管线周围土体沉陷以及空（排）气阀这四个为基础进行工程总体预警等级划分。

（1）监测指标选取相关依据。

1）管道泄漏。

①输水管线工程管道泄漏的特点。输水管线工程泄漏频繁发生，主要是受管道年龄、工作压力、施工安装和地质条件等多种因素影响。一旦发生泄漏，由于输水管道的工作压力较大，会导致大量资源浪费。泄漏持续的时间越长，水流越难以控制，修复管道的工作难度越大。因此，泄漏监测需要具有实时性，能够快速反应泄漏现象，并及时发出警报信号。此外，输水管道常常涉及开启泵、分流和流量调节等操作，监测系统需要有辨识泄漏和其他工况的能力，避免误判。

此外，大部分输水管线覆盖区域广泛，因此需要精确地定位泄漏位置，缩小查找范围，避免延误修复时间。建立包含泄漏监测的预警系统，将有利于管道的经济运行和安全管理。

②输水管线工程管道泄漏监测的必要性。实时监测输水管线工程的泄漏情况，

对于减少经济损失、资源浪费和环境污染等不利影响至关重要。当发生泄漏时，能够及时响应，准确计算泄漏位置，从而节省人力和物力，提高输水管道的供水能力。其必要性主要体现在以下几个方面：

A. 节约资源。一套高效的管道泄漏监测系统可以有效减少水资源的浪费和修复管道的投资。当管道出现泄漏时，该系统会及时报警并精确定位泄漏位置，避免因寻找漏点而浪费时间和资源。这不仅可以节约水资源，还可以帮助提高供水系统的运营效率，从而降低维护成本。

B. 保证生活质量。管道泄漏会对供水系统造成一定的影响，进而影响到农业产量、工业产品质量和人们的生活。如果出现管道泄漏，可能导致供水量减少，进而影响人们的生活和工作。因此，安装管道泄漏监测系统是保障供水系统稳定运行，保证人们生活质量的重要手段之一。这可以帮助自来水公司及时发现并处理管道问题，提高供水质量和稳定供水，为市民和社区创造更好的生活环境。

C. 保护生态环境。通过实时监测，可以及时发现和修复泄漏，避免泄漏引发严重的次生灾害，保障周边生态用水、林业、畜牧业用水，促进生态系统的健康稳定。

2）管道水锤。

①输水管线工程管道水锤的特点。当外部环境的变化，比如泵站的紧张状态、水泵的过度运行、管道的迅猛打开、阀门的过早打开，以及管道的过度拉伸，都会导致水锤的出现。特别是对于那些需要大量的空气的输送，以及需要持续的高强度的输送，这种情况下，水锤的出现就会比平常的情况下要多得多，它的出现往往源自外部环境的变化，比如外部的紧张状态、泵站的过度运行、加压泵的过度运行，以及管道的过度拉伸，都会导致管道的压力骤增，从而出现了水锤。

相比于短距离供水管道，长距离输水管线管径大、距离长，在发生水锤时具有的特点主要为：

A. 在远距离的管道中，使用具有相似的扬程和功率的水泵，由于它们的惯性比较强，因此在它们停止运行时，它们的惯性保护作用会变得不够强。

B. 当事故导致停泵时，水泵的压降会变得非常大，尤其是在管道的首端附近。这会导致压力恢复的时间变得更长。

C. 由于长途输送管道的周围环境非常复杂，有许多高低不平的山谷，因此，如果出现了水锤，就会导致管道的凹陷部分出现负压，甚至出现水柱的断裂。如果出现了水锤断裂的空隙，就会出现断裂的补偿，导致两个水柱反复碰撞，造成极大的损失。

D. 当出现水锤事件之后，由于输水管道的维护工作非常艰巨，一旦出现漏洞，将对正常的供水造成极其恶劣的影响，而且在恢复正常供水的过程中，将面临巨额的经济损失。

②输水管线工程管道水锤的类型。分析总结输水管线工程的实际案例，从不同的角度，将水锤分为下面的几种类型：

A. 根据关阀过程中的历时与水锤相（水锤波在一定长度的管路中传播和反射的总历时）之间的大小关系可以分为直接水锤和间接水锤。间接水锤在泵站系统中最为常见，其相比于直接水锤，特点是发生的过程十分复杂但危害程度低于直接水锤。

B. 按照其所处的环境状况，水锤的类型可以大致分为三类：首先是启泵水锤，它是指当水压力达到一定的阈值，从而使系统受到压力的影响的水锤；其次是停泵水锤，它是指系统处于静止状态，但是系统的压力超过一定的阈值的水锤；最后是关阀水锤，它是指系统处于紧急状态，系统的压力超过一定的阈值，从而导致系统的压力急剧下降的水锤。在泵机组出现故障时，如果没有进行有效的控制，水锤可能会引起停止运行，其破坏性极强，因此，在设置和安装泵前的阀门时，必须进行精确的计算，并恰到好处地安装在管道上的排气阀，以有效降低水锤的冲击。关阀水锤是由于关闭管道中的阀门而引起的水锤现象。

C. 通过研究，我们发现，按水锤的水力特性可分为弹性水锤和刚性水锤。前者忽略了液体和管道的变形，因此它的计算非常繁琐，而后者则能够得到准确的结果。然而，与刚性水锤相比，使用弹性水锤的计算难度要小得多，而且它的结果与实际情况非常接近。

D. 根据管路中水流的连续性划分，可以将水锤分成水柱连续的水锤和产生水柱分离的水锤。管路中的压力低于液体的汽化压力时，局部的管路出现了液体的汽化，产生了蒸汽穴，由于受到管道的形状以及速度梯度的影响，蒸汽穴逐渐增大最后充满整个管道的横截面，这时就出现了水柱的拉断，这一现象就是水柱分离。水柱分离再弥合时产生的水锤即断流弥合水锤，其升压非常大且对管壁的冲击频率很高，会对输水管道的安全性造成很大的危害。

综上，在管道水锤监测中，需要结合工程实际情况，模拟分析工程可能发生的主要水锤类型，并采取相适应的水锤模型分析方法。

③输水管线工程管道水锤监测的必要性。水锤是一种常见的安全隐患，它会造成管路和设备的损害。如果不及时处理，它会造成更大的损失，比如管壁损伤、漏水、阀门损坏、管路冲刷、设备损坏、设备损失和人员伤亡。因此，对输水管

线工程进行管道水锤监测的必要性体现在以下几个方面：

A. 确保管道系统安全运行。通过水锤监测，能够及时发现输水管线中可能存在的问题，并采取相应的措施进行修复，确保管线系统的安全运行。

B. 降低维修成本。若管道水锤未得到及时处理，会给输水管线带来严重破坏，增加维修成本。通过水锤监测及时发现问题并修复，可以有效减少维修成本。

C. 提高生产效率。输水管线受到水锤损坏后，不仅需要停机维修，还可能导致生产线停工，影响生产效率。通过水锤监测，避免了管道系统因水锤损坏而导致的停机维修，提高了生产效率。

D. 保护环境。若管道系统因水锤损坏而发生泄漏，将对周围环境造成极大污染，甚至可能对人们的身体健康造成危害。通过水锤监测及时发现并解决问题，可以防止泄漏事故的发生，保护环境和人们的健康。

3）管线周围土体沉降。

①输水管线周围土体沉降的主要原因为：

A. 场地湿陷：针对跨黄土地区的输水管线工程，部分管线周围黄土具有较大湿陷性，会导致土体自重增加，严重时会引起土体沉降。

B. 压实作用：输水管道在投入使用后，排送的液体可能会造成土体局部压实，导致周围土体沉降。

C. 地下水位变化：地下水位上升或下降都会对土体造成影响，导致土体沉降。

D. 土体物理性质变化：土体的物理性质受到温度、湿度等自然因素的影响，在长时间内可能会导致土体沉降。

E. 人类活动：土地利用方式的改变、其他临近工程的兴建等人类活动也会对周围土体造成影响，导致土体沉降。

②土体沉降的特点。土体沉降又可以理解为土体在一定时间内发生垂直位移的过程。针对输水管线工程分析，它主要具有以下特点：

A. 时间性：土体沉降是一个随着时间不断演变的过程，通常需要数天到数月，乃至更长的时间才能完成。

B. 非均匀性：由于土体的复杂结构和物理属性的不同，在同一区域内的不同部位发生的沉降程度和速率可能会有较大的差异。

C. 可逆性：部分土体沉降是可逆的，例如在地震等外力作用下产生的瞬时沉降，当外力消失后，土体可能会恢复原状。

D. 永久性：一些土体沉降是永久性的，例如由于地下水资源开采引起的地面下陷，这种沉降是不可逆的。

E. 季节性变化：土体沉降受到季节、气候等自然条件的影响，例如在雨季期间，由于土体含水量的增加，沉降速度可能会加快。

F. 非线性：土体沉降与应力的关系是非线性的，即在一定范围内，应力变化时沉降量不是按比例变化的。

G. 伴随着孔隙水压力变化：土体沉降过程中，孔隙水压力也会发生变化。在某些情况下，过高的孔隙水压力会引起土体液化而导致灾害。

H. 影响因素多样性：土体沉降受到多种因素的影响，包括土壤类型、地质结构、地下水位、人类活动等因素。

I. 易受周围建筑物的影响：管线土体周围密集的建筑物和道路等结构会对土体沉降产生影响，加速沉降过程。

J. 可测性：土体沉降可以通过实测得到数据，为土工工程设计和施工提供了重要的参考。

③管线周围土体沉降监测的必要性。当管线周围发生土体沉降后，它可能会给周边道桥、设施等带来严重的危害性，应该给予足够的重视，在输水管线工程中必须对土体沉降进行监测，其必要性体现在以下几个方面：

A. 确保管道安全：管线周围土体沉降会对管道产生不同程度的影响，如管道变形、管线应力增大等，从而引发管道泄漏、断裂等安全事故。因此，对管线周围土体沉降进行监测，可以及时发现土体变形情况，预先排除安全隐患。

B. 保护环境：管线穿越地下，一旦发生泄漏，可能对周边环境造成严重污染，甚至危害人民群众的身体健康。通过监测管线周围土体沉降，可以及时发现管道泄漏风险，采取相应措施防止污染物外泄，保护周边环境和人民群众的健康。

C. 合理规划：管线周围土体沉降监测结果可以为后续工程的规划提供数据支持和参考。通过监测，可以了解管线周围土体沉降的实际情况，合理制定管道布局、管道埋深、管道材质等规划，并采取相应的保护措施，保证管线的正常运行和延长管线的使用寿命。

D. 科学管理：通过监测结果，管理单位可以及时了解管线周围的土体变形情况，及时采取措施进行维护和保养，延长管线的使用寿命，并为后续的维护保养提供数据支持。

4）空气排气阀。

①输水管线中滞留空气的主要来源为：

A. 管线刚通水时空气未能及时排出。

B. 当水温和压力变化时，溶解态的空气会从水体中释放出来，并在整个系统中形成沉淀物。

C. 当系统处于负压状态时，排气阀和其他部件会吸入大量的空气。

D. 当我们使用公共的供水系统来收集水的同时，也会排放出污染物。

②长距离输水管线中排气阀监测的必要性。由于长途输送水的成本昂贵，且需要满足极其苛刻的安全标准，因此，必须采取措施来防止管道内部的空气污染。一种比较经济实惠的做法便是，将一定数量的排放口设计成能够阻止空气进入，从而保证输送的稳定和安全。空气从管路上的某个位置涌入，经过水的推力，最终汇入管路的某个位置，并且这些空气最终累积，形成了气囊。这些气囊的扩张导致了水的阻力减少，从而提高了水的流量，但是，这种情况可能导致更严重的问题，例如：水的阻力过高，导致输送系统的压力降低，从而导致系统的破坏，甚至可能导致爆裂。因此，对于那些需要持续运行的输送系统来说，保持良好的通风是非常重要的。为了确保安全，我们需要对排气阀进行定期检查，其必要性如下：

A. 消除气囊运动带来的危害。由于气囊的存在会对输水系统产生极其恶劣的影响，因此，必须采取有效措施，例如，在适宜的地方安装足够多的排气阀，来有效地阻挡由于气体滞留而导致的潜在风险。

B. 消除水锤带来的危害。水锤是一种严重的工程安全隐患，它可以导致管道爆裂、停水等严重后果。尤其是断流弥合水锤，其水压升值可达 2~4 倍，这将严重影响管线的正常运行。为了有效控制水锤的发生，消除安全隐患，建议在管道的合适位置安装排气阀，以减少负压区的影响。

C. 使系统检修时泄水通畅。当输水管线发生事故而停止运行时，为了确保管道的安全，应当在管线的最高处安装补气装置，以保证泄水阀的正常工作，同时也能够有效地防止由于过大的负压而造成的管道破裂或者爆裂的情况。

③黄土震陷条件下空气阀监测的边界条件。

A. 依据往常的经验安装空气阀并不是很合适，在实际工程中，应该结合水锤计算来确定空气阀的位置。对空气阀的安装位置进行合理布置后，能有效地降低管路中的负压，对负压水锤的防护效果较好，但在降低负压的同时，有可能会使正压升高。选取工程实例经过水锤计算后，在管道上沿程布置 5 个空气阀，负压水锤已得到很好的控制，最小压力均在最大饱和蒸汽压-10m 以上。

B. 空气阀的进排气系数对空气阀的防护效果也有一定的影响，不能将其忽略。通过合理确定空气阀的进排气系数，能降低管路中的水锤现象，进气系数越大，对水锤的防护效果越好，不仅能降低正压，也能降低负压。排气系数不能太大，也不能太小，较大的排气系数会使排气速度过快，增大管路中的正压；较小的排气系数，达不到排气的效果，反而会增大负压。选取工程实例空气阀最优的进气系数为 0.9，排气系数为 0.6。

C. 对于同时具有进气和排气功能的复合式空气阀，通常取输水管道直径的 1/8～1/5 作为空气阀的口径，这可以作为实际工程中选择空气阀口径的依据，但不一定是最优的选择，在实际工程中，应根据水锤计算来确定空气阀的孔径。合理选择空气阀的进排气面积是非常重要的，工程实例选取空气阀的口径为 DN50，其进气面积为 $0.0008m^2$，大排气口的排气面积为 $0.0008m^2$，小排气口排气面积与大排气口排气面积的比值为 0.2，则小排气口的排气面积为 $0.00016m^2$。

D. 对于两阶段关闭空气阀的临界压力，以色列设备公司指出通常取 1.03 左右，通过数值模拟得出，临界压力的大小，对正压影响不大，但对负压影响较大，临界压力越大，管路中最小压力先减小后增大，存在一个有效控制负压的最优值，通过比较工程实例，最优的临界压力为 1.03。

E. 合理选择阀门关闭动作，能有效地降低管路中的水锤现象。慢关时间越长，管路中的最大压力越小；慢关时间的长短对负压的影响不大，但慢关时间越长，水泵机组的反转转速越大，管路中的倒流现象越严重。快关时间过大或过小，会产生较大的正压水锤和负压水锤，存在一个有效控制水锤现象的最优快关时间。快关阀门开度在一定的范围内越小，管路中的最大正压就越小，但不能过小，否则会产生相反的效果，管路中负压不随快关阀门开度的变化而变化。

5）管线定期检测。通过智能检测和传统方法，管道检测可以有效地发现和纠正管道的缺陷，从而确保管道的安全可靠运行。这种检测不仅要求检查管道的防腐层的质量，还要求检查管体的完整性和稳定性，以便及时发现和纠正管道的缺陷，从而保障管道的安全使用。

①供水工程中对长距离输水管线的参数检测和过程控制是保证输水管线经济、安全供水和实现优化控制的技术措施。

②通过防止事故扩大的远程监测，我们能够快速检测出管路中的渗漏情况，并立即采取有效的补救措施；此外，当需求增加和减少时，我们也能够迅速地调节输送系统的压力，避免出现超负荷的情况。

（2）各指标监测方法。

1）管道泄漏监测方法。

①方法选取。管道泄漏检测技术指的是一种检测输水管线健康状态的一种技

术，能够有效防止管道工作失效。近年来，由于流体动力学、信号传输与处理以及计算机技术的飞速进步，泄漏的诊断与控制变得越来越复杂。目前，在实际工程中，常见的两种方式是：在管壁上进行渗漏的诊断，以及在管壁以下进行渗漏的控制。20 世纪 80 年代末期，管道内测漏法应运而生，它利用多种先进的科学技术，如磁通、超声、涡流、视频，在管路中安装各种检测设备，以噪声法和漏磁法收集信息，从而准确地识别出管路中的渗漏情况[6]。这种方法可以提供更加准确的监控，并具有更高的精度，特别是在处理管径较大、弯曲以及连接不多的情况下。然而，由于它的监控是中断的，因此容易导致堵塞、停止工作，并且成本也比较昂贵。其他监控技术还有声波监控、实时模型监控、压力梯度监控、SCADA 监控、应力波监控、负压监控以及质量或体积平衡监控。

考虑输水管道自身及泄漏现象的复杂性，交叉结合农业水土工程、水利工程和信息工程等各类工程特点，总结各类工程对应的泄漏检测技术，发现目前应用较为广泛的方法有以下几类：

A. 光纤检测法。当光通过非均匀介质时，部分光线的传播方向会发生变化，这种现象被称为光散射。管道泄漏使故障点的介质密度发生突变，从而引起光散射。通过布置光纤，对管道进行实时监测。在未来，光纤监测方法具有巨大潜力，因其小巧、高灵敏度、稳定的化学性能以及对小型泄漏检测效果显著等优势，可广泛应用于实际场景。然而，其在实现长距离整体结构检测、连续使用需要重新布置光纤等方面存在局限性。因此，光纤传感技术在这些方面仍需进一步研究。

B. 电磁检测法。采用电磁检测技术，也被称为时域电磁法，可以有效地发现和控制管道的泄漏。该技术利用电磁感应的原理，将一个特殊的频率的电流信号注入激励线圈，随着一个强烈的电磁的形成，这个频率会被迅速抑制，从而形成一个涡流，电磁检测法的优点非常明显，消耗低、反应快并且能够准备的辨识。但是其缺点也显而易见，对非磁性材料反应不明显并且实际生活中布施困难，因此现实生活中不常见。

C. 流量平衡法。在输水管网正常运行过程中，上下游两端的流量基本保持不变；当发生泄漏现象时，上下游两端流量会发生变化。当首末两端的流量发生变化时，可以通过流量平衡法来判断管道工况变化，但是找出泄漏的位置非常困难，因此只能作为一种辅助手段结合其他方法共同使用。

D. 负压波法。当管道出现渗漏时，会产生一股负压波，它会从泄漏点开始，向上下游两端传播，从而导致压降。为了准确测量这股负压波的位置，可以在每个管段的末端安装两个压力传感器，并且根据它们传播的距离和速度，来确定泄漏的位置。目前国内外学者对泄漏检测方法的研究较多，综合国内外研究的进展，总结常用的检测方法的特点见表 9.1。

表 9.1　检测方法性能比较

检测方法	可靠性	灵敏度	精度	反应速度	实施难度	费用
光纤检测法	高	好	较好	较快	难	较高
电磁检测法	中等	一般	一般	较快	难	高
流量平衡法	较高	差	差	较快	一般	低
负压波法	较高	较好	较好	较快	容易	中等

对于输水管线工程来说，从可靠性和灵敏度上考虑，光纤检测法效果最好，但是光纤检测法需要重新搭建光纤，成本较高且操作难度较大，而负压波法在精度、可靠性、灵敏度和反应速度上的优势都十分突出，因此可选择负压波法作为管道泄漏的检测方法。

②负压波监测原理。

A. 定位原理。如果一条管道出现了渗水，那么它的内部和外部的压强会导致渗水部位出现强大的震动，这种震动会通过管道的上、下两端扩散，被称作负压波。由于上游和下游传感器的到达时间不同，因此运用负压波传播的时间间隔和负压波传播速度来计算泄漏位置。

该输水管道的总长 L，其中的流量 V，以及负压波的波速，分别被安装在 A 和 B 的上、下游，并设有一个动态的压力传感器，而泄漏点 P 则被安装在离上游泵站 X 不远的地方。当负压波从 A 处开始，经过 t_1，再从 t_2 处开始，最终从 A 处和 B 处的时间差是 Δt。负压波法泄漏定位原理如图 9.4 所示。

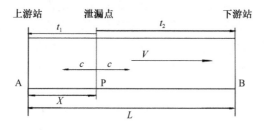

图 9.4　负压波法泄漏定位原理图

B. 定位计算。管道泄漏定位计算所需数据包括负压波传播速度、负压波上下游传播时间差、上下游传感器距离。

当考虑到负压波的传播时，我们发现它的传播速率比声音快得多，但这种情况并不总能被完全描述。实际上，我们发现，当考虑到负压波的传播时，往往会把它的传播速率与它的流速相比较，例如 1000m/s。其波速的计算表达式为

$$c = \sqrt{\frac{\frac{K}{\rho}}{1 + \left(\frac{K}{E}\right)\left(\frac{D}{e}\right)C_i}} \qquad (9.1)$$

其中，c 为负压波的波速，单位 m/s，K 代表的是流线的容重弹性系数；ρ 代表的是流线的密度，单位 kg/m³；E 代表的是管子的弹性模量，单位 MPa；D 代表的是管子的直径；e 代表的是管子的壁厚，单位 m；C_i 代表的是与管子的受力情况有关的调整因子。

通过观察负压波在不同地点的传播情况，并考虑它们之间的相互作用，我们就能够准确地确定泄漏的位置。

③负压波法监测方案。

A. 数据传输。通过采集站，我们可以获取来自变送器、流量计和负压波测量仪表的实时压力和流量数据。这些采集站包括模块、GPS 时钟采集器和安全栅。这些采集器可以采集来自卫星的标准时钟，并为管道漏损检测提供精确的定位服务。

通过 LAN 连接，实现实时数据的传输和交换。

软件包含了多种功能，如数据采集、网络传输、分析报警和定位分析软件。

B. 压力监测点布设。一般来说，随着压力监测点的增加，采集的信号频率和数量也会增加，从而使得管道的实际情况更加丰富，定位准确性和灵敏性也会有所提升。然而，这也会带来更大的财务负担，后期的维修成本也会更加昂贵，而且会给管线带来更为恶劣的后果，甚至有可能造成损害。因此，为确保获得准确的负压波信息，我们建议最大限度减少使用传感器的数目。通常，只需在监控区域的开始或结束部分安装传感器，其数值大小与管道的类型、压力水平成正比。但是，如果遇到更复杂的环境，我们建议增加压力监控点，如地面潮湿或其他恶劣条件。

C. 采样频率和时间同步。由于负压波在管道中传播的速度极快，如果采样频率过低，将会使其特征信息受损，从而影响泄漏的准确性，因此，调节采样频率的大小，以及控制采样间隔时间，对于提高泄漏定位的精度至关重要。通过 GPS 授时或者采集仪器的内部同步设置，可以有效地控制管道泄漏定位的理论误差，这

需要在确保采集到的所有信息的基础上，合理选择采样频率，以确保定位精度处于可接受的范围之内。

2）管道水锤监测方法。

①水锤监测原理。运用高频压力传感器检测水锤的原理：水锤现象是管路中液体突然停止或改变流速时产生的压力波动现象。当水流急剧减缓或停止时，液体在管道内受到较大的惯性作用，导致压力瞬间升高，形成水锤压力脉冲。一般安装高频压力传感器进行监测，可以检测到水锤的发生和强度。高频压力传感器具有高灵敏度和快速响应的特点，可以实时监测管道内的压力变化，并将数据传输到控制系统进行分析和处理。当水锤现象发生时，高频压力传感器能够捕捉到压力脉冲的细微变化，并将其转换为电信号输出，提供给控制系统进行分析和处理。通过分析水锤的强度和持续时间，可以采取相应的措施，如增加缓冲器、安装减压阀等，以减小水锤对管道设备的损害。

②水锤监测方案。为了更好地检测和识别压力突然发生的变化，我们可以在输送水的管路上的每个排气口处（一般为 600～1000m 的间隔）安装一个高精度的压力传感器，它能够收集 64～256Hz 的频率，从而能够实时地检测到水锤的发生。此外，由于水锤的传播速度很快，一般可以达到 1.0～1.2km/s，因此，我们可以利用我们的水力模拟与分析软件，以及低至 1ms 的时间差，以便更准确地定位水锤的发生地，从而使我们能够更好地进行预防。通过对可能存在的威胁的研究，我们可以评估并验证过渡时期的理论模型的正确性，并评估相关的防护装置的可靠性，从而制定出更加完善的应对方案，确保管道的正常运营。

3）管线周围土体沉降监测方法。

①沉降监测原理。位移传感器法的原理是通过安装在土体表面或内部的传感器来监测土体的位移变化，传感器通常采用电阻应变式传感器、光纤传感器、振动传感器等类型。一般安装位移传感器，位移传感器法是一种常用的土体位移测量方法，可以用于监测土体的沉降、侧向位移等变形情况。该方法主要利用位移传感器对土体的微小位移进行测量，从而得到土体的变形情况。当土体发生变形时，传感器会感受到位移变化，并将信号传输到数据采集器进行记录和分析处理。在测量过程中，通过定期采集数据并进行分析，可以得到土体沉降的速率和趋势，进而判断土体的稳定性。需要注意的是，在使用位移传感器法进行土体沉降监测时，应选择合适的传感器类型和安装位置，确保能够准确测量出土体的位移变化。一般来说，若土体形状比较均匀，可以适当增加传感器的间距，如每 10～20m 设置一个传感器；若土体形状不均匀或存在地基不均匀沉降等情况，建议缩小传感器间距，如每 5～10m 设置一个传感器。同时，也需要注意确保传感器之间的测

量数据互相独立，以便更好地判断土体的沉降情况。

②沉降监测方案。安装使用位移传感器监测长距离输水管线周围土体沉降的具体操作步骤如下：

A. 安装位移传感器：首先需要在土体中固定安装一定数量的位移传感器，并确保其位置准确和稳定。传感器可以直接安装在土体表面或者通过孔洞钻进土体深度。

B. 连接数据采集器：将位移传感器与数据采集器连接，确保数据采集器能够正常接收传感器的信号，并将信号转化成数字形式存储。

C. 确定监测时间：根据土体沉降情况和工程施工要求，确定监测时间和频率，一般需要进行连续监测多个月至数年不等。

D. 启动监测系统：启动数据采集器和位移传感器，确保监测系统的正常运行。为了提高监控效果，我们必须定期检查并调整系统，使其能够提供精确且可信的结果。

E. 监测数据处理：将采集到的监测数据进行处理和分析，可以使用专业的软件和算法进行数据插值、平滑和趋势分析，以获得更为精确的土体沉降信息。

F. 分析报告输出：根据监测数据结果，生成相应的分析报告，在工程监测中及时发现问题并采取措施，以确保工程质量和安全性。

4）空（排）气阀监测方法。空气阀的状态监测包括：

①静态开启状态：当输水管道和复合式排气阀阀体内腔没有水时，主阀的浮球在重力的作用下位于最下方位置，此时，导杆顶端的感应磁铁与阀位检测开关之间的距离大于触发距离，阀位检测开关未触发处于断开状态，智能监控云平台根据阀位检测开关的断开状态判断智能复合式排气阀处于静态开启状态。

②正常关闭状态：当输水管道在空管或非满管状态下进水时，输水管道内的空气在水流的推动下从复合式排气阀的底部入口进入阀体内腔，浮球在缓冲座的遮挡作用下，不会被进入阀体内腔的空气带起封住排气口，进入阀体内腔的空气直接从排气口排出，当输水管道内的空气通过复合式排气阀的排气口排完后，阀体内腔的浮球在水的浮力的作用下上浮压住密封环，进而在浮力与水压的共同作用下压紧密封环封住排气口，此时，复合式排气阀主阀关闭，导杆顶端的感应磁铁与阀位检测开关之间的距离小于最大触发距离，阀位检测开关触发闭合。

在复合式排气阀的主阀关闭瞬间，随浮球上浮时进入排气口处的积水通过溢流通道进入漏水检测装置主体管内，通过漏水检测装置主体管上端开设的通气孔，使得漏水检测装置主体管与排气口形成连通管，当漏水检测装置主体管内的液位检测浮球上浮到漏水报警位置时，触发漏水报警开关，同时排气口处的积水从溢流口溢出，在主阀关闭 1～2 分钟后，排气口处的积水的液位下降到与溢流口平齐的位置，同时液位检测浮球下降到最低位置处，断开漏水报警触发开关的信号，此时，若阀位检测开关仍处于闭合状态，则向智能监控云平台发出复合式排气阀主阀排气完毕正常关闭的信息。

③主阀漏水状态：若在主阀关闭 1～2 分钟后，漏水检测装置中的漏水报警开关的信号仍未断开，则表示积水排不完，判断复合式排气阀出现漏水现象；在判断出现漏水现象的基础上，若阀位检测开关处于断开状态，则表示浮球与密封环之间夹有较大的垃圾或水压与浮力小于浮球的重力，浮球无法压紧密封环，判断复合式排气阀无法关闭，产生严重漏水现象；若阀位检测开关仍处于闭合状态，则表示浮球与密封环之间夹有较小的垃圾，判断复合式排气阀出现轻微漏水现象，根据检测到的信号分别向监控云平台发出复合式排气阀三种不同的漏水报警信息。

④集气状态：输水管线正常输水时，若没有集气产生，微量排气阀的浮球上浮至将集气排气口封住的位置，同时，集气检测装置的集气检测浮球也上浮至最高位置触发集气报警解除触发开关，当输水管线所产生的集气进入阀体内腔时，主阀的阀体和微量排气阀阀体的内腔液位下降，当阀体内腔的液位下降时，主阀的浮球在气压的作用下仍能封住排气口，微量排气阀的浮球在重力作用下降使得集气排气口被打开，输水管线所产生的集气从集气排气口排出，此时，集气检测浮球处于中间位置，为排气阀正常排气，当集气排完后，微量排气阀的浮球在水的浮力与水压的作用下上浮再次将排气口封住。

若输水管线产生的集气量大于微量排气阀的最大排气量或微量排气阀损坏无法排气时，主阀的阀体和微量排气阀阀体内腔的液位在集气的作用下继续下降，集气检测装置的集气检测浮球则跟随阀体内腔的液位下降，当集气检测浮球下降到集气过多的预警位置时，表明阀体内腔的集气太多，此时，集气检测装置的集气报警开关被触发，发出管网集气太多的报警信息，若微量排气阀腔内的气体经过一段时间后排出，微量排气阀的浮球上浮至将集气排气口封住的位置，集气检测装置的集气检测浮球则上浮至最高位置触发集气报警解除触发开关，发出管网集气报警解除信息。

5）管线内部情况监测方法。

①输水管线检测流程。

A. 输水管道检测前,将完成的管线探测图作为工作底图,开展管道检测作业。

B. 检测开始前，根据检测工作需要，检测检查井的通风情况以及是否存在有毒气体，发现有毒有害气体超标时进行通风，达到标准后再进行作业。

C. 在检测过程中，首先要通过直观的观察来确定管道的水压、沉淀物和水流情况，如果满足要求，就根据实际情况选择适当的检测技术；如果发现有些管道的水压过大，甚至出现了沉淀物的堆积，就需要立即采取措施，如封闭抽水和清理，以确保安全。

输水管线检测流程如图 9.5 所示。

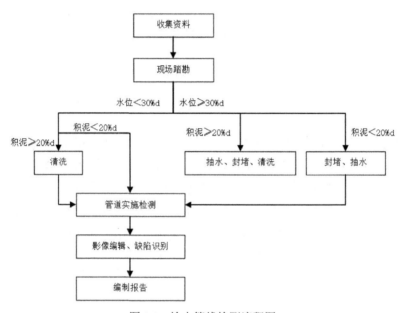

图 9.5　输水管线检测流程图

②管道检测方法。

管道检测主要采用管道潜望镜检测（QV 检测）和电视检测法（CCTV 检测）两种方法，对雨篦分支管道及少量不能满足 CCTV 检测条件的管道采用 QV 检测。根据 CJJ 181—2012《城镇排水管道检查与评估技术规程》，对排水系统的运营状况进行全面的监督。

A. 电视检测法（CCTV 检测）。

a. 在每段管道检测前，按检测规程要求编写并录制版头。

b. 在检测时，需要在检测对象的起始位置进行爬行器的布设，该设备之上需要搭设镜头。在进行检测工作之前，需要将计数器的数值调整为 0。

c. 在具体进行检测工作时，确保摄像镜头能够按照被检测的中轴线移动，并且事先设定好爬行设备的移动速度，确保图像的清晰度能达到最高的水准。

d. 如果检测期间，发现管道存在缺陷，需要改变爬行设备的放置位置，把它安置在能够对缺陷全面解析的位置并进行拍摄，确保图像的完整性以及清晰度。

e. 量测并细致判读管道系统中存在的特殊结构和多种类型的缺陷，同时与检测现场的实际情况有机结合，完成检测现场记录表单的记录。

B. 管道潜望镜检测。

a. 潜望镜的焦点应该位于管道的竖直中心线之上，并且保持水平。

b. 在拍摄管道期间，对焦距进行调整时，调整速度需要足够缓慢。在对缺陷进行拍摄的过程中，应当确保摄像头处于静止状态，只对镜头焦距进行调整，确保所拍摄的缺陷图像清晰完整。

c. 量测并细致判读管道系统中存在的特殊结构和多种类型的缺陷，同时与检测现场的实际情况有机结合，完成检测现场表单记录。

d. 在结束现场的管道系统检测工作之后，需要开展高质量的检测资料复核工作。

9.3.2 预警响应系统

（1）预警等级划分。针对输水管线工程实际情况，制定各个指标的单指标预警等级划分以及总体预警等级划分，对预警指标进行实时监控，当达到预警状态时及时进行预警响应，迅速采取合理的响应控制措施。

1）单指标预警等级划分。

①输水管线工程泄漏监测预警等级划分。分析总结相关文献，输水管线工程泄漏监测预警等级划分见表 9.2。

表 9.2　输水管线工程泄漏监测预警等级划分

预警等级	无需预警 （绿色）	一般预警 （黄色）	重要预警 （橙色）	紧急预警 （红色）
解释说明	上下游流量偏差值小于 0.5%，或负压波波长信号变化短时间突变后立即恢复	上下游流量偏差值大于等于 0.5% 小于 2%，且负压波波长信号突变后一直保持	上下游流量偏差值大于等于 2% 小于 5%，且负压波波长信号突变一直保持	上下游流量偏差值大于等于 5%，或负压波波长信号超过实际工况模拟计算阈值

②输水管线工程水锤监测预警等级划分。与前述输水管线工程水锤监测预警指标合理值范围的两个方案相对应，水锤监测预警等级划分同样分为两个方案，见表 9.3 和表 9.4。

A. 方案一：

表 9.3　输水管线工程水锤监测预警等级划分（方案一）

预警等级	无需预警 （绿色）	一般预警 （黄色）	重要预警 （橙色）	紧急预警 （红色）
解释说明	所有的指标值均在合理的范围内，无需预警	当最高压力值或压力上升速率或最大水击力或压力上升时间中有一个指标达到预警值时，提示出现水锤风险，需要注意管道的安全运行	当最高压力值或压力上升速率或最大水击力或压力上升时间中有两个指标达到预警值时，提示出现较大的水锤风险，需要立即采取措施减少或消除水锤影响	当最高压力值或压力上升速率或最大水击力或压力上升时间中有三个或以上指标达到预警值时，提示出现严重的水锤风险，需要立即停机检修，并采取紧急措施减少或消除水锤影响

B. 方案二：

表 9.4　输水管线工程水锤监测预警等级划分（方案二）

预警等级	无需预警 （绿色）	一般预警 （黄色）	重要预警 （橙色）	紧急预警 （红色）
解释说明	所有的指标值均在合理的范围内，无需预警	最大压力波幅度小于 5% 的允许工作压力，压力上升率小于 0.1MPa/s，峰值压力时间小于 0.2s	最大压力波幅度在 5%～10% 之间，压力上升率在 0.1MPa/s～0.2MPa/s 之间，峰值压力时间在 0.2s～0.5s 之间	最大压力波幅度超过 10% 的允许工作压力，压力上升率超过 0.2MPa/s，峰值压力时间超过 0.5s

③输水管线工程土体沉降监测预警等级划分。分析总结相关文献[7]，输水管线工程土体沉降监测预警等级划分见表 9.5。

表 9.5　输水管线工程土体沉降监测预警等级划分

预警等级	无需预警 （绿色）	一般预警 （黄色）	重要预警 （橙色）	紧急预警 （红色）
解释说明	沉降速率小于 2mm/年，总量小于 20mm，均匀性好，变形能力强	沉降速率小于 3mm/年，总量小于 30mm，均匀性一般，变形能力较强	沉降速率为 4～5mm/年，总量为 40～50mm，均匀性差，变形能力弱	沉降速率大于 5mm/年，总量大于 50mm，均匀性极差，变形能力几乎没有

需说明的是由于管线工程的空（排）气阀等管道附件一般即检即修，因此暂

不进行单指标预警等级划分。

管线内部情况的预警等级划分又分为"结构性缺陷预警等级划分"以及"功能性缺陷预警等级划分",见表 9.6 至表 9.15。

④输水管线管道结构性缺陷预警等级划分。

A. 输水管线结构性变形是指在外力挤压的作用下,管道本身的形状产生变化。分析总结相关文献,输水管线工程管道结构性变形预警等级划分见表 9.6。

表 9.6　输水管线工程管道结构性变形预警等级划分

预警等级	无需预警 （绿色）	一般预警 （黄色）	重要预警 （橙色）	紧急预警 （红色）
解释说明	形状改变幅度占管径的百分比未超过 5%	形状改变幅度占管径的百分比为 5%~15%	形状改变幅度占管径的百分比为 15%~25%	形状改变幅度占管径的百分比超过 25%

B. 输水管线结构性错口是指共用一个接口的两节管道在横向方向出现偏差,偏离与正确位置偏离。分析总结相关文献,输水管线工程管道结构性变形预警等级划分见表 9.7。

表 9.7　输水管线工程管道结构性错口预警等级划分

预警等级	无需预警 （绿色）	一般预警 （黄色）	重要预警 （橙色）	紧急预警 （红色）
解释说明	两节管道偏移位置低于管壁厚度的一半,错口程度为轻度	两节管道偏移位置保持在管壁厚度的一半到一倍之间,此时为中度	两节管道偏移位置保持在管壁厚度的一倍到两倍之间,此时为重度	两节管道偏移位置超过两倍的管壁厚度,此时为严重

C. 输水管线结构性起伏是指竖向层面上管道位置正常,但接口位置发生偏移,存在低洼聚水分析总结相关文献,输水管线工程管道结构性起伏预警等级划分见表 9.8。

表 9.8　输水管线工程管道结构性起伏预警等级划分

预警等级	无需预警 （绿色）	一般预警 （黄色）	重要预警 （橙色）	紧急预警 （红色）
解释说明	起伏高度占管径的百分比未超过 20%	起伏高度占管径的百分比为 20%~35%	起伏高度占管径的百分比为 35%~50%	起伏高度占管径的百分比超过 50%

D. 分析总结相关文献,输水管线工程管道结构性脱节预警等级划分见表 9.9。

表 9.9 输水管线工程管道结构性脱节预警等级划分

预警等级	无需预警 （绿色）	一般预警 （黄色）	重要预警 （橙色）	紧急预警 （红色）
解释说明	泥土进入管内，此时为轻度	脱节长度未超过2cm，此时为中度	脱节长度为 2～5cm，此时为重度	脱节长度超过5cm，此时为严重

E. 输水管线结构性支管暗接是指管道接合不充分或并未接合。分析总结相关文献，输水管线工程管道结构性脱节预警等级划分见表 9.10。

表 9.10 输水管线工程管道结构性支管暗接预警等级划分

预警等级	无需预警 （绿色）	一般预警 （黄色）	重要预警 （橙色）	紧急预警 （红色）
解释说明	支管进入长度占主管管径的百分比未超过10%	支管进入长度占主管管径的百分比为10%～20%	支管进入长度占主管管径的百分比为20%～30%	支管进入长度占主管管径的百分比超过30%

F. 输水管线结构性渗漏是指管道中进入来源于外部的水分，分析总结相关文献，输水管线工程管道结构性变形预警等级划分见表 9.11。

表 9.11 输水管线工程管道结构性渗漏预警等级划分

预警等级	无需预警 （绿色）	一般预警 （黄色）	重要预警 （橙色）	紧急预警 （红色）
解释说明	滴入，沿管向流动，为滴漏	持续流入，脱离管向流动，为线漏	涌入，占过水断面面积的百分比未超过 1/3，为涌漏	涌入占水断面面积的百分比超过 1/3

⑤输水管线管道功能性缺陷预警等级划分。

A. 输水管线功能性结垢是指管道内壁上的附物，分析总结相关文献，输水管线工程管道功能性渗漏预警等级划分见表 9.12。

表 9.12 输水管线工程管道功能性渗漏预警等级划分

预警等级	无需预警 （绿色）	一般预警 （黄色）	重要预警 （橙色）	紧急预警 （红色）
解释说明	存在硬质与软质，前者过水断面的损耗百分比未超过15%；后者过水断面的损耗百分比为15%～25%	存在硬质与软质，前者过水断面的损耗百分比为15%～25%；后者过水断面的损耗百分比为25%～50%	存在硬质与软质，前者过水断面的损耗百分比为25%～50%；后者过水断面的损耗百分比为50%～80%	存在硬质与软质，前者过水断面的损耗百分比超过50%；后者过水断面的损耗百分比超过80%

B. 输水管线功能性障碍物是指管内阻挡物体,阻碍水流,分析总结相关文献,输水管线工程管道功能性障碍物预警等级划分见表 9.13。

表 9.13　输水管线工程管道功能性障碍物预警等级划分

预警等级	无需预警（绿色）	一般预警（黄色）	重要预警（橙色）	紧急预警（红色）
解释说明	过水断面的损耗百分比未超过 15%	过水断面的损耗百分比为 15%～25%	过水断面的损耗百分比为 25%～50%	过水断面的损耗百分比为 50%

C. 输水管线功能性坝根、残墙是指管道闭水试验期间临时砖墙未彻底拆除遗留物体,分析总结相关文献,输水管线工程管道功能性坝根、残墙预警等级划分见表 9.14。

表 9.14　输水管线工程管道功能性坝根、残墙预警等级划分

预警等级	无需预警（绿色）	一般预警（黄色）	重要预警（橙色）	紧急预警（红色）
解释说明	过水断面的损耗百分比未超过 15%	过水断面的损耗百分比为 15%～25%	过水断面的损耗百分比为 25%～50%	过水断面的损耗百分比为 50%

D. 输水管线功能性浮渣是指管道闭水试验期间临时砖墙未彻底拆除遗留物体,分析总结相关文献,输水管线工程管道功能性浮渣预警等级划分见表 9.15。

表 9.15　输水管线工程管道功能性浮渣预警等级划分

预警等级	无需预警（绿色）	一般预警（黄色）	重要预警（橙色）	紧急预警（红色）
解释说明	少量,占水面积的百分比未超过 30%	中量,占水面积的百分比为 30%～45%	多量,占水面积的百分比为 45%～60%	大量,占水面积的百分比超过 60%

2）总体预警等级划分。考虑到预警指标具有一定程度的关联性,因此还需确定总体预警等级,以便预警系统发布较为明确的预警态势信息,为后续实施风险预警响应方案提供基础。

对于管道泄漏这一指标,输水管线一旦发生管道泄漏必定同时引起管线周围土体沉降,在管线所处区域土体湿陷性较大时土体沉降尤为严重,且管道泄漏引起管段气压不均会在一定程度上加大管道水锤发生时带来的影响,增大水锤导致管道破损的概率,需重点关注。

对于管道水锤这一指标，它与管线周围土体沉降等环境影响因素关联性不强，主要受工程本身管线设计、管材选取、人为操作等方面的影响，影响作用相对独立但不可忽视。

对于管线周围土体沉降这一指标，其既受地震、地裂缝等地质环境影响，又受管道重力、渗漏水等工程自身影响，也需重点关注。

对于管线内部情况这一指标，更多受管线的管道选材以及周围地质环境影响，在良好的前期设计规划工作基础下，已经很大程度地规避了风险，相较于上述三个指标，风险较低，但不可忽视。

综合考虑，工程失事总体预警等级划分见表 9.16。

表 9.16　输水管线工程失事总体预警等级划分

总体预警等级	情况说明
一级预警	管道泄漏为无需预警（绿色），另外三项指标中仅有一项为一般预警（黄色）
二级预警	①管道泄漏预警等级为一般预警（黄色）或重要预警（橙色），另外三项指标预警等级未同时达到重要预警（橙色）； ②管道泄漏为无需预警（绿色），另外三项指标有两项及以上为一般预警（黄色）或重要预警（橙色）
三级预警	①管道泄漏预警等级达紧急预警（红色）； ②四项预警指标均达重要预警（橙色）及以上

（2）预警响应。

1）预警发布方式。采用科学、直观的方式展示预警结果，可以有效地帮助决策者做出明智的决策，因此，必须建立一套完善的预警响应机制，以便更好地发布预警信息。

一级预警时，可以采取短信、邮件或者预警系统网页等多种形式，向运营管理单位和监测单位发出通知；

二级预警时，可以采取短信、邮件等形式，向施工单位、运营管理单位和其他相关单位发出通知；

三级预警时，可以采取其他形式，如发送电子邮件、发送电子报告等，以便更好地传递预警信息。请遵守以下格式发布预警：如图 9.6、图 9.7、图 9.8 所示，以便所有参与者和人员都能够获得信息。

2）预警响应。在接到预警信号后之后，相关单位应立即按照所传递的信息作出相应的反应。

【一级预警】XXXX年X月XX日00:00 A/B/C/D管段区间"干线00+000~干线XX+XXX"标段管道泄漏/管道水锤/管线周围土体沉降达xx，达到一级预警状态，请立即采取措施，加密监测及巡视，各方高度关注！【监测预警管理中心】

图 9.6　一级预警发布格式

【二级预警】XXXX年X月XX日00:00 A/B/C/D管段区间"干线00+000~干线XX+XXX"标段管道泄漏/管道水锤/管线周围土体沉降达xx，达到二级预警状态，请立即启动应急预案，请各方高度关注，各相关单位立即赶赴现场！【监测预警管理中心】

图 9.7　二级预警发布格式

【三级预警】XXXX年X月XX日00:00 A/B/C/D管段区间"干线00+000~干线XX+XXX"标段管道泄漏/管道水锤/管线周围土体沉降达xx，达到三级预警状态，现场正进行抢险，请各相关单位立即赶赴现场！【监测预警管理中心】

图 9.8　三级预警发布格式

①一级预警响应。各预警指标异常程度较小，监测单位需加大监测频率，组织相关技术人员进行现场查探判别是否，相关负责人做好人员和材料准备等协调保障工作。

②二、三级预警响应。管线存在异常，应立即启动应急预案，组织相关技术人员进行现场处置，针对不同情况，可单独或同时采取以下几种灾害处理措施：

A. 若管道发生泄漏，可采用套箍法、堵漏剂等处理方法进行加固处理。

B. 若发生管道水锤异常，可采取更换恒压缓冲排气阀、增设空气阀或合理设置泵后阀缓闭方案等处理措施。

C. 如果周围的土壤出现了严重的下沉，我们可以通过监测沉降数据来确定开挖和回填的时机。由于土壤的下沉可能还没有完全稳定，我们应该根据实际情况进行开挖和填补，在填补时应该考虑最佳的土壤含水量，并对地基和回填土层进行夯实。

作出相应处理后，若 3 个工作日内日监测点动态趋于稳定状态，且指标符合要求，即可申请解除预警，不同预警等级解除由不同执行单位审批备案完成。

（3）预警降级及解除。各级预警解除的前提条件为监测部位的运行状态、管线周围环境无异常。监测数值设置依据前期设计规划时预先确定的各监测指标以及预警响应过程中新增的监测数据变化情况；若某预警监测指标的累计变化值不能恢复至监控指标的"无需预警"范围区间时，必要时可将监控指标调整为该指标的变化速率，但必须经设计单位审批同意。

在施工单位处理完三级预警后的工程事件之后，如果发现相关的监测指标变化速率超过了三级预警的降级标准，就可以向监测部门和施工部门提出预警降级申请，并将相关的监测数据资料汇总上报，经过监理等相关监管机构的审核，及时召开预警降级评定会，结合专家和参与者的意见，最终决定是否将预警等级降低至二级。二级预警降级流程与三级预警一致。需要注意的是：三级预警只能降级，但不能直接降至一级预警或是消警；二级预警只能降至一级，不能直接消警；只有一级预警可以进行消警。预警降级、消警流程如图9.9所示。

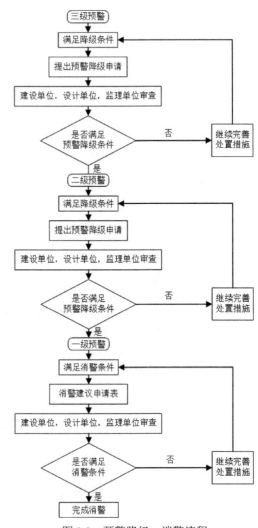

图9.9 预警降级、消警流程

9.3.3 信息管理系统

（1）管线信息管理。管线信息系统包含管线设备编辑、在线输出打印、空间信息及属性查询、信息统计及管理等功能。

1）管线设备编辑。为了更好地支持系统的运作，我们需要拥有一个完善的图像、数字化资源库，用于存储各种类型的管道、管件、阀门、测量仪器以及其他相关信息。此外，我们还需要定期更新这些资源，以确保它们的可用性。不管使用哪一种输入格式，都必须使用 MIS 的编程软件来将数据转化成矢量图和表格。

2）在线输出打印。使用绘图仪或打印机，根据设置的尺寸，在显示器上根据需要，将管道的颜色、形状、位置等进行精确的调整，并将调整后的结果转化成 CAD 工程所需的形状，同时，还支持打印多种属性信息及统计报告，并且具有良好的兼容性。

3）空间信息及属性查询。提供具备图形与数据相交互功能的可逆查询工具，如图形识别查询、模糊查询、图文互动查询等功能，从而提取出所需的各种信息。同时，该工具需具备自动查询管段默认参数及基本数据等功能，如长度、数量、维修记录、检验记录、事故记录以及具体的时间地点等。当在操作行为错误或信息输入错误时，能给予相应提示。

4）信息统计及管理。为了更好地掌握信息，我们需要使用一个系统来实时监测所有相关的参数，包括不同尺寸的管道、不同类型的配套零部件、不同类型的设施、不同类型的水流（水）流速、不同类型的事故发生率和不同类型的维护频率。该系统可以通过多种不同的方法，如分布图、棒状图、饼状图和列表。

5）通过将 GPS 和 3M 电子标识定位系统相结合，可以实现更强大的功能。通过将 GPS 和 3M 电子标记技术相结合，可以准确地确认管道、车辆、阀门的位置，从而有效地避免发生意外。

（2）资料归档管理。建设工程资料通过建设单位信息化平台实现精准管理，该系统具有归档管理和借阅查询等功能。系统界面采用浏览器操作，用户无需下载客户端即可进行相关操作。该系统采用视图层、业务逻辑层、数据访问层三层体系结构。该系统具有良好的跨平台性，可根据不同用户使用的计算机配置环境进行自适应配置，具有较高的实用性，能够满足实际应用需求。这个解决方案的核心是一个完整的、高效的、可靠的、可扩展的、可持续的、可追踪的、可扩展的解决方案。它可以帮助企业更好地完成任何需要的任务，并且可以为企业提供更高效的解决方案。

1）合同备案管理。在所有相关手续办理完毕，合同正式签订后，负责人需将基本信息进行系统录入，同时向资料室申请备案。资料管理员会对相关信息进行审查核对，确定无误之后则同意备案并赋备案编号。此时，负责人会收到系统相关提示需完成招投标资料归档。

2）资料归档管理。负责人根据合同执行进度，按照归档范本模式，将移交签收单递交给资料室管理员并上传电子文件。管理员将提交的资料与系统录入数据进行一系列对比核查工作，确保正确后，才能批准存档，否则，交还给合同负责人进行二次整改。

3）综合管理资料归档。综合管理资料归档模块可实现对项目立项、关键技术、设计文档等技术类资料以及机构组成、规则制度、会议纪要、进度计划等管理类资料的上传、查询、分享等，便于相关人员查阅。

4）招投标资料归档。招投标资料归档范本应按采购模式选择（竞争性谈判、邀请招标、单一来源、询价采购等）。招投标资料进行归档时，由合同负责人选定采购模式，在移交签收单上勾选要存档的文件，并修改文件名。资料输入完毕由负责人提交归档申请，经资料管理员审核相关信息，确认无误后即可通过。此时，系统将会在一定期限内提醒合同负责人及时进行归档，此环节需合同负责人和资料室管理员两者共同进行核查对比，直到双方均确认无误后，在打印的移交签收单上签名，留存以作存档凭证。

5）执行过程资料归档。合同负责人再提交归档申请时，资料管理员需核查之前存档的信息，如编号、类别、数量等，确保正确即通过申请。此时，系统将会在一定期限内提醒合同负责人及时进行归档并向资料室提交纸质版文件。此环节需合同负责人和资料室管理员两者共同对提交文件进行核查对比，直到双方均确认无误后，在打印的移交签收单上签名，留存以作存档凭证。

6）竣工资料归档。合同执行完毕后，可通过该系统对竣工资料进行归档。竣工资料归档模板根据合同性质（研制合同、建筑施工合同、试验技术、设计服务类合同、采购安装类合同、建筑服务合同等）确定。合同负责人选定相应的合同性质后，系统可提供相应的资料移交签收单录入界面。

重要研制合同和建筑施工合同，由合同负责人亲自确认后方可在系统中提交移交申请，并将目录电子版本上传。资料室负责对纸质文件进行审核，并在收到文件后予以确认。

7）结算资料归档。结算资料主要包括第三方报告、施工单位结算申请及结算书、签证汇总表及签证、其他相关资料等。合同负责人可以在系统中输入其结算材料清单的信息以及电子版，并提出归档申请，资料室对纸质文件进行审核，并在收到文件后予以确认。

8）文件盒管理。为了能够更好地利用合同资料，一般都会使用一个或多个文件盒进行保存管理，这样不仅能实现精确管理，也方便查找，实现高效办公。首先，管理员将各个文件盒中的档案信息录入系统。系统将基于每个阶段的资料清单自动生成相应的文件盒信息目录表，包括文件盒编号、责任人、文件题名、日期、备注等信息。然后，管理员可根据不同的筛选条件进行有效信息筛选。

（3）信息化档案管理。

1）总体功能、要求及组成。

①功能：通过相关软件，我们可以将工程项目的各种数据转换成可视化的形式，从而使得数据的存储、分析、使用、审计、报告等都更加便捷、高效。此外，本软件还可以根据不同的情况，对数据进行分析、分类、报告结果，从而更好地帮助企业做出更明智的投资决策和更合适的预算，并获得更多的专业人士的指导。通过对数据的深入研究、综合评估，有效地整合与交流。

②要求：把各种工程纳入到统一的项目管理程序，包括项目建档，立项、审批、计划、预算、招标、设计、实施、验收、考核等全部内容。

③组成：在工程管理系统中，应当涵盖合同审批、质量控制、信息记录、其他事务处理、资料收集、项目管理、台账登记以及监督报告等多个方面，以确保项目的顺利实施。

2）电子化档案采集。为了建立信息化档案管理，首先需要将档案电子化并采集入信息系统中，将结构化数据采集并入库，通过使用高速扫描、OCR 识别等技术将资料进行整理[8]，为保证原始测量数据的完整性，采用信息化系统管理模式来实现数据的关联与输入。

为了更好地管理目标，我们应该保存所有控制建筑物和输水渠道的原始信息，包括泵站、闸站、竣工图纸、主要控制节点和水位档案。

3）基于物联网的一体化、智能化的实体档案管理。为实现高标准高要求的档案管理，可进行实物和电子档案双备份的管理模式，在进行实物档案管理时，需时刻检测档案所处环境的温度、湿度及消防等隐患，可在档案柜中安装物联网感知装置来进行烟感等探测，管理人员通过检测平台可实现实时动态把控，达到有效预防和事故发生及时解决的目的。

4）基于 RFID 标签技术的便捷检索和智能盘点。RFID 标签是用于解决输水管线工程中大量的文件和数据的方法。这些文件和数据的保留需要经常更新和维护。"身份证号"标签是用于识别文件和数据的标签，它能够帮助我们更好地查找和保护文件和数据，并且能够更加方便地进行文件和数据的查询和分析。通过采用一键式盘点技术，我们能够快速、准确地把盘点的信息反馈给档案管理系统，从而进行自动比较，并且能够创建出完整的盘点记录及相关的报告，大大提高了档案盘点的效率，减轻了档案管理者的负担。

5）基于管理流程的在线借阅管理。对于电子版和纸质版资料的查询、借阅、审批、统计等需求，该系统都能够实现。其中查询信息涵盖了资料名称、借阅状态、借出和归还时间、借阅人信息等许多内容。合同负责人或相关授权人员由于事先设定了借阅权限，因此可以对电子版资料直接进行下载查阅；对于纸质版资料，上述人员可在系统中根据合同列表选择相应的文档资料，然后向资料室管理员提交资料借阅申请。由于系统还可以对所有在册、借阅审批中和已借阅的资料报表进行统计，所以具备对资料借阅进行全过程管理和监控的功能。

档案管理系统的建设为输水管线工程档案的管理带来了新的机遇，它不仅能够方便文档的查询与利用，而且能够支持快速、便捷的借阅服务，包括申请、审核、归档以及及时预警的功能，从而大大提高档案管理的效率，并且能够有效地防止文档的流失。

6）基于水印技术的电子档案防泄漏。为了解决电子档案的泄露和保护，我们采用了一种新的方法使用智能水印。这种方法允许我们为已经收集的电子档案设置一个特定的标签，并且它会根据我们的要求，为数据增强保护。这样就不用担心数据会被盗用或丢失，而且还可以更方便地查找和追究相关的法律和法规。

7）资料统计分析。对原有资料的归档及借阅情况很难进行监控和管理，这是因为这些资料的归档及借阅通常采用书写登记的方式。在该系统中，可以利用它的资料统计分析功能，使用报表、饼图、柱状图等多种形式统计和分析各合同资料的类型、在册与借出、归档及时性、归档完整度等情况。同时，对于那些没有归档的合同负责人，系统可以起到提醒的作用。

8）资料模板管理。资料管理员按合同采购类型将合同资料录入界面模板化，并对每个阶段需要上传的资料进行规定。合同负责人在合同采购开始时针对各阶段需要上传的资料，可对新增文件资料目录进行录入并上传相关资料附件，但不可删除资料模板规定的内容。为了提高系统的适用性，可在合同资料归档管理过程中对合同全生命周期内所有资料归档界面的内容模板进行配置和管理。通过使用这个模块，资料室管理员可以轻松地更新、删除、查询模板，从而大大提升系统的灵活性。

（4）人力资源管理系统。

1）功能：在实施人力资源规划咨询的基础上，通过建设人力资源管理系统，提升公司的整体运营效率，实现公司的长期发展。

2）结构：人力资源管理系统由多种工具组成，包括战略、管理、流程和信息。这些工具的协同作用为整个系统提供了强大的支撑，包括综合报表、审批流程和邮件等。

3）要求：为了更好地控制公司的运营，我们建议采用一个先进的管理系统，它不仅能够快速、精确地收集相关的人事数据，并且为领导层提供更加清晰的认知，从而帮助他们做出更加合适的决定。此外，我们还建议采用一个交互性的员工管理软件，它将支持公司的全面、灵活的人力资源管理。通过使用该管理系统，员工能够更加快捷地了解他们的日常表现，包括考勤、假期、薪酬、福利、培训、考核等，同时也能够通过该管理系统进行远程监控，从而更好地完成各项任务，如网上报销、网上申报休假、网上检查等。此外，该管理系统也能够为人力资源管理者带来更多的灵活性，使他们能够更好地完成各项任务，从而降低工作负担，提升工作效率，改善客户体验。

9.3.4　管线控制系统

为了确保安全和高效的供水，我们建议采用 DCS 控制系统，它既能够满足成本效益，又能够提供高效的运行保障，能够有效地进行全面的在线监测和远程操作，从而提高供水效率和质量。

（1）功能板块。在设计控制系统时，根据建设目标可将其分为四个功能板块来设计控制系统的功能：

1）起点取水。水从储水池中引出，经过精确的计量，最终被输送到管道系统中。

在这个功能区域，我们需要监测管道的水流量，并对起点的电动阀门进行状态监控和控制。储水池的水位也会由提供水源的公司的原有水处理控制系统来监测，并进行调整和控制。上下游之间采用保密电话实现重大需求的水源度。

2）调流调压。通过使用调流调压阀，可以有效地控制空管的压力，并且可以通过设置一个平压调节水池来抑制流体的压力，从而达到减轻压力的目的。这种技术可以根据预先设定的参数，使得调流调压阀自动工作，从而使得整个系统进行有效的状态监测，包括阀门前的压力、平压调节水池的液位和流体的流速等，以达到有效的压缩效果。当发生突发事件时，应立即采取措施来保护和维护阀门。此外，还应该定期检查和维护电动阀的运作状态。

经过严格的监督和控制，我们可以确保按照用户的需求提供给他们所需的水。这样，就可以避免因为前期的缺乏精确的控制导致的大规模的用水，也就是说，只要上游的水资源充裕，就可以根据用户的具体需求来合理地分配和使用。经过精确的监测，包括管道的流速、压力和消耗的水位，我们可以利用偏心半球阀的调节，在需要的时候，快速地完成管道的转移和断开。

3）调蓄外送。为了满足工业生产的需求，我们在工厂的底部建造了许多相连的密集的储水槽,以便对整体的供水量进行有效的控制,同时也能够满足紧急情况的供水需求。这些储存的水可以经由地下的水泵运往各种水处理设备。

这一部分的主题是:如何监测和管理所有的储存池的液体,以及如何操作所有的电气阀门,并且如何调节和维护外部的供水设备。

4)中央控制。通过联合运用两套系统,我们能够在管道末端的水处理设施办公楼内实现高效的生产调度和控制。

这个功能模块旨在收集和综合来自各个部门的数据,经过精心的分析和处理,可以提供全面的管网监控、灾难预防、紧急响应和远程指挥调度,同时也可以对管网系统的相关文献和记录进行保护和检索。如果将 DCS 技术应用于输水管网,可以将它们之间的交流和协作提高到一个新的高度,从而达到一个中心,两套系统的协同运作,同时也可以更好地满足未来的安全和高效的调度管理。

在戈壁环境下重力流输水管道的控制系统的设计和实施之前,必须仔细研究和确认每个部件的必备参数,包括收集的数据、传输的控制信号和使用的操作手段,同时还必须清楚地指派每个部件的操作范围、报警阈值和操作权限,以便让每个部件都可以实现实时的监测和操作[9]。

(2)系统的开发步骤。开发建设输水管线 DCS 控制系统的过程包括:求解、总体结构设计、详细设计、实地安装、单独调试和联合调试,以实现闭环优化。

(3)架构设计。该系统由三个部分组成:中央控制系统(上位机)、下位机(包括终端)和通信网络系统(下位机)。

1)中央控制系统位于控制室的一个独立的空间,由高级管理人员和大型数字化存储器组成,旨在实时监测和调整现场的控制站和通信网络的状态。

2)现场控制站位于现场的每个角落,由监控层和执行层组成,负责收集和处理现场的数据,并对设备的运行状态进行有效的控制。

3)该通信网络有三个:一个是用于连接中央控制器,一个是用于连接实地测量点,还有一个是用于连接实地测量点和其他设备。

通过采用"集中式作业、离散控制系统、分层管理工作、分配灵活性以及组态高效"的核心理念,我们的系统由三个主要构件构建而成,它不仅能够有效地检测和管理工作整个输送流程,而且还确保每个设备都能够自主运转,确保其稳定和安全。

9.3.5　计算机监控系统

(1)设备与环境监控。计算机监控系统支持包括 IEC61850、IEC60870-5-103、DLT645-1997、DLT-645-2007、MODBUS、CAN、DNP3.0 等上千种协议,支持串

口、TCP、UDP、CAN 等多种通信方式，其主要可实现对输水管线工程设备与环境的监控及视频监控功能。

设备与环境监控功能的实现由通信传输、云端网络、阀门监控、无线采集等子模块支撑，各子模块之间互相联系、彼此支持，共同组成一个统一的整体。通信传输模块为其他模块提供支撑，是阀门监控、无线采集等工作日常进行的基础。通过采用先进的自动存储技术和实时传输技术，我们能够实现对设备和环境的远程监控，从而使决策者能够更加有效地掌握设备环境，更好地管理供水工程，并且提供更加优质的服务。系统组成如图 9.10 所示。

设备与环境监控的内容主要包括对地质环境、流量、压力及水质情况、阀门附件、输水构筑物等管线运行相关信息的全面采集，以及对监控数据信息的传输、储存、处理与利用。监控数据信息的传输流程如图 9.11 所示。

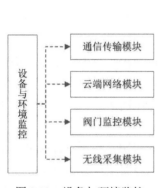

图 9.10　设备与环境监控

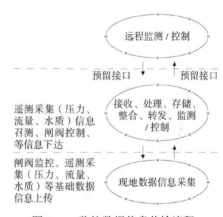

图 9.11　监控数据信息传输流程

1）功能：利用先进的信息处理系统，将多个部分结合在一起，如电脑网络、远程操作、无线电波、无线信号等，将输送系统与其他相关的传感器和仪表联系起来，以达到四遥操作、远程调度、远程信息交换的目的，从而保证系统的安全性和可靠性。

①自动调节功能：通过使用水电自动化技术，我们可以轻松地完成设备的启动、停止，同时还可以通过监测并联、断路器来确保设备的正常工作。此外，我们还可以通过监测水轮机的转速、发电机的励磁、有功负荷的变化来优化设备的性能，以及通过监测电网状态来优化设备的功耗。

②告警和故障功能：为了提高效率，我们的自动化系统应该拥有强大的报警与防御机制，可以及时发现或处理各种异常情况。此外，它也应该提供实时的故

障数据，方便用户随时了解。

③人机交互：小型水电站主要设备的自动控制通过自动化无人值班系统便可以实现，但是为了让用户的需求得到更好的满足，建立一个完善的人机交互接口势在必行，这可以让使用者通过该界面对机组运行状态进行实时监测，同时在遇到特殊情况时，可采取人工操作来接管水电站设备的运行。

④信号采集存储功能：为了实现小型水电站的无人值守自动化系统，需要采集水电站各个系统和传感器的状态信号，包括环境温湿度信号、调速器信号、发电机转速信号、输出功率反馈信号、发电机温度信号、发电机输出的三相电流、电网频率、发电机功率因数等等。这些模拟信号和数字信号将被信号采集卡收集，并输入自动化系统控制器。控制器还需要对信号进行滤波、选择、运算等处理，以提供系统自动化控制所需的输入数据。

2）分布：以闸门站、泵站及水文站为基础并考虑到现有管理站设置及布线等因素，共设 1 个中心站、10 个监测控制站。

3）结构：三级控制架构是用来支持系统的三个层次：第一级是基础层，负责检查水文水力测量参数、泵站、闸门等设施，并通过基础层的控制系统进行操作；第二级是高级层，负责通过高级层的电脑系统进行操作；第三级是更高级的层，负责通过高级层的电脑系统进行操作，并进一步进行系统的维护。在当前情况下，三级控制的重要性是：首先是在当前位置，其次是在遥测位置，而在遥测位置的操作则是通过软件进行调整。

（2）视频监视系统。为了确保安全，我们将会密切关注所有连接井和检修区域，通过摄影技术来记录和保护这些区域。我们还将安装一部调度电话，方便我们的管理者随时随地操纵它们。此外，我们还将会将所有的摄影数据都上传至中央控制系统，方便我们的管理者随时随地访问。

鉴于该线路跨越多个自然保护区和复杂的地形，它们很难被修筑成一条永久的公共交通干线，而且还会遭遇恶劣的气候条件和严重的破坏，这使得人们在进行公共交通维护上面临着极高的挑战。另外，在这些无人区，缺乏无线通信，所以，利用视频技术来实施实时的监测和记录，以及构筑一个完善的公共交通协调网络，显得尤其重要。

1）功能：采用先进的宽带技术，我们的系统可以实时捕捉到闸口、泵站、渠道、河流等重要地区的状态，同时，我们还采用 IP 技术将这些数据进行高效的传输，为我们的安全管理提供有力的支持。

2）分布：为了满足运营管理的需求，我们决定在计算机监控系统中建立一个视频监控中心，并设置 10 个视频监控站和 81 个视频监控点。

3）结构：分为三级，第一级用于监测的摄影摄影点；第二级为视频监视站，既能够检测到本层的摄影点，又能够查看其他层次的摄影点；第三级为监视中心，可对全部视频监视点进行监视。三级之间通过主控计算机设置图像控制权限和图像浏览方式。

9.3.6　辅助决策系统

（1）水质监测系统。水质监测系统包括采水单元、配水单元和控制单元。该系统可以使用进口设备监测仪，例如常规五参数水质自动监测仪、重金属监测仪、COD-203CODMN 分析仪、NPW-150 总磷分析仪、氨氮分析仪、氟化物分析仪、氰化物分析仪、SaFIA 六价铬/硫化物/总锰在线分析仪、油膜分析仪、水质毒性监测仪、水质色度分析仪和有机物污染监测仪等等。上述监测仪都采用模块化设计，具有良好的兼容性和扩展性。

根据输水管线工程实际情况，可以设立实时在线监测站点于整个线路，通过采集模块和通信模块实现监测数据的无线传输[10]。此举有助于评价输水管线工程的综合环境、气象、水文等各项参数。同时，通过数据中台分析研判，可以准确评价引水工程的环境质量状态。

1）功能：该系统具有处理、显示和存储水质参数的功能，并能够对各个测量站的水质状况进行评估和分析，从而有效地控制水污染，确保工程用水的安全和可靠性。

2）组成：水质监测系统包括五个部分，即监测点、监测站、监测车、监测室、数据处理系统和水质分析软件。为了更好地监测水质，我们将在水库周围增加一个监测点，并在水源处增加一个监测站，用于监测水质的变化。此外，我们还将为监测系统提供一辆五参数和一个便携式的监测仪，方便我们随时监测水质状态。

3）要求：根据实际情况，以便更好地掌握水质的变化，我们应该尽可能地减少或避免对可用的参数进行检测，以便更好地了解水的实际情况。我们将首先考虑五个基本的技术指标（温度、pH、溶解度氧 DO、电导、浊度），其次是高锰酸钾指数，最后是氟、氯、硝酸盐和磷酸盐。

本系统应用于具有大面积水域的内陆河道、湖泊中，将多个水质检测仪系统组成网状投入其中，并与自动监测车接收端实现信息的交互，其 24 小时任意点测量的特点不仅提升了水质监测范围，同时提高了水质监测速率。

（2）输水优化调度系统。根据其所依赖的能量，长途供水技术可以大致划分为三种：重力供水、水泵供水以及两者的结合[11]。水泵加压的缺点是输水系统复杂以及建设和运维费用高[12]，因此在工程条件允许的情况下，宜优先选择重力输水方式，该方式具有投资少、运维成本低和便于管理等三大优势[13]。现代供水工程面临地势复杂等客观条件限制，因此常常采用重力输水和水泵加压的混合输水方式[14]。

1）输水调度状态判断流程。工程调度运行的真实状态可以通过引调水工程控制建筑物及工程重点部位的水位流量实时监测数据反映。调度人员需要对监测数据进行分析，以判断当前调度运行状态及调度控制是否符合调度规程要求。此外，为了避免频繁、过度甚至错误的操作闸门，调度人员还需要预判调度状态的变化趋势，这需要依靠调度人员丰富的调度经验。为了辅助调度人员进行状态判断和变化趋势预测，可以将信息技术与调度业务深度融合，通过水利专业模型和数据分析来模拟调度过程。输水调度状态判读及预警信息生成流程如图 9.12 所示。

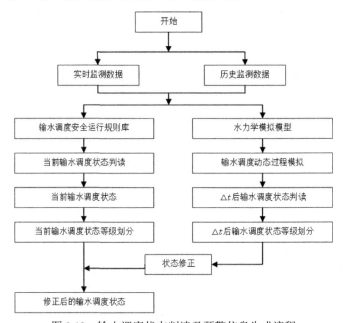

图 9.12　输水调度状态判读及预警信息生成流程

2）总体框架。基于 GIS 平台构建的长距离引调水工程输水调度状态分析及预警系统，采用分层设计的思想。系统自底向上依次为数据层、模型层、应用层。数据层实现数据汇聚，提供数据支撑服务；模型层整合专业模型和调度规则，判读与预警输水调度状态；应用层提供调度人员交互，实现分析、判读、变化预测、信息展示和查询等功能。为实现以上功能，系统整合引调水工程基础设计数据、输水调度状态监测数据、机电设备运行工况监测数据、调度规程和水利空间数据，结合水动力学模型，实现了输水调度状态的预测和信息可视化展示，以满足调度运行状态分析和预警的需要。系统整体框架如图 9.13 所示。

图 9.13　输水调度系统整体框架

3）输水调度状态分析综合数据库。对输水调度状态进行综合分析需要考虑实时监测数据、程序基础设计数据和调度规程相关要求等因素。在输水调度状态分析综合数据库中，主要包括监测数据库、基础数据库和调度规程数据库。具体数据内容包括引调水工程控制建筑物及工程重点部位的水位流量实时监测数据、闸门启闭机电设备工况监测数据、引调水工程基础设计数据、引调水工程调度规程以及水利空间数据等。此外，工程设计数据、调度规程和水利空间数据属于静态数据，更新频率较低，只需整理入库即可。相反，输水状态监测数据和机电设备闸门工况监测数据属于实时数据，需要动态采集并实时更新。输水调度状态分析综合数据库如图 9.14 所示。

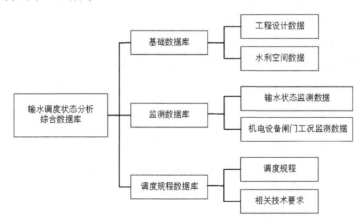

图 9.14　输水调度状态分析综合数据库

4）总体功能、组成及要求。

①功能：本系统旨在根据上游、中游以及下游环境，对各种水源进行精确监测，并结合实际情况，采取有效措施，如优化水源储存、泵站叶片尺寸、开启机器频次、堰坝宽度以及可控水位，以实现有效地平衡各种因素，实现对水源、泵站以及输送管线的有效管理，实现有效调度，以降低成本，延长其使用寿命，并有效地发挥其效益。

②组成：该模型基于模拟模型，通过对水利工程中的设施进行仿真，为决定提出了一种有力的支持。此外，该模型还能够通过对模拟模型的分析，为决定提出有价值的信息。通过使用该模型，我们能够对不同的设施进行有针对性的管理，从而达到更好的政策。此外，该模型还能够帮助我们更好地控制整个工程的运行，从而达到更高的经济性。通过采取有效措施，泵站的能源消费能尽可能地降到最少，从而达到优化的调度效果。

③要求：应当充分利用水库资源，结合总体调水计划，制定出最佳的调度方案，以期达到最佳的输水枢纽经济效益。

（3）办公自动化系统。

1）功能：通过使用先进的数据库技术，我们可以有效地管理和利用数字化信息，从而实现计算机和网络系统在办公和档案工作中的有效运用。

2）要求：为了满足需求，我们需要一个系统，它既快又好，同时又易于维护和操控。这个系统必须拥有极强的功能，以便支持快速、精确、灵活的处理和分析，并且能够支持多种不同的功能。它还必须支持快速、精细的信息处理、文件管理、工作流程和协同学习。

3）组成：该部门的主体结构由 20 个独立的部分构成，其中包含了发送信息、接受信息、处置手续、会场安排、会议安排、会议记录、员工管理、出入境登录、档案保存、汽车维护、物料保存、设备维护、日常运营、工作进度、报表、公示牌、社区活动、政策法规、电子信息等部分，以及一个完善的系统监督与控制平台。

（4）地理信息系统。

1）功能：通过利用先进的地理 IT、强大的数字资源以及高级的可视化处理，我们将打造一个全方位的、实时的、有效的输水信息管理体系。

2）结构：通过建立统一的地理信息系统，我们可以收集和整合各种数字化的自然资源信息管理和水利建设方面的数据，包括高程模型、栅格图、正射影像图、水文水质数据、水雨情数据、社会经济数据，并通过实时的自然资源信息管理和水利建设方案的优化调度，达到自然资源的可持续利用，同时也可以进行自然资源的可视化管理，从而提高自然资源信息管理的效率和准确性。通过将数字化和可视化技术结合起来，我们可以以全面、立体的视角展现出各种可用的内容，包括文本、图片和多媒体技术

3）要求：为了更好地完成任务，我们需要对所有的管理因子进行全面的研究，包括它们的位置、流动情况、相互关系，以及如何有效地进行资源的优化配置、调度。我们还需要借鉴先进的数学方法，使用辅助分析技术来帮助我们更好地进行决策，从而使得我们对输水工程更加有效、直观、便捷地进行管理。

（5）决策支持系统。

1）功能：该系统具有多种功能，包括对水文数据进行统计分析，预测水质变化趋势，并为工程投资做出决策。

2）要求：我们的目标是通过多种不同的决策支撑算法，并使用客户指定的数学分析方法，来处理水文、水质、工程方面的信息，并通过分析相关性来帮助决策人员做出更明智的选择。

3）优化：采用先进的人工智能和地理信息系统技术，我们可以创造一个完整的数字资源库，包括各种不同的算法、数据和模型。这个数字资源库可以随时调整，以满足不同的应用场景。此外，我们还可以使用这些数字资源来帮助决策者进一步完善他们的决策，从而得出更加准确的结论。

9.4　本章小结

输水管线工程信息化管理是保障输水管线工程安全运行的重要基础，也是输水管线工程发展的必然趋势。本章主要介绍了输水管线工程风险管理信息化系统，该系统采用多种技术以解决输水管线工程在各个阶段面临的信息繁杂、反应效率低等问题。通过使用 SCADA、大数据和云计算、物联网等技术，建设一个集安全监测、预警响应、信息管理、管线控制、计算机监控、辅助决策等功能系统于一体的风险管理信息化系统，为输水管线工程的监测预警、信息管理及控制决策提供可靠的支撑和依据。

参 考 文 献

[1] 程伟平，陈梅君，许刚，等. 基于 SCADA 数据的长距离输水管爆管定位研究[J]. 中国给水排水，2019，35（13）：57-61.

[2] 李琦. 基于云计算的电力大数据分析技术与应用[J]. 电子技术与软件工程，

2023（1）：220-225.

[3] 曹贤龙. 基于 VR 技术的激光三维点云数据的虚拟重建[J]. 激光杂志，2021，42（5）：205-209.

[4] 黄俊琛. BIM+物联网技术融合的水务运维管理应用研究[J]. 水利科技，2023（1）：26-28.

[5] 卢健涛，王保华，薛娇，等. 基于 WebGIS 的中珠联围洪涝预报预警系统[J]. 水电能源科学，2022，40（9）：95-98，189.

[6] 黄森. 城市地下管线智慧化管理平台建设路径分析[J]. 数字通信世界，2023（2）：100-102.

[7] 吴朝峰，李科舟，范文峰，等. 地下管线周围环境振动监测及预警技术理论分析[J]. 电力勘测设计，2022（6）：47-51，77.

[8] 区永刚. 基于信息融合技术的长距离引水工程监测数据评价方法[J]. 广州建筑，2022，50（5）：75-80.

[9] 杨挺嘉. 戈壁环境下重力流输水管线的控制系统设计及应用[D]. 西安建筑科技大学，2020.

[10] 区永刚. 基于信息融合技术的长距离引水工程监测数据评价方法[J]. 广州建筑，2022，50（5）：75-80.

[11] 李勋蕙. 长距离管道输水工程几个问题研究[D]. 银川：宁夏大学，2015.

[12] 刘志勇，刘梅清，蒋劲，等. 重力有压输水系统水锤及其防护研究[C]//2009全国大型泵站更新改造研讨暨新技术、新产品交流大会论文集. 武汉：武汉大学动力与机械学院，2009：176-180.

[13] 石莎，乌景秀. 基于城市防洪排涝的闸泵活水联合优化调度研究[C]//2016中国环境科学学会学术年会论文集（第四卷）. 北京：中国环境科学出版社，2016：862-865.

[14] 王祺武，李志鹏，朱慈东，等. 基于双阀调节的重力流管路水锤控制分析[J]. 中国给水排水，2020，36（9）：52-58.